金盏菊

雏菊

天人菊

美女樱

毛地黄

瓜叶菊

菊　花

勋章菊

羽扇豆

落新妇

荷包牡丹

袋鼠花

银莲花

花毛茛

大丽花

扶桑

龙船花

叶子花

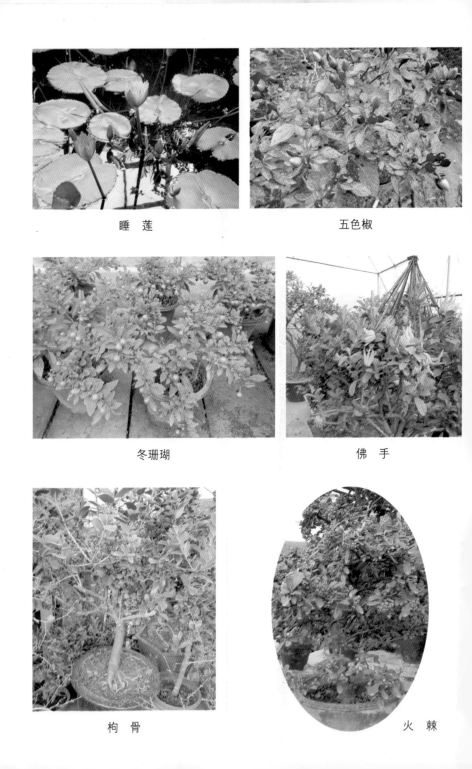

睡 莲　　　　　五色椒

冬珊瑚　　　　　佛 手

枸 骨　　　　　火 棘

网纹草

朱 蕉

露兜树

花叶万年青

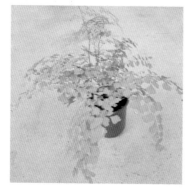

合果芋

铁线蕨

橡皮树

猪笼草

仙人球类

虎刺梅

虎尾兰

落地生根

万带兰

大花蕙兰

蝴蝶兰

丽格海棠

西洋杜鹃

一品红

仙客来

天竺葵

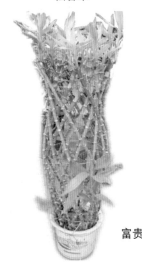
富贵竹

红 掌

观赏凤梨

竹 芋

新编农技员丛书

盆花生产
配套技术手册

陈志萍　刘慧兰　主编

中国农业出版社

编 者 名 单

主　　编　　陈志萍　　刘慧兰

副 主 编　　闵　炜　　宋娟娟　　唐晓英

参编人员　　成文竞　　侯立霞　　李　刚

　　　　　　韦惠师　　黎开烁　　郭向新

　　　　　　黄　建　　曾华平　　刑　强

　　　　　　胡晓飞　　傅渊峰　　王　辉

前　言

　　花是美好的象征。随着人们生活水平的提高，花卉成了生活中不可缺少的内容。盆花具有种类繁多、色彩丰富、移动方便、绿化美化速度快、布置场合随意性强等特点，是园林绿化、美化和香化的重要材料。在重大节日、庆典活动、会场布置及家居生活中，各色盆花可表达特殊的内涵，增添欢快和热烈的气氛，也是人们传情达意的最好选择。特别是每年的元旦、春节，更是盆花需求最旺的时候。

　　本书分总论和各论两部分。总论部分主要介绍盆花生产的基本常识，从盆花生产的环境要求、所需的设施设备到盆花的繁殖、盆土配制、日常栽培管理措施、花期控制技术、病虫害防治等方面逐一详细介绍，还特别介绍了盆花生产管理者需要了解的有关盆花装饰应用、生产计划制订与经营管理知识。各论部分从众多花卉中精选出 160 余种，按观赏部位分类，重点介绍每种盆花生产技术要点。由于近年来年宵花卉的生产在花卉企业中占有越来越重要的地位，故本书专门设一章，详细介绍目前市场常见热销的各种年宵花卉生产技术。

　　本书内容全面丰富，语言简明，通俗，部分盆花配以精美图片，具有很强的实用性，可为从事盆花生产的专业人员和花卉爱好者提供实施依据。

由于水平有限，错误与不妥之处在所难免，敬请广大读者指正。

编　者

2012 年 10 月

目　录

前言

总　论

各　论

总论

[盆 花 生 产 配 套 技 术 手 册]

第一章

概　　述

第一节　盆花生产的相关概念和意义

一、相关概念

1. 花卉　"花"既专指植物的繁殖器官，又泛指姿态优美、色彩鲜艳、气味香馥的观赏植物；"卉"是草的总称。花卉有广义和狭义两种含义。狭义的花卉，是指有观赏价值的草本植物，通常以观花为主，如凤仙花、菊花、一串红、鸡冠花等；广义的花卉，包括所有有观赏价值并被人们栽培欣赏的植物，如花灌木、乔木、盆景等。

2. 盆花　又称盆栽花卉、盆栽植物，是将花卉种植于装有适宜基质的栽培容器中的一种栽培方式。盆花在国际上是非常重要的花卉贸易形式，由于其栽培管理过程可控，观赏期长，不受当地气候、土壤等环境因子的限制，因而深受人们欢迎。目前国内外盆花的发展趋势是种类或品种多样化，产品优质化，生产规模化、自动化，贸易国际化。

3. 年宵花卉　该名词源于 20 世纪 80 年代的广东民间，最开始的含义是指春节前到元宵节这一段时间销售的各种花卉。年宵花卉主要包括盆花和鲜切花两大类。随着人民生活水平和消费水平的提高，年宵盆花已成为过年的时尚礼品之一，受到广大消费者的喜爱和追捧，产销量一年比一年大，年宵花市销售也成为花卉企业重要的生产动力，企业年收入的 70% 是销售年宵花卉所得。

4. 盆花生产技术　是指在盆花生产栽培过程中，经过不断摸索、积累起来的能有效地提高花卉的数量或改善其品质所使用的技术、方法、知识，包括品种选择、栽培、管理技术等。

盆花生产是综合性技术，盆花生产技术包括花卉的分类、盆花生产与环境、盆花的设施、常见盆花的特点、栽培管理技术等方面的知识。盆花生产要求一定的生产条件、工具、设施等。掌握这些与花卉生产相关的工具、设备的使用和操作，也属于盆花生产技术的范畴。

随着社会经济的发展和科学技术的进步，多个学科、多项技术渗透到花卉生产的各个环节中，如花卉肥料的高效缓释技术、花卉组织培养快速繁殖技术、花卉的容器育苗技术、花卉节水灌溉技术、花卉生产的环境控制技术、花期调控技术、花卉的标准化和规模化生产技术、花卉的运输技术等。这些技术的应用提高了盆花生产的科技含量，使盆花产品高产、优质、高效益。

二、盆花生产的意义

盆花不但能表现植物的苍翠、花果色彩，而且植株随季节变化，表现不同的天然姿态，产生四时雅趣。置一两盆盆花于案头，人们在工作之余，欣赏盆花，给人以精神上的安慰和美的享受，忘却劳作之疲惫，使生活丰富多彩，使人如入山林之境，领略大自然之幽趣。此外，盆花能改善环境因子，调节空气温度和湿度；吸收二氧化碳，增加氧气；净化空气，分泌杀菌素，滞尘，吸收有害气体，吸收阻挡噪声等多方面的功能。盆花还是园林造园的重要组成部分，用以点缀室内外环境，构成各种景观。

随着盆花的工厂化、规模化生产经营，盆花必将越来越多地进入人们的工作、生活领域，渗透到建筑空间的各个角落，成为改善城市生态环境、美化人们工作和生活空间的重要组成部分。

第二节　国内外盆花生产概况

一、我国盆花生产概况

1. 生产面积稳步增加　从 20 世纪 80 年代初开始,我国花卉产业栽种面积稳定增加,花卉产值不断增长,发展迅猛。从 1980 年全国花卉栽种面积不足 1 万公顷,到 2010 年的 91.8 万公顷,其中盆花 8.3 万公顷;全国花卉销售额达 862.1 亿元,花卉总出口额 4.6 亿美元,从业人数达到 458.2 万人,主要生产观赏苗木、食用与药用花卉、盆栽植物、工业用花卉、鲜切花等五大种类。

2. 花卉专业生产基地建立　目前各省市建立了各自的花卉专业生产基地,具有突出的地方特色,以满足市场需求和占领市场份额。如珠江三角洲形成了观花类盆花和观叶类盆花生产、销售和流通基地,生产量占全国 70% 以上;江苏、浙江、河南、四川等是主要盆花、盆景生产基地。此外,北京的芍药,广东的金橘,天津的仙客来,云南的山茶,安徽马鞍山的君子兰,湖南的红枫,湖北的荷花、桂花,江西的金边瑞香、佛手,四川的木芙蓉、兰花,甘肃兰州的大丽花等地方名花也都建立了规模化生产基地。一批批盆栽植物的龙头企业正在逐步形成。

3. 形成具有中国特色的花卉市场和花卉消费　我国花卉消费主要集中在元旦、春节、国庆等传统节日以及情人节、母亲节、圣诞节等新兴"洋"节。此外,各种喜庆典礼也是花卉消费重要场合。近年来,各地政府纷纷为花卉业经济搭台唱戏,推动花卉业发展。自中国,99 昆明世界园艺博览会成功举办之后,先后又在沈阳和西安举办了世界园艺博览会,向世界展示中国园艺事业的巨大成就。挖掘传统和自然花卉资源,引进世界优良花卉品种,开发先进的育种、栽培技术,选育新的优良品种已成为中国花卉业的主题。

二、国外盆花生产概况

自 20 世纪 90 年代初，由于切花利润逐年下降，国际上主要花卉生产国荷兰、美国、日本、丹麦、比利时等开始重视和发展优质盆花生产，走规模化、自动化和国际化的道路。一些新兴的花卉生产国以色列、肯尼亚、哥伦比亚、新西兰等，也从单纯的切花生产转向盆花生产，并逐步扩大盆栽花卉和盆栽观叶植物的规模。

国外的盆花生产主要有以下几个特点：

1. 生产规模化 在欧洲花卉主产国荷兰、比利时、德国、挪威、丹麦，盆花生产已进入规模化商品化生产。花卉新兴国家波多黎各、危地马拉、肯尼亚、以色列等国盆栽花卉生产比例正在逐年扩大。

2. 商品专业化 盆栽花卉生产的种类在国际上较为集中，属商品化生产的花卉种类约 50 种。各公司或生产商常专业生产 1 种或几种盆花，其盆栽花卉质量高、抗性强、品种纯、高度整齐、花期一致，再加上包装美观、规范，适用于集装箱运输，深受用户欢迎。

3. 设施现代化 盆花的规模化设施栽培在国际上已形成一项重要的产业，优质盆花的生产均采用先进的温室设施栽培，生产高度自动化，从盆栽到上栽植槽、栽植槽进入温室，直到含苞开放的盆花商品包装送出，完全是流水线工厂化生产。设施栽培全部采用电脑程序控制，包括温度、水分、营养、二氧化碳浓度、光照等，为盆花商品的周年供应创造了条件。

4. 产业协作化 盆栽花卉的生产在国际上已称为盆花工业，从种子到盆花商品进入市场，形成了一个完整的盆花工业体系。与盆花生产关系密切的如信息、种子、组培苗、基质、肥料、农药、容器、遮阴、灌溉、机械等均有专业公司。

第三节 盆花的分类

理论上讲，任何花卉植物都可采用盆栽这一种植方式。盆栽花卉的种类繁多，分布范围极为广泛。不但包括被子植物，还有裸子植物、蕨类植物等。

根据花卉的生态习性，可以分为一年生花卉、二年生花卉、多年生花卉、宿根花卉、球根花卉、水生花卉、岩生花卉等；根据茎木质化程度，将其分为草本花卉、木本花卉、多肉花卉；根据观赏器官，将其分为观花花卉、观叶花卉、观果花卉等；除此外，亦可按植物学分类方法区分为兰科、凤梨科、棕榈科、蕨类植物等。

在实际应用中，人们依据盆花高度（包括盆高）常分为5类：

①特大盆花。200厘米以上，适合高大建筑物开阔厅堂的装饰。

②大型盆花。130～200厘米，适合于宾馆迎宾堂的装饰。

③中型盆花。50～130厘米，适合于楼梯、房角及门窗两侧的装饰。

④小型盆花。20～50厘米，适合于房间花架及窗台的装饰。

⑤特小型盆花。20厘米以下，适合于案头装饰。

根据植物姿态及造型，将其分为直立式、垂吊式、图腾柱式和攀缘式；依据盆花对环境条件的要求不同分为要求室内明亮而无直射光的盆花、要求室内明亮并有部分直射光的盆花、要求光照充足的盆花等。

第二章

盆花生产的环境要求

第一节　温度与盆花生产的关系

温度是花卉生命活动的生存因子，对花卉生长发育的影响很大。盆花从育苗、生长发育至开花，以及浇水、施肥、整修、喷药等一系列栽培管理，都与温度密切相关。根据各类花卉在各个生长发育阶段所需的温度，按照自然气候的变化，进行适时适度的调节，才能得到较好的栽培效果。

一、温度三基点

盆花在生长发育过程中都有温度三基点，即：最适温度、最高温度和最低温度。对于特定花卉种类或品种而言，只有温度处于最低温度和最高温度之间时，才能正常生长。当温度低于最低温度或高于最高温度时，光合作用减弱或受阻，生理功能失调，生长缓慢，甚至萎蔫而死。而当温度处于最适温度时，花卉生长迅速而且植株强健。

大多数花卉生长对温度要求的三基点是：最低生长温度10～15℃，最适生长温度18～28℃，最高生长温度28～35℃。如矮牵牛的最适生长发育温度为13～18℃，高于35℃或低于4℃均表现不良，严重的会使其死亡，35℃和4℃叫做矮牵牛生长发育的最高温度和最低温度。常见的盆花温度三基点见表2-1。原产于热带、亚热带地区的花卉，生长所需的三基点温度较高，而原产温带、寒带地区的花卉要求较低。

表 2 - 1　常见的盆花温度三基点

盆花种类	最高温度（℃）	最适温度（℃）	最低温度（℃）
红掌	35	20～30	13
三角花	35	15～30	8
蒲包花	20	10～15	3
山茶	30	18～25	8
卡特兰	35	25～30	15
大花君子兰	30	20～25	5
变叶木	35	20～30	13
黛粉叶	35	25～30	15
一品红	35	16～28	10
果子蔓	35	20～25	10
新几内亚凤仙	30	20～23	13
天鹅绒竹芋	35	18～25	13
天竺葵	30	15～18	6
一串红	30	13～18	5
大岩桐	30	18～24	10
万寿菊	30	15～20	5
蝴蝶兰	32	25～28	10
丽格海棠	32	15～21	10
西洋杜鹃	33	15～28	5

　　根据盆栽花卉对温度的要求不同可分为 3 类：

　　①耐寒花卉。原产温带或寒带地区、抗寒力强、在 0℃ 以下低温能露地越冬的二年生花卉，如羽衣甘蓝、金鱼草、三色堇、金盏菊等，以及多年生花卉，如菊花、朱顶红等。冬季严寒到来

时，地上部分枯死，翌年春季重新发芽开花。

②半耐寒花卉。原产温带较暖和的地方，包括二年生花卉中一部分耐寒力稍差的种类，如矮牵牛、美女樱等。

③不耐寒花卉。原产热带及亚热带地区的一年生春播花卉，如鸡冠花、半支莲、长春花、一串红、万寿菊、四季秋海棠等。

二、温周期

昼夜温度有节奏的变化称为温周期。温差指一天中出现的最高温和最低温的两者之差。温差的大小直接影响到盆栽花卉的生长发育。白天气温高，有利于进行光合作用，制造有机物质；晚间气温低，减少呼吸作用所消耗能量，使有机物质积累加快。

大多数花卉昼夜温差以8℃左右最为合适。如果温差超过这一限度，不论是昼温过高，还是夜温过低，都对花卉的生长与发育有不良的影响。

三、春化作用

温度对花卉发育的影响，首先表现在春化作用。某些花卉植物在某个发育阶段，特别在发芽后不久，需要低温促进花芽形成，这种现象称为春化作用。在秋播草本花卉表现十分明显，种子发芽后在幼苗期必须经过一段低温0～10℃，才能开花结果。如蒲包花、报春、瓜叶菊等在温暖的南方栽培必须经过低温处理后才能开花。同样，木本盆栽花卉梅花、寿星桃等，7～8月形成花芽后必须经过一段低温期才能正常开花，否则花芽发育受阻，花朵异常。春化作用的处理温度和处理时间因花卉的种类而异，生产中我们要根据其生长发育特性，满足其对温度要求。按照不同春化作用要求，花卉可分为春性花卉、冬性花卉、半冬性花卉（表2-2）。

表 2 - 2　不同花卉春化作用处理温度和处理时间

类型	处理温度 （℃）	处理时间 （天）	花卉种类
春性花卉	5～12	5～15	一年生花卉、秋季开花的多年生花卉
冬性花卉	0～10	30～70	二年生花卉、早春开花的多年生花卉
半冬性花卉	3～15	15～20	

四、温度与盆花发育及花色的关系

不同的植物花芽分化需要的温度是不同的。如郁金香花芽分化需要的最适温度为 20℃；水仙 13～14℃；杜鹃 19～23℃；八仙花在 18℃以上不能形成花芽，需在 10～15℃而光线充足时才能进行花芽分化；山茶则要求白天温度 20℃以上、夜间温度 15℃以上时才能分化花芽。在生产中应创造适宜的温度，保证花芽顺利分化，才能使植物大量开花。

花色也受温度影响，主要是影响花青素的形成。大丽花在温暖地区栽植时，夏季高温炎热，开花时色调暗淡，花型小，甚至不开花，秋凉后才能开出鲜艳夺目的花朵来；寒冷地区栽植，夏季仍花大艳丽。其他如菊花、翠菊，在寒冷地区开花的色调也比温暖地区的鲜艳、活泼。

第二节　光照与盆花生产的关系

一、光照强度对盆花生长的影响

光是植物制造有机营养的能源，各种植物都要求在一定的光照强度下生长。光照强度是指太阳光在植物叶片表面的照射强度，它不仅影响光合作用的强弱，生长的快慢，而且影响到植物体各器官结构上的差异。

根据花卉对光照强度的要求不同可分为 3 类：

①阳性花卉。一般要求在光照充足条件下才能够生长发育和开花结实。很多原产于热带及温带平原、高原南坡的花卉为阳性花卉。如半枝莲、百日草、大丽花、月季、荷花等。

②阴性花卉。不能忍受强光直射，适于光照不充足（庇荫度 50%以上的弱光）或散射光条件下生长。多原产于山背阴坡、热带雨林、林下或林缘。如蕨类、兰科、秋海棠科以及文竹、玉簪、山茶等。

③中性花卉。指在光照充足的条件下生长最好，稍受庇荫也不会影响其生长的花卉。如扶桑、长春花、天竺葵、新几内亚凤仙、比利时杜鹃等。

一般来说，观花类盆花要求阳光充足，才能形成花蕾，花色鲜艳。不论春、夏、秋、冬，日照时间愈长愈好，充足的日照，可使植株花叶清新，艳丽夺目。观叶类盆花则要求低光照，在强光下叶片容易增厚，叶色变暗，甚至灼伤。

二、光周期对盆花发育的影响

光周期是指一天内光照和黑暗的交替变化。花卉的原产地不同，对当地的光周期变化产生了适应和反应，花卉对光照长短发生反应的现象叫做光周期现象。有的花卉需要在昼短夜长的秋季开花，有的只能在昼长夜短的夏季开花。

根据花卉对光周期的反应可分为 3 类：

①长日照花卉。当每天光照超过它的临界日长（12 小时以上）才能开花的为长日照花卉，如春夏季开花的金鱼草、碗莲、瓜叶菊等。

②短日照花卉。光照短于其临界日长（12 小时）才能孕蕾开花的为短日照花卉，如秋菊、一品红、金莲花等。

③中性花卉。孕蕾开花对日照要求不严，光周期对其花芽形成无明显影响，如矮牵牛、一串红、天竺葵等。

利用花卉对光周期的反应，可以人为地控制花期，使花卉提早或延迟开花，实现全年供应商品盆花。

三、光照对花色的影响

花卉着色主要是靠花青素，花青素只能在光照条件下形成，在散射光下形成比较困难。因此室外花色艳丽的盆花，移入室内栽培较久后，即渐退色。而有美丽斑点的绿色观叶植物长期在室内培养，也容易失去斑点，这需要每隔一段时间移到光照下培养以保持色斑。欲保持白菊纯白色，必须遮挡光线，抑制花青素的形成，否则在阳光下，白花瓣易变成稍带紫红色，失去种性。而绿色品种菊花，在花蕾开放前应放置在阴凉处，以保持其美丽的绿色。

第三节　水分与盆花生产的关系

一、花卉对水分的需求

水分是植物体的基本组成部分，植物体内的一切生命活动都是在水的参与下进行的，水能维持细胞的膨压，使枝条伸直，叶片展开，花朵丰满，能使植物充分地发挥其观赏效果和绿化功能。

适宜的土壤湿度和空气湿度是花卉生长的重要保证。一般土壤湿度以含水量60%～70%为宜，超过80%水分过多，土壤空气含量少，枝叶徒长，盆花的根部容易腐烂，严重时会导致死亡。但水分不足，植株的细胞会萎瘪而失去生活力，甚至萎蔫死亡。

花卉生长离不开水，但各种花卉对水分的需要量是不同的。根据花卉对水分的要求不同可分为4类：

①旱生花卉。有极强的抗旱性，能忍受较长期的空气或土壤干燥，其叶片往往变小或退化成刺状、毛状或肉质化，根系较发

达，吸水力强，耐干旱，栽培中需注意排水，如长寿花、蟹爪兰、龙舌兰、仙人掌等。

②中生花卉。生长期需要适当的水分和空气湿度，多数盆栽花卉属于这一类。

③湿生花卉。喜较高的空气湿度和土壤湿度。如卡特兰、秋海棠、蕨类植物等，均需保证较高的空气相对湿度（70%～80%）。

④水生花卉。生长于水中，其根或根茎能忍耐缺氧的环境，如荷花、睡莲等。

同一种花卉，在不同生育期内水分的需求量不同。萌发需水量不多，枝叶旺盛生长期需水分较多，花芽分化期和开花期需水分较少，结实期又需水分较多。

二、水分对花芽分化及花色的影响

水分常是决定花芽分化迟早和难易的主要因素。花芽分化期间，如水分缺乏，花芽分化困难，形成花芽少；如水分过多，长期阴雨，花芽分化也难以进行。沙地生长的球根花卉，球根内含水量少，花芽分化早。对盆梅适时"扣水"也能抑制营养生长，使花芽得到较多的营养进行分化。

开花期内水分不足，花朵难以完全绽开，不能充分表现出品种固有的花形与色泽，花期缩短，影响到观赏效果。此外，土壤水分的多少，对花朵色泽的浓淡也有一定的影响。水分不足，花色变浓。如白色和桃红色的蔷薇品种，在土壤过干旱时，花朵变为乳黄色或浓桃红色。为了保持品种的固有特性，应及时进行水分的调节。

综上所述，水分在花卉的各个生育期内都是很重要的，又是易受人为控制的，为保持品种的固有特性，应及时进行水分的调节。

第四节　土壤、基质与盆花生产的关系

植物生长在土壤中，土壤起支撑植物和供给水分、矿质营养和空气的作用。土壤质地、结构、理化性质不同，关系到土壤中的水、肥、气、热的状况，进而影响到植物的生长。

盆花的根系由于受到容器的限制，对土壤基质要求更高。生产上常根据花卉生长要求人工配制栽培基质来代替土壤。

一、常用的盆花栽培基质

盆花生产常用的栽培基质有泥炭、炭化稻壳、锯木屑、炉渣、沙、蛭石、珍珠岩、岩棉、水苔、合成泡沫、园土等。

1. 泥炭　几千年形成的天然沼泽地产物，又称为草炭或泥煤。含有很高的有机质、腐殖酸及营养成分，疏松，透气、透水性能好，保水、保肥能力强，质地轻，无病菌孢子和虫卵，是优良的盆花用土。泥炭在形成过程中由于长期的淋溶，本身肥力甚少，因此在配制营养土时可根据需要加进足够的氮、磷、钾和其他微量元素肥料。泥炭在加肥后可单独盆栽，也可以和珍珠岩、蛭石、河沙等配合使用。

2. 炭化稻壳　又称砻糠灰。将稻壳炒或烧使其炭化，以完全变黑炭化但又基本保持原形。它质地疏松，保湿性好，含有少量磷、钾、镁和多种微量元素，pH8 以上，要用硫酸加水 3 000 倍洗涤中和，使 pH 稳定后再用。用炭化稻壳作基质时应降低营养液配方中的磷、钾含量。用此基质栽培仙客来、长寿花等较好。

3. 炉渣　用粒径 2~3 毫米炉渣作基质。先把充分燃烧的锅炉炉渣用筛孔 3 毫米的筛子筛一遍，然后用 2 毫米筛子筛一遍，过筛后用水冲洗。炉渣可反复利用，隔年再用时用 0.05%~0.1%高锰酸钾溶液消毒。天竺葵用此基质栽培效果较好。

4. 沙　沙有海沙、河沙和山沙的区别。海沙中含有盐分，不适合栽植用。河沙产于江河上游两岸地方，沙粒较粗，色泽有红、黑两种，红沙不及黑沙（黑沙不但排水便利，还含有肥分）。山沙，可作为装饰盆栽，增进美观之用。通常采用粒径 0.1～2 毫米的细沙。沙含部分铁、锰、硼、锌等元素，常作配制培养土的透水材料，以改善排水性能。大多数仙人掌类盆花都可用沙栽培，但要注意补充大量元素。

5. 蛭石　是次生云母矿石经 1 000℃以上高温处理后的产品。质轻，透气性和保湿性好，具有良好的缓冲性，pH 7～8，不溶于水。无毒，无味，无副作用。有离子交换的能力，它对土壤的营养有极大的作用。多数蛭石含有效钾 5％～8％、镁 9％～12％。以颗粒直径 2～3 毫米的育苗好。蛭石栽培年宵花效果较好。

6. 膨胀珍珠岩　矿石在 1 000～1 300℃高温条件下其体积迅速膨胀 4～30 倍而成。质轻，通气良好，pH 6～8，不含矿质营养，一般要与别的基质混合使用，不能用来单独栽培盆花。

7. 岩棉　由 60％辉绿石、20％石灰石、20％焦炭经高温熔化、纤维化而制成的无机质纤维。孔隙度 96％，质轻，具有很强的保水能力。岩棉可制成大小不同的方块，用于一品红和杜鹃等的扦插育苗或各类花卉的无土栽培。

8. 合成泡沫　有脲甲醛、聚甲基甲酸酯或聚苯乙烯。单位体积吸水力强，如脲甲醛泡沫 1 千克可吸水 12 千克。对于栽培喜湿性盆花来说是个不错的选择。

9. 塘泥　是鱼的粪便和一些杂质经混合后在淹水条件下经嫌气微生物分解沤制而成，质地坚硬，具有良好的抗旱耐涝作用，氮、磷、钾三要素齐全，是速效养分和迟效养分兼有的有机肥料。适宜南方植物的栽培使用。

10. 锯木屑　锯末经堆积腐熟后而成。是配制培养土较好的材料，与园土或其他基质混合配制，适宜栽植各类盆花，可以起到疏松盆土的作用。只有充分腐熟的锯木屑才能用于盆花栽培，否则会烧根。因为木屑在土中腐烂，耗氧产热，导致植物根无法正常呼吸而腐烂。

11. 水苔 是一种天然的苔藓。质地十分柔软并且吸水力极强，吸水量相当于自身重量的 15～20 倍，还有极强的透气能力，pH 5～6。广泛用于各种兰花的栽培，是种植栽培基质上等材料之一。

12. 蕨根 即紫萁的根。是热带附生类花卉的理想栽培材料，常和苔藓配合使用。

13. 树皮 一般为松树皮或较厚而硬的树皮。具有良好物理性能，常作附生植物的基质。

14. 园土 是指菜园、果园等陆生植物地里的表层土壤。因经常施肥耕作，肥力较高，团粒结构好，是配制盆栽花卉所用的培养土的主要成分。缺点是干时表层易板结，湿时通气透水性差，不能单独使用。

15. 腐叶土 也称腐殖质土，由人工将落叶和泥层层堆积，并注入粪肥，浇足清水，沤制而成。腐叶土含有大量的有机质，疏松、透气、透水性能好，保水、保肥能力强，质轻，适合盆栽之用。使用时，常与河沙和塘泥混合均匀后栽种。

16. 山土 通常有红土和黑土两种。红土土色带红，分黏性和无黏性两种，都可使用。使用时，常加腐叶土、河泥等混合后栽种。黑土是天然的腐叶土，多产在深山林中，尤其是竹林下的黑土肥分丰富，可以和腐叶土同样使用。

17. 石砾 是粒径为 1.6～20.0 毫米的非石灰性岩石的碎屑。石砾通气排水性能良好，但保持养分、水分的能力较差。在深液流栽培中，是良好的定植填充物。

18. 陶粒 用黏土经煅烧而成的大小均匀的颗粒。粒径0.5～1.5 厘米的可栽培喜好透气性的花卉。多用于无土栽培的盆花。

19. 浮石　是由火山石加工而成的基质。富含钾、磷、钙、镁、硫、硅、铁、钠等多种元素和稀有元素，容重轻，不易松散粉碎，吸水而不渍水，透气性良好。但该基质缺氮。若及时补氮，可即取即用，直接上盆。也可与泥炭等有机基质配合使用，互为补充。

不管用什么基质，都要有稳定的化学性质，溶出物不能危害植物的生长，不能析出对人有毒的物质，不能与营养液的盐类发生化学反应，并对盐类有缓冲能力。盆花生产时，常根据各种花卉的特性及不同的需要选择上述数种基质材料进行混合，配制成酸碱度、盐分含量、容重、通透性等均适宜的栽培基质，这样能发挥不同基质的性能优势，达到较好的种植效果。这种栽培基质通常称培养土。

二、土壤酸碱度与花卉生长发育的关系

土壤酸碱度与土壤的理化性质、微生物活动、有机质和矿质元素的含量密切相关，直接影响着花卉的生长发育。大多数盆栽花卉在 pH 6.0～7.0 的微酸性土壤中生长良好，对碱性土壤很敏感。这是由于过高 pH 条件下，不利于铁元素的溶解。植物吸收铁元素过少，叶片发黄，造成喜酸性土壤的植物发生失绿症。

根据花卉对土壤酸碱度的要求可分为 3 类：

①酸性土花卉。土壤 pH6.8 以下，植物生长良好，如杜鹃、山茶、栀子花、棕榈科植物、兰科植物等。

②中性土花卉。土壤 pH6.8～7.2，大多数植物均生长良好，如菊花、矢车菊、百日草等。

③碱性土花卉。土壤 pH7.2 以上时，植物仍生长良好，如非洲菊、石竹、香豌豆等。

土壤酸碱度对某些花卉的花色也有重要影响，如八仙花在土壤 pH 低时呈蓝色，土壤 pH 高时呈粉红色。

第五节　肥料与盆花生产的关系

肥料是盆花生长的主要营养来源。盆土有限，盆花在生长过程中需要施肥以满足生长发育。合理施肥可以使植株生长健壮、枝叶繁茂并提高开花的质量。

一、肥料的类型

常用的肥料分有机肥和无机肥、专用肥。

（一）有机肥

有机肥就是农家肥，属迟效性肥料。常用的有机肥有腐熟的人粪尿、牲畜粪尿、禽类粪便、骨粉、鱼粉、厩肥、堆肥、绿肥、饼肥、泥炭、草木灰、落叶、杂草、绿肥等。有机肥中含有大量的腐殖质和有机质，具有营养成分全面、肥效期长等特点。值得注意的是使用有机肥需要充分腐熟，否则易烧根。

（二）无机肥

无机肥也称化肥。与有机肥相比，化肥的养分含量高，成分单纯，易溶于水，肥效快而短，并有酸碱反应等特点。长期使用化肥会对盆花土壤产生板结、盐渍化等不良的影响，所以必须与有机肥配合施用。

按其所含的主要养分，化肥常分为：

①氮肥。包括硫酸铵、硝酸铵、氯化铵、尿素等。

②磷肥。有过磷酸钙、磷矿粉等。

③钾肥。有磷酸氢二钾、硫酸钾、氯化钾等。

④复合肥。有氮磷钾三元复合肥，磷酸氢二铵和磷酸二氢钾等二元复合肥。

⑤微量元素肥料（微肥）。有铜、锌、锰、铝、硼、铁等。

⑥菌肥。根瘤菌、磷化菌、钾细菌等。

（三）专用肥

近年来，我国盆花生产专业化速度加快，竞争加剧，对于盆花产品质量的要求越来越高。在这种状态下，盆花专用肥大批出现，并且市场越来越好。

盆花专用肥不仅可为盆花提供充足的有机养分，而且通过盆花根系对微生物分解物及其代谢产物的吸收与利用，刺激和促进花卉生长，使之抗旱涝、耐寒热，花卉根系发达、叶茎肥壮、花色艳丽、花期延长、芳香迷人。目前很多盆花有自己的专用肥，例如兰花、一品红、西洋杜鹃、红掌和凤梨专用肥等，还有一些针对不同种类不同栽培目的的盆花专用肥。

二、花卉所需的营养元素

依据花卉对营养元素的需要量，可将所需元素分为大量元素和微量元素两大类。大量元素是指花卉需要量较大，其含量通常占植物体干重 0.1% 以上的元素。大量元素有 9 种，即碳、氢、氧、氮、磷、钾、钙、镁、硫。微量元素是指花卉需要量极微，其含量通常为植物体干重 0.01% 以下的元素，有铁、锰、硼、锌、铜、氯、钼等 7 种。这类元素在植物体内稍多即会发生毒害。花卉生长发育所需的各种营养元素需要量最大、最主要的是氮、磷、钾。

（一）大量元素

1. 氮　是构成植物体内蛋白质的重要组成部分，也是叶绿素的重要组成部分。氮肥供应充足，植物生长迅速，枝叶繁茂，叶色浓绿。缺氮往往表现为生长缓慢，植株矮小，叶片薄而小，叶色缺绿发黄。在花卉幼苗期和观叶花卉，应施氮肥为主，但氮肥不能使用过多，否则茎叶徒长，迟熟，易遭病虫害。

2. 磷　磷是构成植物细胞的重要元素，能增强细胞分裂，促进植株健壮生长；促进花芽分化和孕蕾，使花朵色艳香浓，果大质好；促进根系的形成和生长，增强植物对外界环境的适应性、抗性。当磷肥不足时，植株生长受到抑制，首先下部叶片叶色发暗呈紫红色，开花迟，花亦小。

3. 钾 钾是植物必不可少的养料，通常分布在生长最旺盛的部位，如芽、幼叶、根尖等处。钾供应充足时，能促进光合作用，使茎秆、根系生长苗壮，不易倒伏，抗病性和耐寒能力增强。植株缺钾时，生长缓慢，下部叶子有斑点，根系发育差，茎秆脆弱，常出现倒伏。

以上三种大量元素缺素症状可简单记为：氮黄，磷红，钾褐斑。

（二）微量元素

微量元素在花卉中含量虽少，但对花卉的生长起重要作用。微量元素肥料越来越受到人们的重视。如补充硼，能促进植物开花和授粉和结实。一般土壤中的微量元素能满足花卉生长需要，但大多数微量元素的可给性随土壤 pH 的升高而降低。微量元素多以叶面喷肥的方式使用。

（三）花卉的缺素症状

植物缺少营养元素时，就会表现在外部形态上，但表现出的症状和部位都不相同。例如，氮、磷、钾、镁等，它们在苗木或植物体内是能够移动的，所以这些元素先到新梢和根的尖端，缺素症状先从老叶开始，逐渐向新梢发展。与上述相反，钙、锰、铁、硼等元素，因在植物或苗木体内呈不易溶状态存在，缺素症状先从幼嫩的部位出现，逐渐向老组织发展。

1. 缺铁 新叶叶肉变黄，但叶脉仍绿，一般不会很快枯萎。但时间长了，叶缘会逐渐枯萎。

2. 缺镁 下部枝叶的顶部呈现出黄色、深黄色或紫红色。但是上部的嫩叶仍然是黄绿色，随着缺镁程度的加重逐渐向上发展。

3. 缺钙 缺钙的苗木或植物呈现微淡绿黄色，枝干细而弱，芽有枯死现象。

4. 缺锰　叶子出现黄化，生长点会枯死。缺锰和缺铁经常同时表现出来。

5. 缺硼　幼叶基本会导致花粉受精障碍。

6. 缺硫　幼叶先呈黄绿色，植株矮小，茎秆细弱，生长缓慢，植株的发育受到抑制。

第三章

盆花生产所需的设施与设备

第一节 温 室

温室是盆花生产的重要设施之一。它是以采光覆盖材料作为全部或部分围护结构材料，可在冬季或其他不适宜露地植物生长的季节供栽培植物的建筑。使用温室生产盆花，可以有效地控制温度、光照、湿度、二氧化碳浓度等环境因素，创造适宜盆花生长发育的条件，生产出优质的花卉产品；还可以打破花卉生长的地区、季节限制，达到周年生产、供应花卉和方便引种。尤其在我国北方地区作用更为突出。一些原产于热带、亚热带的植物，冬季可进入温室养护或利用温室条件作促成或抑制栽培。

一、温室的类型

温室由于在使用功能、建筑造型与平面布局、覆盖材料等方面的不同，有各种各样的结构形式和命名方式，同一个温室从不同的角度、按不同的方法也可分为不同的类型。

（一）按建筑造型和布局分类

1. 按温室造型分类 沿温室跨度方向，温室具有不同的立面造型，可将温室划分为单坡面温室、双坡面温室。单坡面温室又可根据前坡与后坡的投影长度比例划分为1/2式、2/3式、3/4式、全坡式等几种。按屋面形状，温室有圆拱形、折线形、锯齿形、尖顶形和平顶形等多种形式。

2. 按平面布局分类 根据温室平面的不同布局和组合形式，温室又可分为单栋温室和连栋温室。单栋温室就是以一个标准单元作为一个独立的温室进行建设，而连栋温室则是将多个单栋温室通过天沟连接起来。单坡面温室也属于单栋温室中的一种。

（二）按温室主体结构材料分类

大体上可分为两大类，即金属结构温室和非金属结构温室。例如钢结构温室、铝合金结构温室等均属于金属结构温室；木结构温室、竹结构温室、混凝土结构温室、玻璃钢结构温室等均属于非金属结构温室。

（三）按覆盖材料种类分类

温室可分为两大类，一类为薄膜型温室，另一种为硬质覆盖材料温室。薄膜型温室中，包括各种单层、双层覆盖的塑料温室，如单栋或连栋塑料温室、日光温室等；硬质覆盖材料温室包括玻璃温室、PC 板（单层板、双层板、波浪板等）温室、玻璃钢温室等。

（四）按冬季室内需要保持的温度分类

1. 高温温室 室温在 18～30℃的温室，主要栽培原产热带的花卉种类或冬季促成栽培。

2. 中温温室 室温在 12～20℃的温室，主要栽培养护原产热带高原、亚热带的花卉种类，亦可作一二年生草本花卉的育苗和栽培。

3. 低温温室 室温在 7～16℃的温室，主要栽培养护原产于亚热带、暖温带的常绿花卉越冬使用。

4. 冷室 室温在 0～5℃的温室，供栽培亚热带、暖温带花卉种类越冬之用。

二、温室的性能

温室的类型很多，各地可根据自身情况就近取材，建造采光、增温、保温性能都较好的温室。作为盆花栽培最普通最经济实用的是目前推广的高效节能日光温室。

下面以节能日光温室说明温室的性能。

节能日光温室，简称日光温室、暖棚，是我国北方地区独有的一种温室类型。它是一种在室内不加热的温室。即使在最寒冷的季节，也只依靠太阳光来维持室内一定的温度水平。日光温室的特点是保温好、投资低、节约能源，非常适合我国经济欠发达农村使用，是我国独有的设施。日光温室的透光率一般在60%～80%，室内外温差可保持在21～25℃。太阳辐射是维持日光温室温度或保持热量平衡的最重要的能量来源，又是植物进行光合作用的唯一光源。

日光温室主要由围护墙体、后屋面和前屋面三部分组成，其中前屋面是温室的全部采光面。白天采光时段，前屋面只覆盖塑料薄膜或玻璃采光；当室外光照减弱时，及时用活动保温材料覆盖塑料薄膜，以加强温室的保温。随着塑料工业的发展，加之玻璃易破损，日光温室大多以塑料薄膜为屋面材料。

用塑料薄膜做透明屋面，能得到较完善的光谱，塑料薄膜覆盖严密，热损失小，建造容易，取材方便，构型多样，适应性强，成本低，可以满足大多数盆花生产条件的要求。南方多用硬质塑料温室，作栽培年宵花时，一般不必加温。北方常用软质塑料温室，冬季必须加温。

实践证明，凡室外最低温度不低于－25℃的，利用塑料日光温室的特殊结构性能，可使室内保持5℃以上。

三、温室的环境调控

（一）温度的调节

在我国的不同地区，盆花生产所采用的温室及塑料大棚的类型是不同的，其温度调节的措施也是不相同的。北方地区冬季温度调节的措施是加温和保温，北纬40°以南的地区冬季温室大棚的温度调节的措施是保温；在夏季，我国大部分地区温室大棚的温度调节的措施都是降温。

1. 保温措施　为了提高温室大棚的保温能力，通常采用覆盖和其他保温措施减少室内热量散失，提高棚内的夜间温度。

（1）室内覆盖保温　这种方法是利用保温材料制成固定或可移动的保温幕，在温室大棚内的顶部进行二次覆盖，以达到夜间或阴天时保温的目的。用于保温幕的材料有聚乙烯（PE）塑料薄膜、聚氯乙烯（PVC）塑料薄膜、聚乙烯混铝薄膜、聚乙烯镀铝薄膜及不织布（无纺布）等。白天拉开保温幕接受正常光照，晚上关闭覆盖形成多层或整体的内保温幕。

内覆盖保温幕适用于圆屋顶式、尖屋顶式等多种形式的大型连栋温室大棚，也适用于各种形式的钢骨架高标准单栋塑料大棚和玻璃温室。在安装和使用时，要求接缝处四周底部严密不留缝隙，接缝处最好重叠 30 厘米。另外与屋面、墙面之间要有一定的距离，一般为 10～15 厘米，以保持一定的静止空气隔温层。

（2）室外覆盖保温　室外覆盖保温的材料冬季安装在温室大棚外面，通过人工或机械卷帘装置卷放，白天卷起，夜间覆盖，起到保温作用。但降雪前不要覆盖，防止积雪堆压造成卷起困难。

外覆盖保温适于各种类型的单栋温室大棚。保温覆盖材料的选择可以因地制宜，就地取材，如稻草、蒲草、作物秸秆、发泡塑料、聚乙烯、棉絮等。外覆盖可提高温度 5～10℃。

（3）其他保温措施　除增加覆盖外，各地还有一些其他的保温措施，例如在大棚内扣一小拱棚，可以减少地面向空气对流辐射的热量。还可以在后墙基部堆防寒土，在南屋面墙基处挖防寒沟，都可以不同程度地提高保温能力。这些保温措施可供相同纬度不同地区间相互参考借鉴。

2. 加温措施　加温是北方盆花生产调节温度的重要环节。近几年采用较普遍的主要有热风供暖加温和热水供暖加温两种方式。

（1）热风供暖加温 热风供暖的设备是热风炉，这种热风炉由热风机和通风管道组成。热风机是热风供暖的主机，由热源、空气换热器和风机3部分构成。通风管道也称供暖管道，由开孔的聚乙烯薄膜制成，长度可根据温室规格自行确定。热风炉按热源可以分为燃煤热风炉和燃油（气）热风炉2种。外观造型和安装形式分为吊装式、落地式和移动式3种。其工作过程为：热源加热空气换热器，用风机强制室内部分空气进入换热器，空气被加热后直接或通过供热管道进入室内。

（2）热水供暖加温 热水供暖的能量主要来自燃料（煤）燃烧转化成的热水。热水供暖系统由锅炉、供热管道和散热器3个基本部分组成。其工作过程为：锅炉将水加热至85℃以上时，热水经水泵加压后通过供热管道供给温室内的散热器，在温室内散热后水温下降返回锅炉再加温的反复循环过程。

3. 降温措施 我国大部分地区夏季炎热，当室外气温30℃时，温室大棚内的气温可达40℃。温室的降温措施主要有通风降温、加湿降温、遮阳降温等。

（1）通风降温 通风降温有自然通风和强制通风。平时通过机械装置和自动控制系统开启或关闭窗面自然通风调节环境。夏季高温时，利用风机将电能或机械能转化为风能，强迫空气流动进行降温，一般能达到室内外温差5℃的效果。

通风除具有降温外，还有调节温室气体环境和除湿的作用。

（2）加湿降温 加湿降温又称蒸发降温，是利用空气的不饱和性和水的蒸发性来降温。当空气中所含水分没有达到饱和时，水汽化为水蒸气，使空气中温度降低，湿度升高。蒸发降温过程必须保证温室内外空气流动，配合通风进行。

（3）湿帘-风机降温 降温系统由湿帘、循环水、轴流风机等部分组成，安装在温室的侧墙。目前湿帘使用的材料有杨木刨花、聚氯乙烯、甘蔗渣等。这些材料压制成约10厘米厚的蜂窝煤状的结构，具有吸附水的能力、通气性、多孔性、抗腐烂性。

（4）微雾降温 直接将水的雾粒喷在室内空间，雾粒一般为50～70微米，可在空中直接汽化而吸收汽化热降温，降温速率很快，而且温度分布均匀。微雾系统是间歇工作，喷雾10～30秒，停止3分钟。这种方法降温效果好，但整个系统精度高，造价及运行费用较高。

（5）遮阳降温 有室外遮阳和室内遮阳两种也就是将遮阳网安装在温室的外面或温室内。室外遮阳的优点是直接将太阳辐射隔在温室外，降温效果好，缺点是骨架要耗费钢材。室内遮阳则较简单，不需要制作骨架，但仍有一部分太阳辐射进入室内，所以降温效果略差些。

遮阳网是由聚乙烯制成的纱网，有黑色、银灰色、绿色和蓝色，还有缀铝箔的。外遮阳多用蓝色和绿色，内遮阳多用银灰色和缀铝箔的。遮阳系统除了有降温作用还有调节光照的作用。

降温措施还有很多，例如屋顶喷淋、屋面喷白等方法。有些情况下需要几种方法配合使用，以达到降温目的。

（二）湿度的调节

1. 空气湿度 温室内空气湿度的大小直接影响花卉的生长发育。当湿度过低时，植物关闭气孔以减少蒸腾，间接影响光合作用和养分的输送；湿度过大时，则花卉生长比较细弱，造成徒长而影响开花，还容易发生霜霉病。

空气湿度调节措施主要有：

（1）除湿 在寒冷季节温室大棚密闭时应以除湿措施为主。可以结合温度日变化规律适时地进行通风换气，适当控制灌水量，改进灌水方式，尽量采用滴灌，减少地面蒸发，降低湿度。

（2）加湿 在通风量大、外界气温高、空气干燥时，要注意增加湿度。增加湿度可以结合降温进行，如喷雾和湿帘风机降温。

2. 土壤湿度 土壤湿度直接影响花卉根系的生长和肥料的

吸收，间接影响地上部分的生长和发育。

调节土壤湿度的方法有：

（1）用喷壶浇水　喷壶是给盆花浇水的专业工具，使用方便，浇水量容易控制。

（2）喷灌法　将喷灌管高架在花卉上方，从上面向植物全株进行喷灌。喷灌系统的主管道如配有液肥、农药混合装置，可收到一举多得的效果。

（3）滴灌法　将供水细管连接到供水器上，细管的另一端则插入植株的根际土壤中，把水一滴一滴输送到植物根系周围。滴灌是大型现代化温室花卉生产理想的一种灌水方式，采用此法可节省大量的水资源。

（三）光照的调节

目前多数温室采用自然日光。植物种类不同，生长发育阶段不同，对光照强度、光照时间的要求也不尽相同，生产中采取的措施主要有补光、遮阳和遮光。

1. 补光　在温室大棚内进行的补光主要有长日照处理和补强光两种。长日照处理是为调节花卉的开花期而进行的日长补光，在菊花、一品红春节开花的栽培中广泛应用。在温室大棚内进行的补强光，可提高花卉的光合作用和生长量。

人工补光的光源有白炽灯、日光灯、高压水银灯和高压钠灯等。白炽灯和日光灯光强度低，寿命短，但价格低，安装容易，国内采用较多；高压水银灯和高压钠灯发光强度大，体积较小，但价格较高，国外常用作温室人工补光光源。

2. 遮阳　盆栽花卉相当一部分属于半阴性植物，不耐夏季高温和强光直射，所以应放置于荫棚下培养。夏季花卉上盆、翻盆、嫩枝扦插、播种等均应在荫棚下进行，以防花卉因过度暴晒而出现失水萎蔫，甚至死亡。

荫棚由棚架和棚顶两部分组成，高度一般为 2.0～2.5 米，临时性荫棚高 1 米左右。目前生产上常用的遮阳材料有遮光率为

$30\%\sim90\%$的遮阳网，轻便，易操作，可依需要覆盖 $1\sim3$ 层。

3. 遮光 遮光是指为达到短日效果的完全遮蔽光照的处理。通常是用黑布或黑色材料把温室遮严或利用支架为植株遮光。

四、温室的其他附属设施

温室除了控制温度、光照、湿度和通风的设施外，常用的一般设施还有附属设施。

（一）贮水池

温室花卉灌溉用水的温度，应与室温相近，一般事先注入室内水池中，以提高温度。贮水池常设置于植物台下或过道之下，除供水外，还能增加室内空气湿度。通常池深约 80 厘米，上沿高出地面约 30 厘米，长宽视需要而定。

（二）花架和种植池

1. 花架 花架有固定花架和滑动花架。目前生产上多采用滑动花架，可提高温室有效面积利用率。花床座脚固定后，用两根纵长的镀锌钢管放在座脚上面，将和温室长度相等的花床底架（放盆地方）放到管子上去，不加固定，利用管子的滚动，花床就可以左右滑动，一间温室只要留一条通道即可。每间温室的有效面积可提高到 $86\%\sim88\%$，每单株的燃料费及其他生产费用下降 30%。

2. 种植池 又称栽植床或种植床。一般温室内可设 $1\sim2$ 个简易种植床，可用于盆花的播种、扦插或栽植。

（三）辅助设施

1. 种子库、原料库、花盆库 温室花卉种类繁多，品种花色复杂，为了保持种子不混杂、不发霉、不变质、不受虫鼠为害，应建立专用种子库或种子柜，并认真执行种子管理制度。库内应保持干燥通风，门窗封闭严密，每批种子都有详尽的记录档案。少量种子应放入种子柜保存，严禁混杂。生产中常用的各种物资，要按种类规格分类摆放，以便取用，特别是花盆，冬季放置室外易被冻裂。

2. 土壤基质贮藏室　盆栽花卉需要大量的培养土及各种基质，所以要设立专门的土壤基质贮藏室，各种培养土、基质和原料、肥料等应分别堆放，为随时取用提供方便。

3. 晒场　晒场主要是为晒干各种培养土所用。晒土可起到消毒作用，又便于贮藏。晒场应设置在阳光充足、距土壤基质贮藏室近的地方。

4. 堆肥场、液肥池　这些设施应远离温室，并围绿篱加以掩蔽，液肥池要加盖，以防氮肥散失及影响卫生。

第二节　塑料大棚

塑料大棚简称大棚，是不加温的大型花卉越冬设施。它比温室造价低，光照好，可全天采光，且棚内光照均匀，增温较快，土地利用率高，是盆花生产的重要设施。尤其适合栽培对温度要求较低的花卉，如瓜叶菊、报春花等冬春季开花的盆花。

常见的大棚有竹木结构大棚和混合结构大棚（由水泥柱、钢筋拉杆、竹片拱杆建成）。近年来，管架组装式塑料大棚发展迅速。它以薄壁镀锌钢管为主要骨架，用卡具、套管连接，将棚杆组装成棚架，其上覆盖薄膜，用卡膜槽固定。这种大棚有专门的厂家生产配套设施，组装拆卸方便，棚内空间大，无立柱，便于操作和机械作业，可用 10 年以上，但一次性投资较大。

第三节　栽培容器

盆花的栽培容器俗称花盆。花盆质地和容积的大小对盆花生长影响很大。商品盆花所用的花盆要求适用性、美观性、经济性。理想的花盆应具备：质地轻，搬运方便；经久耐用，不易破碎；色彩、造型、厚薄、大小能适合盆花生长的需要，且要有多种规格型号、价格低廉等条件。

现在的花盆依制作材料、大小、目的的不同，可分为以下几种：

（1）塑料盆　塑料盆质地轻巧，坚固耐用，性状各异，色彩多样，装饰性极强，但通透性差，不宜作长期栽培使用。选用时应注意培养土的物理性状，使之疏松透气。育苗阶段，常用小型的软质塑料盆；硬质塑料盆可作一般盆花的栽培容器用。

（2）素烧盆（泥瓦盆）　素烧盆由泥土制成，质地较粗糙，外表不够美观，但排水、透气性好，适宜花卉生长，价格低廉，适宜各类盆花栽培。新的素烧盆要经过浸水后方可使用，旧盆再次使用前最好经过清洗消毒。

（3）瓷盆　精选瓷土烧制而成，质地细密坚硬，外形美观，但排水、通气性能较差，不宜直接栽培花木，多作素烧盆的外套盆或短期观赏使用。

（4）紫砂盆　用紫砂泥烧制，质地细密、坚韧，样式繁多，素雅大方。它的排水、透气性能介于素烧盆和瓷盆之间，但价格较贵。多用于栽培兰花等名贵花卉植物。

（5）釉盆　用陶土烧制，外表上釉，质地牢固，外观色彩鲜明。常用作大株花木或耐湿植物的栽培，是客厅、店堂的常用盆类。这种花盆的缺点是排水和通气性能差，不适宜长期盆栽用，常用作套盆。

（6）木盆或木桶　当需要口径在 40 厘米以上的容器时，通常采用木盆或木桶。木盆透气、排水性能较好，多用于大型花木的盆栽，如苏铁、南洋杉等。

（7）吊盆　吊盆有专门制作的，也有用普通花盆改制而成的，可作立体绿化装饰。

（8）水养盆　专用于水生花卉水栽之用，盆底无排水孔，盆面阔大而浅。多为陶制或瓷制的，也有塑料制的。

（9）带孔花盆（兰盆）　盆壁有各种形状的孔洞，便于空气流通，适于气生兰及附生花卉栽培。

（10）**盆景盆** 深浅不一，形式多样，常为瓷盆或陶盆。山水盆景用盆为特制的浅盘，以石盘为上品；树桩盆景用盆规则不一，有排水孔。

（11）**纸盆** 仅供短期培养幼苗用，特别用于不耐移植的盆花种类，如香豌豆、矢车菊等。

（12）**盆托** 形状像盘子，多用塑料做成，防止盆花浇水时多余的水弄湿地面。

第四节 其他栽培设备

盆花生产还需要一些其他的栽培设备。如：①活喷头细眼喷壶：用镀锌薄铁板焊接。由于喷头向上喷出来的水冲力较小，适宜喷幼苗；喷头向下可喷大苗；拔掉喷头可用于直接盆花浇水，使用很方便。②修枝剪：修剪整形用。③遮阳网：具有遮光、降温、防雨、保湿、抗风及避虫防病等多种功能。④花铲：上盆、移植幼苗用。⑤喷雾器：防治病虫害用。⑥切接、芽接刀：嫁接繁殖时用。⑦浇水壶：有喷壶和浇壶两种。喷壶用来为花卉枝叶淋水除去灰尘，增加空气湿度。浇壶不带喷嘴，直接将水浇在盆内，一般用于日常浇水。⑧覆盖物：用于冬季防寒，如用草帘、无纺布制成的保温被等覆盖温室，与屋面之间形成防热层，有效地保持室内温度。⑨胶管：浇水用。

第四章

盆花繁殖技术

第一节　有性繁殖

有性繁殖是通过雌雄配子受精后得到种子，再用种子繁殖得到新的个体，这种新个体兼有父母本的性状。一些异花授粉的花卉常常得到天然的杂交种，从中可以选出一些新种。通过种子繁殖的优点是繁殖量大，方法简便，得到的苗株根系完整，生长健壮，寿命长，而且种子便于携带、流通、保存和交换。

但是用种子繁殖的后代变异性大，往往不能保存亲本原有的优良性状，所以需要采取一些保持纯系的方法。主要措施是隔离栽培，要求每个变种间至少相距2千米。

一、种子的采收、贮藏和处理

（一）留种母株的选择

留种母株必须选择特别健壮、能体现本品种特性而无病虫害的植株。为避免品种间发生机械混杂或生物混杂，种植时在不同变种的植株间要做好隔离，并经常进行严格的检查鉴定，淘汰发生劣变的植株。

（二）种子采集

采收花卉的种子要根据果实开裂的方式、种子着生的部位以及种子的成熟度等分别对待。如某些种子应在充分成熟后采收。对于蓇葖果、荚果、角果等易于开裂的花卉种类，易在开裂前于清晨空气湿度较大时采收；对于种子陆续成熟的花卉种类，宜分批采收；对种子不易散落的花卉种类，可以在整个植株种子全部成熟后，将全株拔起晾干脱粒，脱粒后经干燥处理，使含水量下降到安全含水量后贮藏。

（三）种子贮藏

种子采收后连株或连壳晾晒，或在通风处阴干，切忌直接暴晒种子，再去杂、去壳，清除掉各种附着物，然后贮藏在密闭的容器中，并存放在低温条件下，这样可以抑制种子的呼吸作用，减低能量消耗，保持活力。

（四）播种前的种子处理

1. 选种 在播种前首先要检查种子是否属于所需要繁殖的植物，名称与实物是否一致，然后要选用粒大饱满、具有该种花卉种子应有色泽和光泽、当年采摘的种子。隔年的陈种子如贮藏不好，发芽率低。

2. 种子处理 对硬粒种子和发芽缓慢的种子要进行预处理，常用的方法有以下几种：

（1）浸种 在播种前用冷水或温水浸种，一般浸 2～24 小时。水温越高，浸种时间越短。仙客来、美人蕉须在播前浸种有利发芽。

（2）剥壳 在果壳坚硬或干枯的情况下，必须将果壳剥除后再播种，如黄花夹竹桃等。

（3）锉伤 对种皮坚硬、透水性及透气性都较差，幼胚很难冲破种皮发芽的种子，可以在近种脐处将种皮略加锉伤，以利发芽，如紫藤、凤凰木等。

（4）化学处理 用强酸强碱如浓硫酸或氢氧化钠处理种子，可使坚硬的种皮变软，处理的时间从几分钟到几小时不等，视种皮的坚硬程度及透性的强弱而异，处理后必须用清水将种子洗干净，方可播种。

（5）冷藏或低温层积处理 将种子在 2～5℃ 的温度下处理 2～3 周，或在秋季用湿沙层积法处理种子，越冬后播种，可以打破种子休眠促进发芽。

（6）拌种　主要用于一些细小的花卉种子。

二、播种时间

播种时间可分为春播和秋播。木本及宿根花卉都在春季断霜后播种，也可提前在温室内播种。一二年生的草花，北方多于早春（2～3月）在温室内播种，中部地区对一年生草花春播，二年生草花秋播；南方多以秋冬播为主，一年生花卉亦用春播。

温室草花根据需要用花的时间，提早或延迟播种。

三、播种方法

（一）床播

1. 苗床　露地播种要选择地势高燥、平坦背风向阳的地方设置苗床。土壤要疏松肥沃，这样既利于排水又有一定的蓄水能力。土地经翻耕后耙细，去除杂物，然后再整地作畦，一般床宽1.2米左右，床面须平整。

2. 播种　根据花卉种类和种子大小，可采用点播、条播或撒播。点播也称为穴播，用于大粒种子，以一定的株行距开穴将种子播下，每穴2～4粒，发芽后留生长强健者，其余可移植他处；条播用于一般的种类，在苗床上按一定行距播种；撒播适用于种子细小、播种量大而且较粗放的情况，将种子均匀撒于床面。条播的方式管理方便，通风透光好，有利于小苗生长；撒播出苗量大，占地面积小，但在除草时费劳力较多。

播种量依种子的发芽率、气候、土质及幼苗的生长速度而定。如气候温暖、土质肥沃、种子发芽率高、幼苗生长快，宜稀播。播种深度为种子直径的2～3倍。对于十分细小的种子，播后不必覆盖细土。

3. 镇压和覆盖　播种后须镇压，即将床面压实，使种子与土壤密切结合，便于种子从土壤中吸收水分萌发。一般用平板压紧土表，也有用木制滚筒滚压的。苗床镇压后覆草，以保持土壤水分，有利于种子发芽，并可防止水冲刷或浇灌时冲开覆盖的细土，致使种子暴露而影响发芽，同时也可减少杂草生长。

4. 浇水　镇压覆盖后需立即浇水，特别是浸水处理过的种子。一般露地苗床用细喷壶浇水，或自动喷雾机喷雾，使整个苗床基质吸进水。

（二）盆播

常规盆播主要分六步：①选盆。一般温室花卉的种子、细小种子和珍贵种子，都用浅盆播种。②装土。播种用的培养土必须事先过筛、按比例配好（如泥炭土：沙＝3：1或腐叶土：河沙：园土＝5：3：2），并经过消毒的。盆土装好后，压实，刮平土面。③播种。根据种子大小选择适宜的方法播种，撒播、点播或条播。④覆土。播后视种子大小而覆一层薄薄的细土，大粒种子的覆土厚度为种子厚度的2～3倍，小粒种子以不见种子为度。⑤浸盆浇水。用细孔喷壶洒水。对于细小种子，采用浸水法，将播种盆置于水槽中，下面垫一倒置的花盆，水分由底部向上渗透，直浸至整个土面湿润为止。⑥覆盖。播种后，应将浅盆放于温度适宜的地方，加盖玻璃或塑料薄膜保湿待种子萌发。

（三）培养皿播种

花卉种子很多细小如粉末，在一般土壤中不易出苗，因此可以用培养皿或细粒蛭石或珍珠岩加水湿润后播种，这种方法出苗较整齐。

四、播种后的管理

播种后出苗前，要注意保持土壤湿润，给水要均匀，不可使苗床土忽干忽湿。经常检查覆盖物是否完好，以防洒水冲刷床面。室内盆播加盖玻璃板后，早晚宜将玻璃板掀开数分钟通风透气，白天再盖好防止水分蒸发。早春或冬季播种的盆底要适当加湿。种子发芽出土后，要立即除去覆盖物，使其逐步见光，经过一段时间锻炼后，才能完全暴露在阳光下。

待小苗真叶出现后，宜施一次淡肥。露地苗床幼苗过密时，需间苗，将过密的、生长纤弱的苗拔去，使留下的苗能得到充足的阳光和养分。间苗后应立即浇水，使留下的小苗根部不致因松动而死亡。待幼苗长出 4～5 片真叶时可进行移植，扩大株行距。盆播幼苗长出 1～2 片真叶时，经常移植在浅播种盆内。

第二节　营养繁殖

利用植物的营养器官，通过扦插、分株、压条、嫁接等方法，使其成为一个新植株，称为营养繁殖（无性繁殖）。这类繁殖方法多用于不能正常结实的花卉种类以及繁殖优良的园艺变种（可使其不因有性繁殖而退化），还用于种子繁殖生长缓慢或实生苗到开花期时间太长的花卉种类。

一、扦插繁殖

扦插繁殖是花卉栽培中最常用的一种营养繁殖方法，有枝插（茎插）、叶插、根插等。扦插成活的原理是植物体具有再生能力，如枝条剪下插入土中，在其末端能生根，上部能发出新芽再生成正常的植株。

（一）扦插季节

扦插的季节依花卉种类、品种、气候及管理方法的不同可分为：

1. 休眠期扦插　多用于一些落叶花木的硬枝扦插。秋冬季植物进入休眠以后、春季萌发之前的 11 月或 2～3 月均可进行，如月季、海仙花等。

2. 生长期扦插　多用于一些木本花卉、温室花卉或草本花卉的嫩枝扦插。长江流域在 6 月份以后采用成熟新枝（半硬枝）扦插，也属此类。软枝扦插在庇荫条件下进行，或在全光照下给予不间歇或间歇喷雾进行，如菊花、四季海棠等。

（二）扦插用的基质

扦插用的基质要求排水、透气性好，有无营养物质均可。常用的扦插基质有园土、黄沙、泥炭、腐殖质土、蛭石、珍珠岩、草木灰等，可根据植物生长特性混合用。

（三）扦插方法

1. 枝插

（1）硬枝扦插　落叶后，选取成熟、节间短而粗壮、无病虫害的1～2年生枝条，截取中部的茎段，剪成10～20厘米作为插穗。插穗可埋藏在湿沙土中越冬，待翌年早春发芽前，按一定株行距将插穗的2/3插入繁殖床，然后浇透水。

（2）半硬枝扦插　主要用于常绿木本花卉的生长期扦插。剪取当年生的半成熟顶梢，长度约8厘米，捎去下部的叶片，仅留顶端的2片叶。插穗插入土中1/2～2/3，也可用短枝带踵扦插。插穗在未插前要放阴处，用湿布覆盖或包好，以免水分蒸发而影响成活。

（3）软枝扦插　即取当年生嫩枝扦插，多用于草本花卉或温室花卉。剪取7～8厘米长的顶梢作插穗，只留先端2片叶，插入深度1/3～1/2，如菊花、芍药等。

插穗的下端切口在节的下部，应尽量靠近节（约0.5厘米），容易生根。

2. 芽插　不论半硬枝扦插或软枝扦插，如果材料不够时，可以取枝条上较成熟部位的芽，剪取2厘米长包括芽叶片的一段作插穗，略微削去芽对面一侧的皮层，将插穗平插入土中，芽梢隐没于土中，叶片露出土面。

3. 叶插　草本花卉中可用于叶插的种类很多，如蟆叶秋海棠、大岩桐、非洲堇等。多具有肥厚的叶片和叶柄，可在叶脉、叶缘及叶柄处发根生芽。如蟆叶秋海棠叶插，将叶片上的支脉于近主脉处切断数处，平卧在插床面上，使叶片和基质密切接触，并用竹枝或铜丝固定，就能在支脉切断处生根长芽；非洲紫堇叶插，能于叶柄处口处生根生芽。

4. 根插　用根作为插穗，其适用范围仅限于易从根部发生新梢的种类，如芍药、紫菀、凌霄、垂盆草等。芍药、凌霄等有粗大的根，可选粗壮的剪成5～10厘米长的一段作插穗，将其全部埋入床土内或顶梢露出土面即可；垂盆草等细小的肉质草本植物的根，可切成2厘米长的小段，用撒播的方法撒于床面后覆土。

（四）扦插后的管理

扦插后的管理主要为浇水和遮阴。硬枝插和根插的管理较简单，在北方要注意保护，预防受春寒危害。半硬枝条和软枝，插后宜精细管理，保持床土湿润，以防止枝条蒸发失水影响插穗成活。扦插初期要注意庇荫，发根时可逐渐通风透光，增加日照，逐步减少灌水，并要注意拔草、防病等工作。新芽长出后施一次淡肥。待植株长壮后方可移植。芽插、叶插多在温室内进行，也要精细管理，进行遮阴、防止水分散失。

二、压条繁殖

压条繁殖是一种枝条不切离母体的扦插方式，多用于普通扦插法难以生根的花卉或一些根蘖丛生的灌木，如桂花、蜡梅、白玉兰、结香、迎春、木兰等。压条通常都在植株生长期进行。

一般压条要选用成熟而健壮的1～2年生枝条。曲枝压条要选择能弯曲到地面的枝条。高空压条要选着生部位高低适当、壮实的枝条。取条的数量一般不超过母株枝条的1/2。如在植株基部堆土压条，就不必选条。

（一）压条方法

压条的方法较多，常用的有以下几种：

1. 曲枝压条　取近地面的枝条，在压条部位的节下予以刻伤或作环状剥皮，然后曲枝压入土中，以竹钩固定，使枝条顶端露出水面，覆土 10～20 厘米并压紧。

2. 堆土压条　此种压条方式多用于根蘖多的直立性的花灌木类，在丛生枝条的基部予以刻伤后堆土，待生根后分别移栽。

3. 波状压条　用于枝条长而易弯曲的种类，将植株枝条弯曲牵引到地面，在枝条上切伤数处，埋入土中，生根后分别切开移植即成为整个独立的新个体。

4. 高空压条　高空压条多用于植株直立、枝条较硬不易弯曲又不易发生根蘖的种类。在植株当年生的枝条中，选取成熟健壮芽饱满的进行环状剥皮，再用塑料薄膜包住环剥处，下部用绳扎紧，内填以水分适度的苔藓拌土作为基质，然后将上口边也扎紧。待生出新根后将其剪下，解除塑料薄膜，栽植成一个独立的植株。

（二）压条的管理

由于压条时不脱离母体，在其发根过程中水分及养分均由母体供给，所以管理容易，但要注意枝条与基质是否压紧。压条切离母体的时间依其生根的快慢而定。有些种类，如蜡梅、桂花等，需翌年切离；有些种类，如月季等，当年即可切离。压条切离之后即可分株栽植，栽植时要尽量带土以保护新根。

三、分株繁殖

分株繁殖多用于丛生型或容易萌发根蘖的灌木或宿根类花卉。丛生型及萌蘖类灌木的分株繁殖将一些丛生型的灌木花卉在秋季或早春掘起，一般可分为 2～3 丛种植，如蜡梅等。另一种是易产生根蘖的花卉，可待母株茎部抽生根蘖、吸芽等剥下来另行种植，如木笔等。

1. 宿根类的分株繁殖　宿根植物地栽 3～4 年或盆栽 2～3 年后，株丛显过大，需要重新种植或翻盆。可以在春、秋两季结合分株进行。取出植株，在根系自然分离处劈开，一般分成 2～3 丛，再单独种植或上盆，如鸢尾、春兰等。

2. 块根类的分株繁殖　花卉在块根上萌发多个新芽，可将块根带芽分开另植，如大丽花等。

3. 根茎类的分株繁殖　用刀将根茎带芽分割，另行种植。

4. 分球繁殖　将球茎、鳞茎类花卉上的自然分生的小球进行分栽。分球繁殖的季节可根据球及种植的时间而定。

四、嫁接繁殖

嫁接繁殖是用植物营养器官的一部分移接于其他植物体上。用于嫁接的枝条或芽称接穗，被嫁接的植株称砧木，接活后的苗木称为嫁接苗。

嫁接成活的原理是具有亲和力的两株植物在结合处的形成层产生愈伤，形成一个新个体。嫁接繁殖是繁殖优良品种无性系的方法。

（一）嫁接时期

1. 休眠期嫁接　此种嫁接又可分为春接和秋接。春接一般在3月上中旬芽萌动前进行，而有些芽萌动较早的种类在2月中下旬进行嫁接。此时砧木的根及形成层已开始活动，而接穗的芽即将开始活动，故嫁接成活率最高。秋季嫁接约在10月上旬至12月初，嫁接后，结合部先愈合，翌年春季接穗再抽枝。

2. 生长期嫁接　在生长期主要进行芽接，多在树液流动旺盛的夏季进行。此时枝条腋芽发育充实而饱满，砧木的树皮容易剥离，故7～8月是芽接的最适期，桃花、月季等多采用芽接。另外靠接不切离母体，也在生长期进行。

（二）砧木和接穗的选择

砧木要选择与接穗亲缘近、抗性强、生长健壮、适应本地环境的种类；接穗应选壮年健康植株上充实而饱满的枝条，取中部芽或枝作接穗。

（三）嫁接方法

嫁接的方法很多，主要有以下几种：

1. 切接　将砧木上部平截，在其一侧纵向切下2厘米，稍带木质部，露出形成层，接穗枝条的一侧削成长 2 厘米的斜面，在其背侧末端斜削一小切面，插入砧木，至少使一边的形成层对齐，然后当即扎紧。

2. 劈接 开花乔木的嫁接多用此方法。先在砧木离地面 10～12 厘米处截去上部，然后在砧木横切面的中央用刀垂直切下 3 厘米。接穗选充实的枝条，剪取留 2～3 个芽的茎段，将其端部削成楔形，插入切好的砧木内，用绑带扎紧。

3. 靠接 将要选作接穗和砧木的两植株置于一处，选取可靠近的两根粗细相近的枝条，在其能靠部位各削去 3～5 厘米长的一片，然后相靠，对准形成层，使削面密切结合并绑扎紧密。

4. 芽接 芽接多采用 T 字形嫁接法，即将枝条中部的饱满侧芽剪去叶片保存叶柄，削成稍带木质部芽片，长约 2 厘米。将砧木的枝切一 T 字形切口，并用芽接刀将皮层挑开，将芽片插入，然后用绑带扎紧，将芽及叶柄露出。

嫁接的切口须平直光滑，如枝条较硬，把持不稳时，可用一块厚帆布放在膝上，将接穗平放，用快刀削，则削面平直不致形成内凹。绑扎嫁接部位的材料，现在多用塑料薄膜剪成长条，既有弹性又可防水，也有专门用于嫁接的塑料绑带。

第三节 组织培养快速繁殖技术

由于植物细胞具有全能性，将植物体的器官组织、细胞甚至原生质体，接种在人工配制的培养基上，在人为控制的环境条件下进行培养，使其增殖生长，分化再生成不定根植株，这种技术成为组织培养。在花卉生产中应用组织培养技术主要有 4 个方面：

①快速繁殖。利用一个微型的植物器官或组织在很短的周期内即能生产大量的植株，其繁殖系数比扦插、嫁接等常规的营养繁殖要大很多。

②去除病毒。花卉植物长期利用扦插、嫁接等营养繁殖感染病毒，造成观赏品质退化。若利用种胚、茎尖、微芽在试管内培养，即可以得到脱除病毒的植株，达到品种提纯复壮目的。

③提高育种效率，改良品种。通过对花粉、花药及未授粉子房胚珠培养获得单倍体，再加倍，一个世代即可获得混合的二倍体，缩短了育种年限；利用幼胚培养可以挽救败育的胚，用于克服远缘杂交的不亲和性和杂种胚的早期发育；通过胚乳培养，可以获得大花型的三倍体植株。

④种质保存。透过组织培养方法将组培苗、愈伤组织、体细胞胚等放在低温或超低温条件下抑制其生长，可达到长期保存的目的。

通常将用植物材料经试管中培养最后形成新植株的途径分成 3 类：器官发生途径、通过愈伤组织分化成株途径、胚状体途径。

一、培养基

1. 培养基成分　主要包括无机盐类、有机成分和植物生长调节物质。

（1）无机盐类　植物生长所需要的无机营养根据其量的多少分为大量元素（碳、氢、氧、氮、磷、钾、钙、镁、硫）和微量元素（铁、锰、硼、锌、铜、氯、钼），各种营养成分对植物生长的重要性是同等的。

（2）有机成分　培养基中的有机成分主要有维生素、氨基酸（甘氨酸、半胱氨酸等）、肌醇、糖（蔗糖、葡萄糖、果糖）。

（3）植物生长调节物质　生长调节物质在组织培养中对细胞分裂的启动、愈伤组织的生长、芽的分化、诱导生根等起着重要的调节作用。最常用的植物生长调节物质有生长素（6-苄基腺嘌呤、激动素、玉米素）。细胞分裂素与生长素的比值往往决定了培养物诱导发生芽还是根。

2. 培养基的种类 一般把只含有大量元素和微量元素的培养基称为基本培养基。为了不同的培养目的，需要在基本培养基的基础上加入各种有机成分及各类生长调节物质，这才成为完全培养基。常用的植物 MS 基本培养基配方见表 4-1。

表 4-1　MS 培养基配方 　　（单位：毫克）

种　类	成　分	称取量（母液 0.5 升）	称取量（母液 1 升）	扩大倍数	配 1 升吸取量（毫升）
大量元素（母液Ⅰ）	NH_4NO_3	16 500	33 000	20×	50
	KNO_3	19 000	38 000		
	$MgSO_4 \cdot 7H_2O$	3 700	7 400		
	$CaCl_2 \cdot 2H_2O$	4 400	8 800		
	KH_2PO_4	1 700	3 400		
微量元素（母液Ⅱ）	$ZnSO_4 \cdot 7H_2O$	860	1 720	200×	5
	H_3BO_3	620	1 240		
	KI	83	166		
	$NaMoO_4 \cdot 2H_2O$	25	50		
	$CuSO_4 \cdot 5H_2O$	2.5	5		
	$CoCl_2 \cdot 6H_2O$	2.5	5		
铁盐（母液Ⅲ）	$Na \cdot EDTA \cdot 2H_2O$	3 725	7 450	200×	5
	$FeSO_4 \cdot 7H_2O$	2 785	5 570		
有机物（母液Ⅳ）	甘氨酸	100	200	200×	5
	盐酸硫胺素	20	40		
	盐酸吡哆醇	25	50		
	烟酸	25	50		
肌醇（单配）		5 000	10 000	100×	10

注：按以上成分配好后，加蔗糖可按培养情况而定（例如：加 3% 蔗糖，即 1 升内加 30 克），定容，用 1 摩尔/升的 NaOH（或 HCl）调至 pH=5.8，最后加琼脂亦根据情况而定（如加 0.6% 琼脂粉，即 1 升加 6 克），灭菌。

二、培养条件

组织培养的温光条件，因不同的培养对象而有所不同。通常将设在控制在 25℃±2℃，光照在 1 000～3 000 勒克斯，每天照光 12～16 小时，培养环境力求清洁以减少污染。

三、操作方法

花卉组织培养的操作过程包括配制培养基、灭菌、接种、培养。

1. 配制培养基 通常在配制培养基前把各种试剂配成一定浓度的母液贮存备用。根据试验设计的要求，分别用带刻度的容器吸取所需的母液，放入干净的烧杯中，母液混合加水定容至总量 1/3 的体积，备用；将称好的蔗糖和琼脂用占总量 2/3 的纯净水加热溶解，待琼脂全部溶化完全后，熄灭火源，将营养液倒入蔗糖、琼脂液中，充分搅匀后，即为培养基。用稀酸或稀碱液调整培养基酸碱度至 pH6，培养基高压灭菌后 pH 会下降 0.2 左右，达到一般材料培养所需要的 pH5.8。配好的培养基趁热分装入培养瓶中，培养基的量大约为 11.5 毫米厚。

2. 灭菌 植物组织培养必须在无菌条件下进行，所以培养基、植物材料、接种器材、工作环境等都要求进行灭菌。

（1）培养基灭菌 分装好培养基要及时用高压蒸汽灭菌。如果采用自动定时灭菌，则开始灭菌时将下排气阀打开，待温度升至 102℃左右时关上排气阀但要有一些排气，以保持锅内热的蒸汽循环。一般常规灭菌都是在 108 千帕（121℃）时维持 15～20 分钟。灭菌结束后，待压力降至 49 千帕时，可打开下排水阀使锅内压力降至常压后及时取出培养基，因为培养基中多数药剂是不耐长时间高温的。

（2）接种用器具灭菌 接种用的玻璃器都用纸包严后经高压蒸汽灭菌。包裹的纸大小要适当，太小，包不严；太大，在打开时动作幅度大，容易造成二次污染。镊子、解剖刀、小剪刀等金属器具一般都先浸泡在酒精溶液中，经酒精灯火焰灼烧灭菌后使用。现在也有用电热灭菌器杀菌而不用酒精灯的。

（3）工作环境灭菌　接种台平时保持清洁，工作前用紫外灯照射15～20分钟灭菌。培养室平时保持清洁，如果出现比较严重的污染现象，可以用甲醛和高锰酸钾熏蒸。

（4）培养材料的处理及灭菌　花卉组织培养通常取嫩茎、花托、叶柄、叶片等作为接种的材料，统称为外植体。一般选择幼嫩的部分，草花用嫩茎、花托，球根花卉用茎顶、鳞茎盘、鳞叶。剪取的材料先行清理，去除多余部分，然后用洗涤液清洗表面，再用流水缓缓冲洗1～2小时。清洗后放在超净台上，用与材料相同体积的杀菌剂处理。灭菌处理结束后立即用无菌水漂洗4～5次，放入瓶中备用。各种杀菌剂的用法见表4-2。

表4-2　常用杀菌剂使用浓度及效果对比

杀菌剂	使用浓度	持续时间（分钟）	去除的难易
次氯酸钙	9%～10%	5～30	易
次氯酸钠	2%	5～30	易
漂白粉	饱和液	5～30	易
抗生素	4～50毫克/升	30～60	中

3. 接种　将外植体（培养物）在无菌条件下接至培养基上。一般将茎段切成0.5厘米长，叶片切成0.4厘米×0.4厘米大小，用镊子夹住放在培养基表面，使之粘住培养基。接好后，即将瓶口封好待培养。

4. 培养　接种后的材料放培养室进行培养。如果是先诱导产生愈伤组织的，形成愈伤组织后要尽早转入分化培养基中诱导产生芽，然后再进行芽的增殖培养；如果是直接形成芽的，叶转入增殖培养基中作增殖培养。在芽苗增殖到一定数量之后，将一部分较小的芽继续作增殖培养，而将大于 1.5 厘米长、真叶平展的芽剪下转入诱导生根培养基中生根。

四、试管苗移栽

试管苗生根至 1 厘米长左右，即可进行移栽。移栽前先要炼苗，即在室内打开培养瓶盖，在培养基表面加一薄层水隔绝空气和浸润培养基。2～3 天后，取出小苗，小心地洗去根上黏附的琼脂，移栽至用蛭石和珍珠岩（1∶1）配制的基质中，并罩上塑料罩保湿，待小苗顶芽抽生新叶表明小苗已成活时，再移栽到土中。

第四节　盆花工厂化育苗技术

花卉工厂化育苗是由自动控制的精量播种系统、规格化育苗穴盘、可调节温湿度的发芽室和育苗室等标准化装置及配套的育苗技术组成的花卉商品化、工厂化生产系统。与传统的育苗方法相比，这种育苗技术提高了苗木品质和种苗利用率，提高了劳动生产力，降低了生产成本，故成为现代花卉产业最重要的生产技术之一。

一、穴盘育苗的设备

1. 精量播种系统　整个系统包括了基质的处理、混拌、装填及种子的播种和播后的覆盖、浇水等作业。主要机械有基质混拌机、基质装填机、基质旋转加压机、精量播种机、基质覆盖机、自动洒水机、苗盘存放专用柜等。

2. 穴盘　标准的育苗穴盘是一张 20 厘米×35 厘米的塑料盘，经冲压形成许多的小穴。小穴呈正方的锥形，底部开有排水孔。方形穴孔可容纳的土壤体积比圆形穴孔多 30%，可以使更多的根和根毛得以发展。穴盘上的穴孔在 72～800 个，目前通常使用的规格有 4 种：72 穴盘（穴孔长×高×宽＝4 厘米×4 厘米×5.5 厘米，下同），128 穴盘（3 厘米×3 厘米×4.5 厘米），200 穴盘（2.3 厘米×2.3 厘米×3.5 厘米），392 穴盘（1.5 厘米×1.5 厘米×2.5 厘米）。选用何种规格的穴盘依种植植物的种类、定植容器的大小、定植时间等而定。如多汁植物（秋海棠、非洲凤仙）及移植前需要较长生长期的植物适合在穴孔较大的穴盘中栽培，生长迅速的在穴孔较小的穴盘里生长较好。有些花卉如银莲花、飞燕草、洋桔梗等，其根系更适合在较深的穴孔中生长；其他花卉如天竺葵、仙客来及多年生的植物，开始在小孔穴盘中生长，后移至大孔穴盘，最后定植在盆钵或花坛中。

3. 催芽室 催芽室是一个环境可以控制的种子萌发室。催芽室内的温度由冷热系统控制，湿度主要靠弥雾加湿系统，光照可以配置也可以不配置。催芽室内的环境用恒温恒湿控制器或用计算机控制。

育苗穴盘码放在可移动的架子上，催芽室的高度应使穴盘架上都有足够的空间以便加湿气雾能顺畅流通，避免在穴盘上凝结。催芽室的顶棚设计成倾斜的，以避免凝结水直接滴落到穴盘上。顶棚上的水汽在形成水滴前应将其疏导排除。

催芽室的四壁用隔热材料建成，内表面敷以防潮层。防潮材料包括铝箔和玻璃纤维等。这些材料可避免隔热材料因潮湿而降低隔热效果。防潮层还有助于保持室内的湿度。

4. 育苗温室 育苗温室可以利用现有的温室大棚改造。温室内须装有加温设备、喷灌设备、补光系统、二氧化碳发生系统、多层育苗柜、机械传送装置以及各种自动控制设备等，温室内温度不能低于 12℃。

二、穴盘育苗技术

1. 育苗基质的配制 基质支持着穴盘苗从种子萌发到幼苗

移栽的整个生长过程。在穴盘苗生产中出现的许多问题往往都和基质有关。目前泥炭、蛭石、珍珠岩被公认为是良好的基质。

专业化的育苗基质主要由1∶1∶1的泥炭、蛭石、珍珠岩组成，另外还加入保湿剂、有机肥等。

在花卉生产商业化发达的国家，穴盘育苗所用的基质已经高度专业化，不同的花卉采用不同的育苗基质，以保证幼苗生长的特殊要求。

2. 装盘与消毒 往穴盘内填充基质可人工操作，也可用机械操作。人工装盘是将配好的基质填入穴孔中，再用平拔将表面刮平。机械装盘则将配好的基质装上生产线，由机械完成装盘过程。装好基质的育苗穴盘经过消毒才能播种，消毒方法通常采用多菌灵800倍液或2%～3%硫酸亚铁溶液喷洒，浇透基质。

3. 播种 由于育苗时分格，播种时要求1穴孔1粒种子，成苗后也是1穴室1株幼苗。为了做到育苗过程中不出现空穴，就要求种子有极强的发芽势和相当高的发芽率。因此，种子在播种前须经过消毒、浸种、丸粒化等处理。

专业穴盘种苗生产企业多采用精量播种生产线，从基质搅拌、消毒、装盘、压穴、播种、覆盘、镇压及喷水的全过程采用机械完成。

如播种量较少时也可以采用人工播种方法。播种前10小时处理种子，可用0.5%高锰酸钾溶液浸泡20分钟，再放入清水中浸泡10小时，取出播种。已处理的种子须尽量在1天内播完。播种时，可以用筷子扎孔，深度约1厘米，不能过深。播种后覆盖基质，然后喷水，保持基质适宜的湿度。

4. 催芽 播种后送入催芽室催芽，温度控制在20～30℃，采用喷雾的方式浇水，湿度控制在90%～95%。出苗的时间因植物种类不同而异，一般在7～10天。当多数幼苗的芽微微露出土面时，就可将幼苗移出催芽室，送入育苗室进行培养。

三、育苗室管理

1. 温度管理 刚移入育苗室的幼苗，室温保持在 20～23℃，以防止幼苗徒长。夏季采用遮阳网遮阴，冬季需要加温防冻。

2. 光照管理 在正常气候条件下，自然光照能基本满足幼苗生长；如连续阴雨天，须进行人工补光。高压钠灯是目前普遍采用的高强度放电灯，其光照效率高，能将输入电能的 25％ 转变为可见光。这种灯常用的规格为 400 瓦和 1 000 瓦。

穴盘苗生产进行人工补光时，总光照时间要求为 16～18 小时，其中包括自然光照时间加上补光照明时间。幼苗期间对补充光照的反应，以第一片真叶出现时最强烈，随时间延长反应逐渐减弱。对光照较敏感的花卉有天竺葵、矮牵牛、非洲凤仙、长春花和秋海棠等。

许多花卉对光照时间的反应表现为影响开花或营养生长，这种反应称为"光周期"。要控制短日照花卉的光周期，温室内要安装遮光幕（不透光），人为创造短日或长夜条件；而要延长长日照时间，可用白炽灯，选用 60 瓦的白炽灯，布置间距为 1.2 米，安装高度距离栽培床面不得高于 1.5 米，从晚上 10 时开启，到次日凌晨 2 时关闭，保持 4 小时补光时间。

3. 水分管理 穴盘育苗的基质较少，要了解花卉的生根特性、根部基质的物理性质和环境之间的相互关系，进行合理的水分控制。

一般来说，在萌芽的初期阶段，需要较高且均衡的湿度，一旦胚根出现之后，应该降低湿度，让基质表面略微干燥，促进根系扎入基质。萌发过程结束，真叶和根系活跃生长时，对干湿的适应性较强。移栽前的炼苗阶段可以进一步降低水分使之干化，有时要到接近萎蔫才浇水。这种干湿变化模式，可以使大多数花卉幼苗的根系生长良好，同时又最大限度地控制地上部分的生长。

4. 通风管理 育苗室每天都要通风透气，保持室内空气新鲜。为补充室内二氧化碳的不足，可以在当天 9：30～10：30 施浓度为 1 000 毫克/千克的二氧化碳肥料。

5. 肥料管理 播种至胚根出现，对于已含有初始养分的基质而言，就无需施肥。在催芽室内，基质的初始养分应该能持续 10 天。对于不含初始养分的基质，一旦种子萌发，就要开始施肥。此时可施用铵态氮含量低的肥料，以氮浓度 25～50 毫克/千克为宜，一直到子叶展开。当子叶完全展开后，幼苗开始进行光合作用。这时每周可施用氮浓度 50～75 毫克/千克的肥料 1～2 次（多次浇水就要多施肥），一般交替使用氮磷钾复合肥 20 - 10 - 20 和铵态氮含量低的肥料，如 14 - 0 - 14。此后花卉植物的叶片和根系进入旺盛生长阶段，幼苗需要更多的养分，根据浇水次数，应把氮浓度增加到 100～150 毫克/千克，每周 1～2 次。再次交替使用 20 - 10 - 20 和 14 - 0 - 14 或类似的肥，避免铵态氮含量太高而引起幼苗徒长。对多数穴盘苗来说，pH 应保持在 5.8 左右，EC 在 1.0 毫西门子/厘米左右。

一旦植株的叶片数目、株高及根系生长已达到理想状态，就需要在移栽或运输前控制植物的生长。在此阶段需提供低温（<18℃），以限制生长的速度。如有必要，应使用含氮为 100～150 毫克/千克的高硝态氮肥。硝态氮和含钙量高的肥料可使植株的茎粗短健壮，根系发达。

6. 病虫害防治 穴盘育苗的环境湿度较大，容易滋生害虫和病原菌，应随时注意防治。

第五章

盆花生产技术

第一节 基本栽培管理措施

一、盆土的准备

盆花对培养土的基本要求是：土壤疏松，通气性能好，能满足根系呼吸的需要；透水性能好，不会造成积水而烂根；能保持水分和养分，不断地供应给花卉以满足其生长发育的需要；酸碱度适中；没有有害微生物和其他有害物质。

常用配制培养土的材料主要有泥炭、塘泥、炉渣、砖渣、树皮、炭化稻壳、蛭石、珍珠岩、黄土、堆肥土、厩肥土等。这些基质的结构成分、理化特性、适用范围不尽相同，可根据不同盆花的生长发育特性，人为地选用单独的或混合的培养土加以利用。

二、培养土的配制与消毒

1. 培养土的配制 盆花生产的培养土常由多种土类混合配制而成。优质的混合培养土，一要成本低，二要满足花卉生长发育的需要，在短期内能够培养出优质的盆花。

目前常用的培养土配制方式（按体积比例计）有以下几种：

（1）播种及小苗用培养土 堆肥土2份，园土1份，厩肥少量，河沙少量；或用堆肥土1份，园土1份，砻糠灰1份，厩肥或过磷酸钙少量。

（2）一般盆栽花卉用培养土 堆肥土2份，园土3份，厩肥土1份；或堆肥土2份，园土2份，砻糠灰1份，厩肥1份，再加些骨粉等。

（3）喜湿植物用培养土　园土4份，厩肥土2份，堆肥土1份，砻糠灰1份。

（4）多肉植物用培养土　可用河沙1份，园土1份，堆肥土2份；或用砖渣、炉渣1份，园土1份。

（5）兰花用培养土　目前多采用堆肥土，或者在堆肥土中加少量河沙。用碎砖渣、炉渣、树皮作培养土，效果也很好。

（6）杜鹃花用培养土　习惯上用堆肥土或栽培兰花之后的旧土。用堆肥土4份，园土1份混合。重要的是杜鹃花喜酸性土壤，所以培养土的pH应保持在4.5～6.0。

（7）扦插用培养土　插穗生根前不需要培养土中的养料，所以常用河沙作扦插基质。但近年来用蛭石、珍珠岩作扦插基质更好；对某些花卉，单用砻糠灰扦插也行。

由于考虑到盆花的重量，生产上现常用泥炭土代替堆肥土或厩肥土，以减轻盆花的重量，方便携带和运输。

2. 培养土的消毒　配制好的培养土使用前，需要进行消毒以减少病虫来源，保证花苗健壮生长。常用方法有：①物理消毒：烈日下暴晒消毒，利用阳光中的紫外线，晴天效果好。或用铁锅等将培养土干炒10～20分钟，保持温度在80℃以上亦可。②化学消毒：为防除来自土壤中的病虫害，用土前7天用福尔马林加水20～50倍喷洒土壤，然后用塑料薄膜封闭24小时，可起到熏蒸消毒的作用。但须注意，除去薄膜后，要等药剂完全挥发后方可使用。此外，还可以用1 500倍高锰酸钾液喷洒培养土，或氯化苦熏蒸，以及用多菌灵、百菌清等多种药剂消毒。

目前生产上大量盆花用土，采用土壤蒸汽消毒机对培养土进行高温高压蒸汽消毒，温度冷却后即可使用。此方法简单，效果好，但投资大。

三、上盆、翻盆和换盆

1. 上盆　　将花苗栽入容器的操作，称上盆。

首先是根据植株大小和栽培要求，选取合适规格的花盆，并用瓦片或网片垫在盆底排水孔上，盆底用粗沙、蛭石等填入一层排水物，其上再覆盖一层培养土。然后将植株放入盆中，并使根系展开，让苗木直立于花盆中央，加土，轻轻震动，使土下沉，之后从盆边压紧苗木根部泥土，土面应低于盆口2～3厘米，留出浇水空间。栽植后，将花盆搬至庇荫处，水浇透。也可在第一次浇水后，待土壤吸干时再浇第二次，直到多余的水从排水孔处流出。

2. 翻盆　　上盆后，经1～3年植株生长发育，须根便密布盆底和盆周，浇水后难以透入，肥料也难吸收，生命力也渐趋衰弱。原来盆土理化性质变劣，营养缺乏。此时须更换到有新培养土的盆中，称为翻盆。

在早春，将植株整坨脱出，削去上沿土块和底部排水层，并将卷曲多余的须根加以修剪。在盆底盖好排水孔，铺好排水层，在盆底放一些碎骨片，或豆饼、菜饼碎屑作基肥，再加配制好的培养土，将植株栽入，填土、蹾实，浇上一次透水，放置阴凉通风处。其他管理与上盆相同。脱盆时，用右手食指和中指扶住植株基部，手掌紧挨土面，左手托起盆底，将盆翻过来。盆小的用左手轻捶盆边；大盆用双手持盆，在硬处轻磕盆沿，盆花连同泥土即可整坨脱出。注意盆土要干湿适度，不可过干或过湿，不可散坨。

3. 换盆　　已经健全生长的盆栽植株，为促使植株健壮，由小盆换到大盆中去，称为换盆。

换盆是移植的一种。在植物适当的时期换盆，均可成活。换盆通常在秋季或早春。最好是早春，芽头即将萌发而尚未萌发的休眠期或发育停顿的时期进行最为稳妥。如有适合的温室条件，一年四季均可进行。

换盆时，用左手抓住植株的基部，将盆提起倒置，并以右手轻扣盆边，土球即可取出。一二年生花卉换盆时，土球不加任何处理，即将原土球栽植，并注意勿使土球破裂。一般到开花前要换盆 2～4 次，换盆次数多，能使植株强健充实，但会使开花期推迟。宿根花卉，应将原土球肩部及四周外部旧土刮去一部分，并剪除近盆边的老根、枯根及卷曲根。1 年换盆 1次，注意不要在花芽形成及花朵盛开时进行。木本花卉依种类不同将根适当切除一部分，如棕榈类的修根，可剪除老根的1/3，2 年或 3 年换盆 1 次，换盆时间为春季或秋季。换盆后，应充分浇水 1 次，并置阴凉处缓苗，待新根生出后，转入常规管理。

四、转盆与倒盆

1. 转盆　由于植物的趋光性，它会向光线强的一方偏斜生长，特别是生长快的盆花及新发枝梢，造成偏冠现象。为使盆栽植物生长均匀、对称，防止枝梢偏斜一方，隔一段时间后，应转换花盆放置方向，使植物均匀生长，即转盆。在生长季节，一般草花生长快，每周应转盆一次；木本花卉生长慢，可 10 天转盆一次。双屋面南北向延长的温室中，光线自四方射入，盆花无偏向一方的缺点，不用转盆。

对于露地放置的盆花，转盆可防止根系自排水孔穿入土中，否则时间过久，移动花盆时易将根切断而影响植株生长，甚至萎蔫死亡。

2. 倒盆　盆花生长旺盛期间要经常移动花盆的位置，增大盆间离，增加通风透光，减少病虫害和防止徒长，称为倒盆。在温室中，由于盆花放置位置不同，光照、通风、温度等环境因子的影响不同，盆花生长状况各异。为了使盆花生长均匀一致，要经常倒盆，将生长旺盛的盆花移到条件较差的温室部位，而将生长较差的盆花移放到条件较好的温室部位，以调整其生长。

生产上倒盆与转盆通常同时进行。

五、扦盆

扦盆，即疏松盆土。其目的有三：一是疏松土壤。盆花因经常浇水会造成土面板结，通过扦盆可以使土壤疏松，增强透水性，有利于植株的生长。二是提高蓄水和持肥能力。浇水后，待土壤表面稍干扦盆，可以更好保存盆土的土壤湿度，减少浇水次数，增强蓄水持肥能力。三是除去土面的青苔和杂草。青苔的形成，影响盆土的透气性，不利于植物生长，难以确定盆土的湿润程度，不便于浇水。扦盆常用竹片或小铁耙进行。

六、浇水

盆花生长得好坏，很大程度上取决于浇水。

1. 水质　无论雨水、河水、井水或自来水，只要是清洁、无污染、盐分低于 0.15％ 的水，都可用作盆花浇水。城市自来水中氯的含量较多，水温也偏低，不宜用来直接浇灌盆花。应先在水池中贮藏数天，使氯挥发、水温和气温接近时使用。对酸性植物，更要注意水质，不能因为浇水而增加土壤 pH，影响植物生长。

2. 浇水量　盆花的浇水量根据花卉品种、植株大小、生长发育时期、气候、土壤条件、花盆大小和放置地点等方面综合考虑，加以确定。浇水的原则：不浇则已，浇则浇透；浇透干透，盆无积水。浇水要避免多次浇水不足，只湿及表层盆土，形成"腰截水"，下部根系缺乏水分，影响植株的正常生长。

通常，喜潮湿的植物，要求较多的水量，要多浇水，尤其是蕨类植物，常将花盆置于水盘当中。但对爱好叶面喷水和不喜盆土潮湿的植物，可用细孔喷水壶，自叶上喷注而下，直到水滴湿润盆土为止。植物生长期需水量较大，要多浇水。随着气温下降，植物生长减缓，逐渐进入休眠，浇水量要控制、减少，甚至停止。播种期需适当多浇水，苗期以喷水为主，到结实期要控制浇水。空气干燥的晴天要多浇水，阴湿雨天要少浇或不浇。连阴雨，应将花盆向一侧倾倒，防止盆内积水，待雨后及时扶正，恢复原来位置。

实践中，人们常根据盆土干湿情况来决定浇水量。当盆土干燥时，整个土面发白，重量变轻，硬度增大，说明缺水，应及时多浇些水；如盆土湿润，手按感觉松软，颜色发暗，重量沉重，则暂时不用浇水。

3. 浇水时间　浇水时间既要在植物生长活动时，又要避开烈日暴晒。水温应尽量与盆土或空气温度接近。水温太低，对植物根系生长不利。一般将水抽入储水池或缸内存放几天，待水温与土温、气温接近时再使用，这样利于植物正常、健壮生长。所以，一般冬季浇水在上午9~10时以后。夏季浇水在清晨8时以前下午5时以后。阳光直射下的植物，为保持当天的需水量，早上要足量浇水。

4. 浇水方法

（1）用喷壶浇水　喷壶是给盆花浇水的专业工具，使用方便，浇水量容易控制。喷头是活动的，用时套上，不用时取下。浇一般的盆花不要带喷头，给小苗或叶面喷水要有喷头，以免小苗倒伏及冲刷盆土。生产上，应避免将胶管装在水龙头上浇盆花。一方面水温低及自来水中的氯对植物不利；同时水的压力大，对盆土和幼嫩植物的冲击力太大，造成盆土流失和枝叶破损。

（2）叶面喷水　用喷水壶或喷雾器喷水在植株的枝叶上，简称"叶水"。可以增加空气湿度，降低温度，冲洗掉花卉叶片上的尘土，有利于光合作用。但喷水要根据花卉植物的生长需要。蕨类植物和兰科植物喜欢潮湿的环境，每天应多喷水。原生在高山上的杜鹃、石楠、柽柳、针叶树（如真柏、黑松、五针松）等，多受云雾的湿气，自春到初秋常喷叶水，极有利于植株生长。而石榴、紫薇、梅、桃、海棠等，若浇叶水，反而会使枝叶徒长，以致影响树型美观。对那些怕水湿的花卉，不能向叶面喷水，否则易引起腐烂。

（3）浸水 把花盆放入水槽或浅水中，水深低于盆土土面，让水从盆底的排水孔渗入盆土中。该法主要用于小粒种子播种后和小苗分苗后的花盆灌水，可避免种子或幼苗冲泡，也可减少土面板结。

（4）浸泡 将整个植物或植物根系都浸在水中，使植物的根系和盆栽基质全部浸透水。大部分热带和亚热带产的附生花卉，如热带附生兰科植物、蕨类、部分凤梨科花卉等，栽植在多孔花盆或木段上，盆栽基质多为疏松的蕨根、苔藓和树皮块等，不易浸透，故除浇水外，还应定期地浸泡灌水。

七、施肥

按照培养土种类、植株不同生长发育阶段对各种营养物质的需求进行施肥。盆花的施肥分为基肥、追肥和叶面喷肥。

1. 基肥 在上盆及换盆时施入培养土中的肥料，叫基肥。基肥一般为固体肥料，如畜禽类粪便干、过磷酸钙和骨粉等需要与培养土充分混合，而兽蹄片及羊角通常垫于盆底。注意，基肥不可直接与根系接触，以免伤根。

2. 追肥 在花卉生育期间，为补充土壤中某种或某些营养而追加施入的肥料，叫追肥。追肥常用速效性肥料，如各种化肥和液体有机肥，可随浇水施入盆中。

（1）土壤追肥 土壤追肥即从土壤施入追肥。追肥所用肥料的种类、浓度、次数因花卉种类及其发育阶段而有所不同。幼苗期需氮肥较多，肥料浓度要低，次数要多；成苗后，磷、钾肥逐渐增加。观叶花卉要多施氮肥，使叶子嫩绿；观花观果花卉的磷、钾肥要偏多些，使植株早熟、早开花、早结果，同时也使花果颜色更加鲜艳。

喜酸性土的花卉，长期浇灌后，土壤酸碱度提高，对这些植物应选用酸性肥料作追肥，或用0.25％的硫酸亚铁作肥料施用，改善土壤条件。

（2）根外追肥　肥料稀释后喷洒在叶面上，由叶片直接吸收利用的一种施肥方法。尿素、磷酸二氢钾、过磷酸钙、硼酸及其钠盐等均可用作根外追肥。植物叶片背面分布有大量的气孔，是吸收肥料的主要通道，所以根外追肥肥液应喷洒在叶片的背面。如在根外追肥时混以微量元素或其他杀虫、杀菌药剂，则可起到双重效果，其浓度以小于0.3％较为安全。

追肥宜淡不宜浓、宜少不宜多，把握"薄肥勤施，少量多次"的原则。追肥以间隔15天左右一次为宜，在晴天进行。追肥前先松土，待盆土稍微干燥后再追肥，施肥后立即用清水喷洒叶面，以免残留肥液污染叶面。

八、整形与修剪

盆花生产过程中对植株进行整形修剪，使各级主、侧枝分布均匀、疏密适宜，达到花满枝头或硕果累累、枝叶繁茂的观赏目的。整形修剪是提高盆花商品价值的一项重要工作。

1. 整形　盆栽花卉的姿态造型是以人的构思结合植物的生物学特性和生长状况而定的。可根据不同的盆栽花卉类型，从幼小的植株开始，形成匀称的骨干枝，整理成不同的形式，如单干式、多干式、丛生式等。整形所用材料有竹片、细竹竿、铅丝、棕线等。

（1）单干式　只留主干，不留侧枝，使顶端开花1朵。一般用于大丽花和标本花的整形。将所有侧蕾全部摘除，使养分全部集中于顶蕾。

（2）多干式　留主枝数本，使开出较多的花。如大丽花留

2~4 个主枝，菊花留 3、5、9 枝，其余全部剥去。多数观花宿根盆花采用此法。

（3）丛生式　生长期进行多次摘心，促使发生多数枝条，全株成低矮丛生状，开出多数花朵。如矮牵牛、一串红、美女樱、百日草等一二年生草花多用此法整形。

（4）悬崖式　特点是全株枝条向一方伸展下垂。多用于小菊类品种的整形或者小花类型盆花的整形。

（5）攀缘式　多用于蔓性花卉，如牵牛、茑萝等。使枝条蔓生于一定形式的支架上，如圆锥形、圆柱形、棚架形和篱垣等。

（6）匍匐式　利用枝条自然匍匐地面的特性，使其覆盖地面。如旱金莲、半支莲等常用此法。

2. 修剪　修剪是通过各种技术措施，达到培养优美树形、调节花期的目的。修剪时期有生长期和休眠期。修剪的方法主要有：

（1）摘心　对当年萌发的新枝打去顶端，促进分枝生长，增加枝叶量，也能缓和植株的生长势，调整花期。一些有连续开花习性的花卉，如一串红、矮牵牛等，可通过摘心控制花期。但有些草花本身丛生性强，如鸡冠花、凤仙花等，应不摘心，以免影响株形。

（2）摘叶　在盆花栽培管理过程中，适时适度摘叶，如摘除基部黄叶和已老化、徒耗养分的叶片，以及影响花芽光照的叶片，可促进花卉抽枝发叶和开花结果，有利于提高花卉的观赏价值。如米兰，及时摘除老叶能使全株叶色嫩绿光亮，增加观赏价值。

（3）抹芽与去蕾　抹芽，即去除花卉的花芽或叶芽。在花蕾形成后，将多余的、位置不适的花蕾摘除，即去蕾。抹芽或去蕾，既可减少养分消耗，又可保持优美的株形。如佛手蕾多会影响结果，要及早剥去多余的花蕾；有些月季，主蕾旁还有小花蕾，需将其摘除，使营养集中供应主蕾。

（4）剪 即将枝条剪去一部分，又称截。它能刺激剪口下的芽萌发生长。剪分为重剪（剪去枝条长度的 2/3 以上）、中剪（剪去枝条长度的 1/3～1/2）和轻剪（剪去枝条长度的 1/5～1/4）。重剪对剪口下芽的刺激大，轻剪对剪口下芽的刺激小。如天竺葵和扶桑等，开花 1～2 年后，生长势减弱，可于侧枝基部保留 2～3 个芽，其余剪除，给足肥水，令其重发新枝。为均衡枝条的生长势，一般可采用强枝轻剪、弱枝重剪的方法。但花芽在枝顶的花卉，开花前不宜采用此法，否则严重影响开花量。

（5）疏 又称疏剪或疏删，即把枝条从分枝点基部全部剪去。疏剪的对象主要是病虫枝、伤残枝、干枯枝、内膛过密枝、衰老下垂枝、重叠枝、并生枝、交叉枝及干扰树形的竞争枝、徒长枝、根蘖枝等。它能增强树势，改善通风透光条件，减少病虫害，增加同化作用产物，使枝叶生长健壮，有利于花芽分化和开花结果。

（6）伤 就是用各种方法损伤枝条，如环剥、刻伤、扭梢、折梢等，以缓和树势或削弱受伤枝条的生长势。伤主要是在植物的生长季进行，对植株整体的生长影响不大。如在花芽形成期，对花枝基部进行刻伤或环剥，使枝条增加养分积累，有利于花芽的分化和形成。

在入冬后至春季芽萌动前，木本花卉或宿根花卉常以短截、修枝、剪根等为主。如在当年生枝条上开花的月季、紫薇、木芙蓉等，都可在休眠期进行重剪，促使其多萌发新梢、多开花、多结果。但对春季开花的梅花、碧桃、迎春、连翘、丁香、花石榴等，必须根据植株的情况轻重结合，不能盲目重剪，因为它们的花芽大都是在 2 年生的枝条上形成的。枝条修剪的部位一般自芽点 3～5 厘米以上处，上端留外侧芽节，以使株形匀称外展，保持通风透光，防止病虫潜伏。修剪用的刀剪应锋利，剪口平滑，以防枝条剪裂。同时，对于盆花的生长特点、着花情况和结果习性，须考虑成熟，才可进行修剪操作。

第二节　花期调控技术

一、花期调控的意义

人们利用各种栽培技术，使花卉在自然花期之外，按照人们的意愿，定时开放。开花期比自然花期提早者称促成栽培，比自然花期延迟者称抑制栽培。催延花期，又称花期控制。

随着人们生活水平不断提高，对花卉周年或多季供应的要求日益迫切。花卉生产中谁掌握了花期控制技术，谁就赢得了消费者，从而最终占据花卉市场。所以，花期调控技术备受生产者的关注，是生产盆花必须掌握的核心技术之一。

二、花期调控技术

(一) 调控花期的途径

调控花期的主要途径有温度处理、光照处理、药剂处理、栽培措施处理等。

(二) 处理前的准备工作

1. 花卉种类和品种的选择　根据用花时间，首先要选择适宜的花卉种类和品种。一方面选择的花卉应充分满足市场的需要，另一方面选择在用花时间比较容易开花的、且不需过多复杂处理的花卉种类，以节约时间，降低成本。同种花卉的不同品种，对处理的反应也不同，甚至相差很大。如菊花的早花品种"南洋大白"短日照处理50天开花；而晚花品种"佛见笑"则要处理65~70天才能开花。为了提早开花，应选择早花品种，若延迟开花宜选择晚花品种。

2. 球根的成熟程度　球根的成熟程度对促成栽培的效果有很大影响。成熟度不高的球根，促成栽培的效果不佳，开花质量下降，甚至球根不能发芽生根。

3. 植株或球根大小　植株和球根必须达到一定的大小，经过处理后花的质量才有保证。如采用未经充分生长的植株进行处理，花的质量降低，不能满足花卉应用的需要。如观赏凤梨要进行花期控制，植株必须生长至少16个月；风信子鳞茎的直径要达到8厘米以上才能开花。

4. 处理设备和栽培技术 要有完善的处理设备，如控温设备、补光设备及控光设备等。此外，精细的栽培管理也是十分必要的。

（三）调控花期的方法

1. 温度处理 温度对打破休眠、春化、花芽分化、花芽发育、花茎伸长均有决定性作用。因此，采取相应的温度处理，可提前打破休眠，形成花芽，并加速花芽发育，提早开花；反之可延迟开花。

（1）增温处理

①提早开花。多数花卉在冬季给予适当加温度就能提早开花，如瓜叶菊、大岩桐、牡丹等。牡丹是典型的通过增加温度来提前到春节开花的实例。牡丹在入冬前早已形成花芽，但处于休眠状态。在春节前60天，移入温室逐渐升高温度到20～25℃，并经常喷雾，使空气相对湿度保持在80%以上，就能提早到春节开花。

②延长开花时间。有些花卉在适宜的温度下有不断生长、连续开花的习性，如非洲菊、茉莉花等，在秋季温度下降之前，及时加温、施肥、修剪等，就能在深秋、初冬季节继续开花。

（2）降低温度

①延长休眠期，推迟开花。耐寒花木在早春气温上升之前，趁其还在休眠状态时，将其移入冷室中，使之继续休眠而推迟开花。冷室温度一般以1～3℃为宜，不耐寒的花卉可略高些。花卉在冷室中处理的时间，应根据计划开花日期、出冷室解除休眠后培养至开花时所需要的天数、当地的气候条件等综合考虑确定。

②减缓生长，延迟开花。一些含苞待放或初开的花卉如菊花、天竺葵、八仙花、瓜叶菊等，移至温度较低的地方，能够降低花卉本身的新陈代谢，从而达到延缓开花日期目的。处理温度因花卉种类、品种、需要延迟开花的天数而有所不同，一般 2～5℃的低温适用于多种花卉。

③降温避暑，使不耐高温的花卉开花。有些植物在适宜的温度下，能不断地生长，不停地开花，但是一遇酷暑，就停止生长，进入休眠状态，不再开花，如仙客来、吊钟海棠、天竺葵等。

④提前通过春化阶段，提早开花。有些花卉生长期结束后，需经过一段低温处理，完成春化阶段以后才能开花。如蝴蝶兰自然开花时间在春季 3～5 月。若要促使其在春节前开花，必须提前满足其开花所需要的条件，其中一个很重要的方法就是在8～9月降低温度，满足其花芽分化、发育和伸长的条件，才有可能提前开花。

2. 光照处理

(1) 短日照处理　在长日照季节，用黑布、黑色塑料薄膜等对短日照花卉遮光一定时数，使它有一个较长的暗期，就能促其开花。如一品红、菊花等，自下午 5 时至第二天上午 8 时进行遮光，使其处于黑暗中，一品红 40 余天就能现蕾开花，菊花 50～70 天也能开花。遮光材料要密闭，不透光，防止低照度散光产生的破坏作用。对某些喜凉的植物种类，要注意通风和降温。适用短日照促使开花的种类还有叶子花、落地生根、蟹爪兰等。

(2) 长日照处理　在冬季短日照季节，对长日照植物补充光照，或者是在夜间给予短时间的光照，可使其提前开花。由于冬季温度较低，所以长日照处理还必须配合适宜的温度条件。长日照和适宜温度缺一不可。一般情况下都在温室内进行处理。

此外，长日照也用于阻止短日照花卉的开花。菊花在自然情况下，9 月大部分都开始孕蕾，为了延迟开花，可用长日照处理阻止其形成花蕾而使之继续营养生长。在停止夜间光照后，如果当时仍是短日照季节，它就会在自然条件下孕蕾开花。据介绍，9月上旬对菊花开始用电灯光照处理，10月10日停止光照，12月中旬开花；11月10日停止光照，则翌年1月上旬到2月上旬开花。

（3）光暗颠倒　昙花一般夜间开花，不便欣赏。如果在花蕾长6～10厘米时，白天遮去阳光，晚上照射灯光，则能改变其夜间开花习性，使其在白天开花，并可延长开花时间。

（4）调节光照强度　有些花卉开花前一般需要较强的光照，如大花蕙兰、卡特兰等。但为延长开花期和保持较好的质量，在花齐之后一般要遮阳减弱光照强度，以延长开花时间。

3. 药剂处理　应用生长调节物质，是控制花卉生长发育的一种手段。

（1）解除休眠　赤霉素对八仙花、杜鹃、牡丹等处理，有解除休眠的作用。如用500～1 000毫克/千克赤霉素稀释液滴在牡丹的花芽上，4～7天就开始萌动。

（2）加速茎叶生长，促进开花　用赤霉素处理菊花、紫罗兰、金鱼草、四季报春、仙客来、山茶、含笑、君子兰等花卉，均有明显的效果。但要严格掌握处理时间和药液浓度，否则易造成花梗徒长、叶色淡绿、株形破坏，进而推迟花期或降低观赏价值。

（3）促进花芽分化　赤霉素有代替低温的作用，对一些需低温春化的花卉，如紫罗兰、秋菊、紫菀等均有效果。将乙烯利、碳化钙或乙炔的饱和水溶液注入凤梨科植物筒状的叶丛内，能促进花芽分化。

（4）延迟开花　用吲哚乙酸、萘乙酸、2,4-D等处理，有抑制开花激素形成的作用。如8月中旬在秋菊尚未进行花芽分化之前，以50毫克/千克浓度萘乙酸处理，3天1次，共进行50天，可延迟开花10～14天。但用5～10毫克/千克浓度萘乙酸处理凤梨科植物，有促进开花的明显效果。

（5）**促进发芽**　用 100 毫克/千克赤霉素处理唐菖蒲球茎，用乙醚气处理小苍兰球茎，均可促进发芽，提早开花。

4. 栽培措施处理

（1）**控制花卉生长开始期**　植物由生长至开花有一定的速度和时限，采用控制播种期、繁殖期、栽植期、翻盆期等常可控制花期。早开始生长的早开花，晚开始生长的晚开花。在运用控制花卉生长开始期来控制花期的时候，应首先明白该花卉的生长发育规律，然后再进行具体的操作。如瓜叶菊，其特性为喜冷凉，不耐高温，不耐寒，喜光，既怕旱又怕涝；生长适温为 18～22℃，生长期 130～150 天，开花温度 10～15℃，而 21℃有利于花芽分化，自然花期为 12 月到翌年 5 月。如果想在元旦供应市场，且有温室、荫棚来控制温度，在 8～9 月播种，即可按时开花。

（2）**栽培技术调节生长速度**　通过摘心、修剪、摘蕾、剥芽、摘叶、环剥、嫁接等栽培技术措施，调节植株生长速度，对花期控制有一定的作用。摘除植株嫩茎，将推迟花期。推迟的日数依植物种类以及摘取量的多少与季节而有不同。一串红多摘心 1 次可延迟开花 20 余天。如国庆节用花，可提前 25～30 天摘心。紫薇在花后修剪，不使结果，35～50 天后可第二次开花。

（3）**控制水肥**　充足的氮肥和水分可以促进营养生长而延迟花期，增施磷、钾肥有助于抑制营养生长而促进花芽分化。在植株进行一定营养生长后，增施磷、钾肥，有促进开花的作用。这在很多花卉上得到应用，如蝴蝶兰、大花蕙兰、红掌、观赏凤梨等。

花期控制措施种类繁多，有起主导作用的，有起辅助作用的；有同时使用的，也有先后使用的。必须按照植物生长发育规律及各种有关因子，并利用外界条件综合进行，科学判断并加以选择，使植物的生长发育达到按时开花的要求，在开花时还要给予适合开花的条件，才能使之正常开花。

（四）花期调控中常见问题

在花期控制中，由于花卉植物种类繁多，影响因素复杂，出现的问题也较多，但归结起来主要有哑蕾现象、花期提前或延迟、花色变劣等。

1. 哑蕾现象 在花期控制过程中，生产者常常遇到植株长出的花蕾无法开放的哑蕾现象。造成哑蕾现象的原因有多方面，如花卉的种类、品种、土壤干旱、肥料不足、持续高温等。容易因缺水而导致哑蕾的花卉有倒挂金钟、蟹爪兰等。在很多情况下，植株哑蕾是由于在短期内遭受干旱的植株浇水过多所致。所以，在给缺水的植株浇水时，最好先进行喷水来缓解植株的缺水状态，然后再正常浇水。由于高温而导致花蕾无法正常开放的花卉有郁金香、喇叭水仙、中国水仙等。

2. 花期提前或延迟 花期控制的目的是为了使花卉在预期的时间内开花，如果不能按时开花，出现花期提前或延后，这对生产经营和使用都会造成巨大的损失。

（1）花期提前 为了避免过早开花，在整个生产管理过程中除了严格按照管理程序外，在预定开花前的 3 周左右应根据花蕾的生长情况及时进行处理，可以通过停止追肥、进行遮光、降低环境温度等措施来延缓花朵的开放。

（2）花期延后 生产中防止花期延后主要以施肥、光照和温度管理为主。采用较多的方法是喷施磷酸二氢钾，增加光照，对于促进花蕾迅速膨大、正常开花较有效。对于绝大多数花卉，提高环境温度能有效地提前开花，但对于喜凉爽环境的地中海气候型花卉来说，环境温度过高反而使花期延迟。

由于植物的花期早晚不是单一因素的作用，因此在管理上应考虑诸多因素进行综合管理。

3. 花色变劣 在花期控制中，已经开花的花卉往往会发生变色现象，原因主要有养分不足、光照或温度的影响等。例如，一品红在种植后期将温度降到 13～15℃ 可以使苞片着色更好。现在有许多一品红品种，即使一些苞片未发育完全，苞片颜色就已经很红了。如果这时出圃，移入室内，苞片很容易出现褪色现象。因此，一品红出圃时一定要求苞片已充分展开并着色，花已开始开放。成熟后的一品红应尽量放在冷凉的环境中，温度不要低于 12℃；温度低，会使苞片颜色发蓝或变白。

第三节 无土栽培技术

一、花卉无土栽培概述

花卉无土栽培是指利用无机营养液直接向花卉植物提供生育必需的营养元素，代替由土壤向花卉植物提供营养的栽培方式。花卉无土栽培又称为营养液栽培，营养液能够向花卉植物提供水分、养分、氧气等。

无土栽培花卉具有不受土壤条件限制、无杂草、无病虫、质量好、商品价值高、省水、省肥、实现花卉生产的现代化等优点。缺点是起始投资较大，技术上要求较高。

二、花卉无土栽培基质

1. 基质的要求 基质在花卉的无土栽培中起着十分重要的作用，分有机基质和无机基质 2 种。有机基质是由植物有机残体组成或发酵后形成的，包括草炭（泥炭）、锯末、炭化稻壳、蕨根、树皮和椰糠等。无机基质是由无机物组成的，包括沙粒、砾石、岩棉、炉渣、珍珠岩、蛭石、陶粒、炉渣、砖渣、木炭等。

无土栽培对基质有以下要求：①性能稳定，不跟营养液中的化学物质起反应。②不含有害物质，对花卉的生长、发育无影响。③固定根系，保证植株稳定不倒伏。④保水、排水性能良好。

2. 基质的消毒　无土栽培基质长时间使用会积聚病菌和虫卵，在下一次使用之前，必须对基质进行消毒。常见无土栽培基质消毒方法有：蒸汽消毒、太阳能消毒和化学药剂消毒。常用的化学药剂有 40％甲醛、溴甲烷、氯化苦、威百亩、漂白剂（次氯酸钠或次氯酸钙）等。

三、花卉无土栽培营养液

（一）营养液的要求

1. 适宜的营养液 pH 通常在 5.5～6.5，如倒挂金钟、秋海棠、水仙等为 pH6.0，仙客来、报春花、荷包花、天竺葵等为 pH6.5。

2. 营养液要能流动，以提供氧气。

3. 幼苗期，营养液与种植床间要保持 2～3 厘米的孔隙，利于幼根进入营养液，保证根系早期的正常生长。

4. 营养液的温度适当。

（二）营养液的成分

1. 水

（1）水质　作为花卉无土栽培营养液重要成分的水，要求软硬度适宜（水的硬度统一用单位体积的氧化钙含量来表示，即每度相当于 10 毫克/升氧化钙），一般要求水的硬度在 15 度以下；酸碱度，要求 pH 5.5～8.5；悬浮物，要求≤10 毫克/升；氯化钠≤200 毫克/升；溶解氧≥3 毫克/升；氯气，若是自来水要在使用前放置半天以上，以去除其中的余氯，要求水中残留的氯≤0.01％；重金属盐及有毒物质含量，要求必须低于国家要求的安全食品用水标准用量。

（2）水源　常用的水源有河水、雨水、自来水、井水，但都必须符合国家规定的饮用水卫生标准。

（3）无土栽培期间的耗水量　要求根据花卉的不同生长发育状况确定耗水量，以保证花卉植株正常生长的需要。

2. 营养元素

（1）大量元素　包含氮、磷、钾、钙、镁、硫、铁等。其中氮可来自尿素、硝酸钙、硝酸钠、氨水等；磷可来自磷酸二氢钾、过磷酸钙、磷酸钾、磷酸铵、磷酸氢钙等；钾可来自硝酸钾、硅酸钾等；钙可来自过磷酸钙、磷酸钙、氧化钙、钙镁磷肥等；镁可来自钙镁磷肥、氧化镁、硫酸镁、碳酸镁等；硫可来自硫酸钾、硫酸镁、硫酸钙等；铁可来自硫酸亚铁、柠檬酸铁铵、螯合态铁等。

（2）微量元素　包含硼、锰、锌、铜、钼等。硼可来自硼酸；锰可来自硫酸锰；锌可来自硫酸锌；铜可来自硫酸铜；钼可来自钼酸铵。

（三）花卉无土栽培营养液的配制

1. 营养液的组成及配制原则　①营养液中的各种营养元素必须是植物生长所必需的全部营养元素，包括大量元素和微量元素。②化合物和元素能被吸收利用。③满足植物正常生长和生理平衡。④营养成分长期有效。⑤适宜的盐浓度和酸碱度。⑥营养液总体生理酸碱反应稳定。

2. 营养液的配制　花卉无土栽培营养液在配制时，应先根据不同花卉植物、不同的生长发育时期选定合适的配方，再配制成浓缩贮备液（母液），实际应用时再将母液按需要稀释成栽培营养液。

具体操作及注意事项有：①根据花卉的种类和栽培条件，确定营养液中各元素的比例，同时还要考虑生长的不同阶段对营养元素要求的不同比例。②配制营养液的盐类要有良好的溶解性，并能有效地被花卉吸收利用。③各种营养成分先用50℃少量温水将各种元素分别溶化，再按配方所列顺序逐个倒入装有相当于所定容量75％的水中，边倒边搅拌，最后将水加到全量定容。④需将含钙的物质单独盛在一容器内，使用时将母液稀释后再与含钙物质的稀释液相混合，尽量避免形成沉淀。硝酸钙与硫酸盐、磷酸盐混合易产生沉淀。⑤微量元素用量很少，不易称量，可扩大倍数配制。例如，可将微量元素扩大 100 倍称重化成溶液，然后提取其中 1‰溶液，即所需之量。⑥营养液应包含盆花所需要的完全成分，营养液的总浓度不宜超过 0.4‰。⑦营养液 pH 在 5.5～6.5。pH 在 6.5 时用硝态氮，大于 6.5 时用铵态氮。⑧配制好的营养液应合理贮存，使用陶瓷、塑料、搪瓷和玻璃器皿，避免使用金属容器。

（四）花卉无土栽培营养液的配方

1. 道格拉斯的孟加拉营养液配方（克/升）

配方 1：硝酸钠 0.52、硫酸铵 0.16、过磷酸钙 0.43、硫酸钾 0.21、硫酸镁 0.25。

配方 2：硝酸钠 1.74、硫酸铵 0.12、过磷酸钙 0.93、碳酸钾 0.16、硫酸镁 0.53。

2. 波斯特的加利福尼亚营养液配方（克/升）

硝酸钙 0.74、硝酸钾 0.48、磷酸二氢钾 0.12、硫酸镁 0.37。

3. 菊花营养液配方（克/升）

硫酸铵 0.23、硫酸镁 0.78、硝酸钙 1.68、硫酸钾 0.62、磷酸二氢钾 0.51。

4. 非洲菊营养液配方（克/升）

硫酸铵 0.156、硫酸镁 0.45、硝酸钾 0.70、过磷酸钙 1.09、硫酸钙 0.21。

5. 月季、山茶、君子兰等观赏花卉营养液配方（克/升）

硝酸钾 0.60、硝酸钙 0.10、硫酸镁 0.60、硫酸钾 0.20、磷酸二氢铵 0.40、磷酸二氢钾 0.20、乙二胺四乙酸（EDTA）二钠 0.10、硫酸亚铁 0.015、硼酸 0.006、硫酸铜 0.000 2、硫酸锰 0.004、硫酸锌 0.001、钼酸铵 0.005。

6. 观叶植物营养液配方（克/升）

硝酸钾 0.505、硝酸铵 0.08、磷酸二氧钾 0.136、硫酸镁

0.246、氯化钙 0.333、EDTA 二钠铁 0.024、硼酸 0.001 24、硫酸锰 0.002 23、硫酸锌 0.000 864、硫酸铜 0.000 125、钼酸 0.000 117。

7. 金橘等观果类花卉营养液配方（克/升）

硝酸钾 0.70、硝酸钙 0.70、过磷酸钙 0.80、硫酸镁 0.28、硫酸亚铁 0.12、硫酸铵 0.22、硫酸铜 0.000 6、硼酸 0.000 6、硫酸锰 0.000 6、硫酸锌 0.000 6、钼酸铵 0.000 6。

四、花卉无土栽培的方法

（一）无基质栽培

1. 水培 水培是指花卉植株根系直接与营养液接触，从营养液中吸收营养，不用基质的栽培方法。早期的水培是直接将根系浸入营养液中生长，结果导致氧气缺乏，影响根系呼吸，使根系生长不良甚至死亡。为了解决供氧气问题，科学家提出了许多新的水培方法，如深液流技术（DFT）、营养液膜技术（NFT）、浮板栽培技术、浮板毛管技术（FCH）等。

2. 雾培 雾培又称气培。它是将营养液压缩成气雾状而直接喷到植株的根系上的一类无土栽培技术。一般每间隔 2～3 分钟喷雾几秒钟。该法营养液循环利用，根系有充足的氧气。

（二）半基质栽培

半基质栽培是先在种植槽或池中填入 10 厘米厚的基质，再用营养液循环供应营养，满足花卉植物正常生长发育的无土栽培方式，也叫"基质水培法"。生产中最常用的方法是鲁 SC 无土栽培。该法保持了基质栽培的供液缓冲作用，又能使营养液与空气得到充分供应，故栽培效果较好。

（三）基质栽培

基质栽培是无土栽培中推广面积最大的一种方式，它是将花卉的根系固定在有机或无机的基质中，通过滴灌或细流灌溉的方法，供给营养液保证花卉植物正常生长发育的一种栽培方式。栽培基质可以装入塑料袋内，或铺于栽培沟或种植槽内。基质栽培的营养液是不循环的，称为开路系统，可以避免病害通过营养液的循环而传播。

基质栽培的优点是有基质固定根系并借以保持和供应营养液和空气，水分、肥料、氧气三者能相互协调，供应充分；设备较水培和雾培投资低；生产稳定，产品优良。

可以单独以粒径 0.5～2.0 毫米的沙、粒径为 1.6～20.0 毫米的石砾、浮石、珍珠岩、蛭石、陶粒、岩棉、炉渣、砖块、木炭等，或这些无机基质相互配合作为基质；可以单独以泥炭、锯末、蕨根、树皮、甘蔗渣、椰子壳、葵花秆、菇渣、稻壳、腐叶、泡沫塑料等，或这些有机基质相互配合作为基质；也可以将无机基质和有机基质相互配合作为基质，通过袋培、槽培、立柱式栽培，再加入营养液来栽培花卉。

（四）花卉土壤栽培改为无土栽培的方法

不是所有土壤栽培的花卉都能改为无土栽培，必须根据具体条件来考虑。

花卉土壤栽培改为无土栽培的具体方法如下：

1. 脱盆 将花卉从花盆中连根系带土一起取出。

2. 洗根 把带土的根系放在和环境温度接近的水中浸泡，将根际泥土洗净。

3. 浸液 将洗净的根放在配好的营养液中浸 10 分钟，让其充分吸收养分。

4. 种植 将种植花盆洗净，盆底孔放置瓦片或填塞塑料纱，然后在盆里放入少许珍珠岩、蛭石，接着将植株置入盆中扶正，在根系周围装满珍珠岩、蛭石等轻质矿石。轻摇花盆，使矿石与根系密接。随即浇灌配好的营养液，直到盆底孔有液流出为止。

5. 加固根系 用英石、斧劈石等碎块放在根系上面，加固根系，避免倒伏。同时在叶面喷些清水。

6. 套营养液盆 将种植盆套在营养液盆中，整理根系，将种植盆中的一部分根系牵引到营养液盆中，同时营养液不要装得过满，在种植盆和营养液盆之间留适当空间，便于根系呼吸。

7. 日常管理 按照花卉生长发育的需要，进行正常的光照、温度、营养等的管理。

无土栽培的花卉每 7 天左右浇一次营养液，每半年或 1 年将根系连同植株取出，冲洗，以清除聚积在根部和基质里的盐分。

第四节 病虫害防治技术

花卉栽培过程中除了要注意肥、水、光、温外，如何有效地预防、控制和消灭病虫害对保证花卉产品的质量和产量至关重要。

经验证明，花卉病虫害应以防为主，防重于治。在清洁、无杂草的环境里，选取无毒的种子种苗，对栽培基质和工具加以消毒，及时采取药物处理等，这样发生病虫害的可能性就会减少。经常注意观察，发生病虫害及时治理。

花卉植物病虫害防治的基本方法有：植物检疫、农业防治、生物防治、物理防治和化学防治。

一、盆花害虫防治

(一) 刺吸式口器害虫主要种类及防治

刺吸式口器害虫以针状口器刺吸植物组织汁液，使植株造成生理伤害，受害部分褪色、发黄、卷缩、畸形、萎蔫以至整株死亡，其中有很多种类还是传播各种病原的媒介。

1. 蚜虫 蚜虫种类很多，主要危害花卉植物的叶片和幼茎，造成枝叶卷曲、皱缩、枯萎和死亡，诱发煤污病，传播病毒病等。

防治方法：①在田间用黄色塑料板涂重油后诱粘。②保护利用天敌，除寄生性的蚜姬蜂、捕食性的蚜狮、瓢虫等外，还有致病的蚜霉菌等微生物。③药剂防治：应选用对天敌无害或无大害，内吸内导作用大的药物。在施药方法上可采取根施、涂茎等方法，可选用的药剂有3%天然除虫菊酯、2.5%鱼藤精等。

2. 介壳虫　介壳虫静止于植物茎干或叶子表面，以成虫、若虫在茎、叶上吸取汁液，周年不停。其排泄物易诱发霉菌，形成煤污病，危害多种花卉。介壳虫种类多，生态型也多。

防治方法：①人工将其刮除。②孵化期是用药剂防治红蜡蚧的关键时期，在孵化期喷施50%杀螟硫磷或20%杀灭菊酯1 500～2 000倍液，从6月上旬起每隔10天喷1次，连喷3次，可获得理想的效果。③保护天敌红点唇瓢虫和蒙古光瓢虫。

3. 蓟马　蓟马是缨翅目昆虫的总称，种类很多，虫体细小，活动隐蔽，危害初期不易发现。危害各种草本花卉，以若虫、成虫锉吸茎叶和花的汁液，另外还常传播病毒性斑萎病。

防治方法：①喷施50%杀螟硫磷等内吸剂1 000倍液。②喷施50%乙酰甲胺磷、25%西维因与水的1∶2∶1 000混合液。③根部土内施5%辛硫磷或毒死蜱颗粒剂，每盆5～10克，药效较持久，并能兼治其他刺吸害虫。

4. 温室粉虱　又名温室白粉虱。分布较广，从北方温室到南方露地都有发生。危害多种花卉，幼虫一般在叶背刺吸汁液，造成叶片发黄萎蔫，甚至死亡。它会排泄大量蜜露，造成煤污，同时还传播病毒。

防治方法：①用黄色塑料板涂重油诱粘成虫。②喷施2.5%溴氰菊酯，或10%二氯苯醚菊酯、20%杀灭菊酯、52%杀螟硫磷1 000～1 500倍液，都有良好效果。但因其世代重叠，需每隔7～10天喷1次，连喷3～4次。③释放天敌丽蚜小蜂，也有一定效果。

5. 红蜘蛛　又称朱砂叶螨。食性杂，寄主植物多，危害多种花卉。被害叶片初呈黄白色小斑点，后渐扩展到全叶，以致很快就枯黄脱落。

防治方法：①保护和利用天敌小黑瓢虫、小花蝽、六点蓟马以及拟长毛钝绥螨等。②喷施 40％三氯杀螨醇、73％克螨特乳油 1 000～2 000 倍液，或 0.2～0.3 波美度石硫合剂。

6. 梨网蝽　又名军配虫、花编虫，以若虫、成虫危害多种花木，群集叶背刺吸汁液，使叶背面组织呈锈黄色，叶正面形成很多苍白斑点，严重时全叶失绿，提前落叶。

防治方法：春季喷施 50％杀螟硫磷 1 000～1 500 倍液或拟除虫菊酯类 1 000～2 000 倍液，每隔 10 天喷施 1 次，连续喷 2～3 次。

7. 绿盲蝽　以若虫、成虫危害各种常见花卉。白天常潜伏于隐蔽处，傍晚后在未展开新叶的嫩梢上刺吸汁液，受害后嫩梢萎缩发黑。

防治方法：喷施 50％杀螟硫磷 1 000 倍液或 10％～20％合成除虫菊酯类 1 000～2 000 倍液。

（二）咀嚼式口器害虫主要种类及防治

咀嚼式口器害虫又称食叶性害虫。危害花卉叶片，造成缺刻、孔洞等伤口，引起大量落叶，使某些枝条干枯，以至整株死亡。有些害虫还具有毒毛，危害人体。

1. 蛾类　分布广，种类多，最常见的有黄刺蛾、桑褐刺蛾、褐边绿刺蛾、丽绿刺蛾、扁刺蛾、蓑蛾和毒蛾等。

防治方法：①保护和利用天敌伞裙追寄蝇。②用黑光灯和糖醋诱杀雄成虫。③用 Bt 乳剂或 Bt－NPV 微生物混合液剂、50％杀螟硫磷、50％辛硫磷 1 000 倍液喷施。

2. 短额负蝗　又名蚱蜢。分布广，食性杂。初龄若虫群集为害，取食上表皮叶肉；稍大即分散，将受害植物吃成千疮百孔，甚至仅留茎干和主脉。

防治方法：喷施 50％杀螟硫磷 1 000 倍液，也可用杀灭菊酯。

3. 金龟子类　幼虫统称蛴螬，常见的有铜绿金龟子、朝鲜黑金龟子、茶色金龟子、暗黑金龟子等。

防治方法：①毒土防治幼虫，人工夏季捕捉成虫。②利用成虫趋光性，用黑光灯诱杀。③幼虫用50％辛硫磷1 000倍液喷雾防治，成虫用50％杀螟松乳剂1 000倍液防治。

（三）钻蛀性害虫主要种类及防治

钻蛀性害虫幼虫钻蛀入植物茎干及花、果内部取食危害，外部可见蛀孔、虫粪及木屑。

1. 天牛　以幼龄或老龄幼虫在被害植株皮层内越冬。

防治方法：①人工捕捉成虫。②释放天敌肿腿蜂。③树干基部涂刷白涂剂（石灰硫黄：食盐＝10：1，加水适量）。④用蘸有敌敌畏乳油原液的棉花球塞入虫孔内。

2. 蔗扁蛾　主要危害巴西木、鹅掌柴等观叶类盆花的茎干。

防治方法：①新引进的植株用80％敌敌畏1 000倍液喷雾后密闭熏蒸，3天1次，连续3次。②冬季用90％敌百虫晶体与沙土按1：200比例混合，撒于盆土表面。③夏秋季用50％甲基对硫磷1 500倍液防治。

3. 其他钻蛀性害虫的防治　在幼虫入干后，以50％马拉硫磷或80％敌敌畏200倍液作孔内注射。在幼虫孵化期，用50％杀螟松1 000～1 200倍液喷施，每天1次，连续2～3次。

（四）根部害虫主要种类及防治

根部害虫直接咬食花卉的根系、萌芽的种子与幼苗，并使根与土壤脱离而失水萎蔫，还会传播多种病害。

1. 蛴螬　又名白地蚕，是金龟子的幼虫。

防治方法：①用50％辛硫磷乳油1 000～1 500倍液或90％敌百虫原药浇注根际，害虫死亡率可达100％。施药量为每株200毫升。②根际撒施5％辛硫磷颗粒剂6克/米^2。

2. 蝼蛄　该虫是终生在土壤内的根部害虫，常咬啮植物根部。

防治方法：①用50％辛硫磷乳油1 000倍液浇灌根际。②用

5％辛硫磷颗粒剂（0.5～5 克/米^2）拌和 30 倍细土，均匀撒于苗床或花盆。③用黑光灯诱杀。

（五）其他害虫

1. 蜗牛和蛞蝓　蜗牛又名蜒蚰螺，蛞蝓又名鼻涕虫。两者都是陆生软体动物，严格说并不属于昆虫，但生产上常作为害虫防治。常舔食幼苗的嫩茎、皮层和成苗。

防治方法：①在受害花卉的根际周围泼浇茶籽饼水（1：15），或撒施经水泡过的茶籽饼屑。②撒施 8％灭蜗灵颗粒剂于根际周围的土面。③可在发源地周围泼浇五氯酚钠水溶液，既可直接杀死害虫，又可起阻隔作用。

2. 鼠妇　又名潮虫，江南一带俗称西瓜虫，是甲壳纲动物。其食性杂，以腐殖质为主，咬食幼嫩植物的根、茎组织。鼠妇平常隐伏在盆底排水孔内外及潮湿处，寿命长达一年半以上。

防治方法：用 20％杀灭菊酯加水 2 000 倍液或 25％西维因500 倍液喷施盆架和盆底。鼠妇在喷过西维因的物体表面爬过也可被触杀致死。

二、盆花病害防治

花卉病害是指花卉受不良环境或病原生物的侵害后所发生的外观生理上的不正常状态，可分为侵染性病害和非侵染性病害两大类。在花卉病害中，侵染性病害是防治的主要对象。

（一）侵染性病害

侵染性病害由病原生物引起，有传染性。主要的病原生物有真菌、细菌、线虫、病毒、类菌质体及高等寄生植物等。

花卉上发生的主要侵染性病害类型有下列几种。

1. 猝倒病　又叫立枯病，是世界性病害，我国各地普遍发生，以危害各种草本花卉幼苗为主，引起苗木死亡。该病由丝核菌、镰刀菌属及腐霉属的一些真菌引起。在光照不足、高温多湿的环境中，容易感染此病。感病初期，受害部位呈淡褐色，后来茎干布满红色或粉红色霉层，最后感病嫩茎、地表或地下茎、根乃至整个幼苗植株，腐烂死亡。

防治方法：①加强环境卫生。②种子消毒用0.3%福美双拌种，基质消毒用70%五氯硝基苯粉剂（4～5克/米²）和65%代森锌可湿性粉剂以3：1的比例混合。③用1%硫酸亚铁溶液，或50%代森铵200～400倍液，或70%托布津700～800倍液进行根际浇灌。④用75%百菌清800倍液喷雾。

2. 白绢病 又叫苗木菌核性基腐病，在全世界热带和亚热带地区均有分布，以危害草本花卉为主。该病由小菌核属真菌引起。在高温条件下容易发生，长江流域在6月上旬始发，7～8月严重，9月末基本停止。病害始发时，茎或叶基部接近土壤处变褐腐烂，长出白色绢丝状菌丝体，在根基土壤中蔓延，后变黄色、褐色，植物地上部分枯萎死亡。

防治方法：①用土壤重量0.2%的70%五氯硝基苯拌和在盆土中再上盆种花，或选用不带病菌的土壤。②在菌核形成前拔除病株，重新加入新土。③培养土100克加入茨木霉0.7克，充分混合后作盆栽用。

3. 白粉病 为一种影响观赏价值、有损植株健康的病害，在我国南北方均有分布，危害多种草本花卉以及月季等花灌木。该病主要发生于叶片及嫩梢上，白粉及有性子实体一般分布于叶面，这是白粉病的共同特征。严重时，叶片枯死早落。在天气湿热、通风透光不良时发病严重，经风雨传播孢子，病害蔓延。

防治方法：①增施磷、钾肥，选用抗病品种。②发病初期，喷施25%粉锈宁可湿性粉剂2 000倍液，或20%粉锈宁乳剂4 000倍液，或70%甲基托布津1 000倍液。③对于月季等花灌木上的白粉病，冬季修剪后可喷3～5波美度石硫合剂进行铲除。

4. 霜霉病 在月季及多种草花上普遍发生。

叶、新梢和花上均能发病。初起时叶上呈不规则的淡绿色斑块，最后为灰褐色，在潮湿天气下病叶背面可见稀疏白色霜霉层，严重时叶萎缩脱落、新梢枯死。

防治方法：发病之初，喷 50％代森锰锌 600 倍液，或 20％甲霜灵 4 000 倍液，或 50％疫霉净 400 倍液。

5. 锈病 不论草本或木本花卉均可发生各种锈病，甚至草地草种也能发生。锈病以其生活史的差别可分为单主寄生的锈病和转主寄生的锈病。

防治方法：①月季锈病、玫瑰锈病、蔷薇锈病等单主寄生的锈病，剔除病株和清除病残体或冬季喷 3～5 波美度石硫合剂，可收到良好防治效果。②贴梗海棠、木瓜、西府海棠、野苹果等锈病均为有转主寄生的锈病类型，其另一转株寄主为圆柏属的观赏树种，如龙柏、偃柏、塔柏等。从防治角度考虑，绝不可将此类植物与海棠等相邻种植，否则锈病发生将严重。

6. 灰霉病 是温室中常见的病害，我国南北方均有分布。叶、茎和花均可感病，受害部位腐烂变褐，潮湿时病部出现灰色到土黄色霉层，严重时整叶、整花或整株枯死。

防治方法：①3～4 月间用 80％代森锌 500 倍液、1％波尔多液、50％苯来特 1 000 倍液或 75％百菌清 500 倍液，任选 1 种，间隔 10 天喷 1 次，连喷 2～3 次即可。②用 1 克多菌灵加 50 克草木灰，或 1 克代森锌加 50 克草木灰，施于盆土表面，有良好效果。

7. 炭疽病 由炭疽菌侵染引起，主要危害植物的叶片和茎部。在环境温度高于 20℃、相对湿度在 75％以上时容易感病。开始时，叶尖和叶缘出现水渍状褐色圆斑，后期形成不规则病斑，焦黄色，有许多小黑点，严重时整个叶片变黑脱落。

防治方法：①保持好环境卫生，通风透光，将病叶及时摘除并烧毁。②以 75％百菌清可湿性粉剂、50％托布津或 50％多菌灵可湿性粉剂 500～1 000 倍液喷雾，7～10 天 1 次，连续 3～4 次即可。

8. 叶斑病 大多由半知菌类中的一些真菌引起，发生在叶上，斑点有圆形、椭圆形、不规则形、多角形等，斑色有紫、红、褐、黑、灰、白等。此类病害大多有较长的重复侵染期，属多次侵染病害，故新叶需保护较长时间，一两次药剂防治不易奏效。

防治方法：①种植较为抗病的品种。②喷杀菌剂 75％百菌清、50％代森锰锌或 50％克菌丹 500 倍液。

9. 枯萎病　多发生在花卉苗期，常表现为地上部枝、叶的突然枯萎，在酷热季节易发生。一般由土壤中兼性寄生菌链孢霉、轮枝霉寄生所致，但有时细菌也会导致枯萎。

防治方法：①种植较为抗病的品种。②喷杀菌剂 75％百菌清、50％代森锰锌、50％多菌灵、70％托布津 500～800 倍液喷施。

10. 软腐病　多在球根、宿根花卉中发生，一般由欧氏杆菌属的一些细菌引起，软腐后有恶臭。常见的细菌性软腐病有仙客来软腐病、鸢尾软腐病、君子兰软腐病、风信子软腐病、马蹄莲软腐病等。致病菌常年生存在带有病残体的土壤和堆肥中，盆土为未经消毒的菜园土、垃圾土时容易感病。

防治方法：①发病初期喷撒农用链霉素 1 000 倍液。②用粗制链霉素 100～200 毫克/升，也可控制病害。

11. 细菌性根癌病　多发生在木本花卉的根部，是一种重要的细菌病害。该病的寄主范围非常广泛，已发生在 60 多种 140 属植物中。病害发生于根颈部位，最初病部出现肿大，不久扩展成球形或半球形的瘤根物。该病由野杆菌属的一种细菌引起。

防治方法：①种植前用农用链霉素 500～1 000 倍液浸泡苗木 10 分钟。②用 50∶25∶12 的甲醇、冰醋酸、碘片混合液或 20∶80 的二硝基甲酚钠、木醇液涂敷，能使病瘤消失。

12. 根结线虫病　是花卉重要的根部病害，在我国南北方均有发生，为害多种草花及栀子花、月季等。植株地上部叶色发黄，叶形变小。拔起根部检查，可见根上大小不一的瘤状根结，剖开根结，可见到白色圆形粒状物，即根结线虫虫体。严重时可整株死亡。线虫在土中或在病根结中以幼虫、成虫或卵越冬。

防治方法：用2.0%阿维菌素4 000～6 000倍液或乐斯本（毒死蜱）1 000倍液、50%辛硫磷1 000倍液等灌根，亦可喷洒处理盆栽土壤。

（二）非侵染性病害

非侵染病害又叫生理病害，是指植物未受病原生物侵染，只是由于生长条件不适宜而产生的一类病害。致病因素主要有营养元素缺乏、水分供应失调、气候不适和有毒物质危害等。

对非侵染性病害的防治，主要通过良好的栽培技术来改善环境和消除有害因素。如克服杜鹃、栀子花等的缺铁症，栽培上要注意避免使用强碱性土，并补充铁元素，或选用耐碱性而不易缺铁的品种作砧木。

三、盆花病毒病防治

由病毒引起的植物病害称为病毒病。盆花病毒病的病原从广义上来说，应该包括病毒、类病毒和类菌原体等多种病原生物。很多盆花由于受病毒病危害造成种质退化、品质下降，给生产造成很大的损失。

（一）花卉病毒病的特殊性

花卉病毒病是植物病毒病中的一大类。花卉植物的国际交往频繁，容易使新的病毒传到新的地区或新的寄主植物上。花卉品种繁多，寄生在花卉植物上的病毒种类也多种多样。花卉栽培大多采用设施栽培，集约化程度较高，蚜虫传播相应地减少，而土传、种苗传、机械摩擦传播的一类病毒较为严重。很多花卉是采用营养繁殖的，这是造成病毒积累、病情逐年加重的重要因素。

（二）盆花病毒病的综合治理

目前还没有十分有效的化学药剂来治理花卉的病毒病，对任何一种病毒病的防治都要根据具体情况作具体分析。例如有些花卉病毒病是以蚜虫作为介体，因此及时消灭蚜虫对该病毒病的发生即有一定的缓解作用。有些花卉的病毒病主要是通过种球或扦条传播，那么防治该类病毒的重点就是要选择无病毒种球和扦条来作为繁殖材料。有些花卉一旦感染了病毒，采用茎尖培养进行脱毒，也可以获得优质的无毒种源。不论采用什么手段，花卉田间栽培的卫生管理应始终放在重要位置上。总之，采用综合治理的方法完全可以做到控制病毒病的发生、减轻病毒病的危害。

第六章

盆花应用

盆花是园林绿化、美化和香化的重要材料，具有种类繁多、色彩丰富、移动方便、绿化美化速度快、布置场合随意性强等特点，可根据人们的需要制作成各种图形、图案。在园林绿化中用盆花来布置花坛、花境、花台、花丛等，不仅可以创造优美的工作、休息和娱乐环境，而且不受土壤条件的限制。特别是在重大节日、庆典活动、会场布置及特种花卉展览等活动中，可表达某种特殊的内涵，增添欢快和热烈的气氛。

随着经济的发展和人们生活水平的提高，人们不再满足于只在园林绿化中赏花娱乐，还要求用花卉进行室内美化，装饰生活环境，丰富日常生活。

第一节　单株盆栽

树冠轮廓清晰或具有特殊造型的盆花，可以单株盆栽的形式布置。单株盆栽具有较高的观赏价值，布置时还需考虑植物的体量、色彩和造型与所饰的环境空间相适宜。

单株盆花由于常作为空间的焦点，对容器的要求较高。容器的大小、结构除能满足不同植物的生长需要，还要根据室内环境的设计风格选择适宜的颜色、质地和造型，常用装饰强的陶盆、塑料盆、木盆、藤制品、金属制品、玻璃及玻璃纤维制品等。容器的选择力求质朴、简洁，并能最大限度地衬托植物，与环境总体景观相和谐。为了便于复壮及更换植物，布置盆花时，也常常直接使用栽培容器，但在外面使用装饰性套盆内。套盆不设排水孔，浇水后多余的水分直接留在套盆内，不污染环境，也便于维持土壤水分和增加局部小环境的空气湿度。

第二节　组合盆栽

组合盆栽，是通过艺术配置的手法，将多种花卉植物同植在一个容器内，以欣赏其群体美的花卉应用形式。组合盆栽并不是简单地将几种植物组合在一个容器里。它不仅要发挥每种花卉特有的观赏特性，更要达到各种花卉间相互协调，表现整个作品的群体美、艺术美和意境美。组合盆栽可以是一种花卉，也可以是几种生态习性相似花卉。

组合盆栽观赏性强，不仅可用于家居及会场、办公场所、商场、宾馆、橱窗等的装饰美化及社交礼仪，还成为人们一种新的休闲活动。在欧美、日本等国家，人们购买各种盆花素材，自己动手组合盆栽相当盛行。

现在较流行的是使用线条性强而且是多年生的植物组合，如各种形状的凤梨，下垂性的观叶植物，趣味性强的猪笼草以及花朵优美的蝴蝶兰、红掌、彩色马蹄莲等。这些植物不仅造型优美，而且花期长，南北方都适用。

一、组合盆栽花卉的选择

组合盆栽时要根据用途、装饰环境的特点，选择合适的植物种类。选择时考虑的因素有观赏特性、文化特征和生态习性。

1. 观赏特征　充分利用不同植物的观赏特征，如花、叶、果、色彩、株形、高低、姿态等，选择不同的种类进行最恰当的组合，从而设计出观赏内容丰富的组合栽植景观。这些组合可以是单种多株组合，也可多种多株组合，如观花观叶组合、直立下垂组合、不同色彩组合等。

2. 文化特征　设计组合盆栽时，常常赋予作品一定的寓意来烘托特定的节庆气氛或表达赠送者的美好祝愿。这要求设计者在选择花卉种类时要了解各地的用花习俗和花材的文化内涵。

3. 生态习性　将不同的植物种类组合栽植于同一容器中，必须选择对生长条件要求相似的种类，这样才能保证在较长时间内花卉生长良好，达到预期的景观效果。

二、容器的选择

组合盆栽的容器也是组合盆栽设计的重要组成部分。容器材质和色彩可以丰富多样，根据作品的大小不同、配置的繁简不同，用于栽植的容器可以不拘形式，如各种造型的陶器、藤器、蚌壳、木器等富有自然情趣或生活气息的容器均可使用。但设计中要注意花材与容器的关系及容器的体量、色彩、质地等对整个作品的影响，使组合盆栽更具深度和趣味。为了造景方便，通常选用长方形的种植槽容器作为组合盆栽的容器。

数个作品以组群的编制搭配，亦可使小作品增加分量，并构成有深度及层次感的视觉成果。

三、配件及饰物的使用

适当的使用配件及饰物，可以强化作品意念，增加作品的趣味性。常用的饰物如缎带、绳、包装纸、树枝干果、小玩偶、动物房屋模型、金属线、蜡烛、蛋壳等。但配件及饰物不可滥用，以免画蛇添足，影响花卉整体的观赏效果。

四、基质的选择

选择基质时除要考虑基质的保水性、透水性及通气性外，还要考虑能满足多种花卉习性的要求。组合盆栽常用的基质有泥炭土、珍珠岩、蛭石、树皮、碎石材、蛇木、水草、沙、砾土、壤土等轻质材料。土壤酸碱度非常重要，可通过加入石灰或硫黄粉来调整基质的 pH。组合盆栽的基质配方以保水基质与疏水基质1：1的比例为基础，再根据植物对供水、通气性等的要求进行调整。

五、组合盆栽的种植

将湿润的基质倒入容器 2/3 处，根据花卉的大小、高度、主次和色彩进行合理的搭配调整，依次种入，不要伤到花卉的须根；再将基质倒入容器缘口以下 2~4 厘米，用手轻压盆土，扶正植株，浇透水即可。

第三节　植物装饰的基本方法

植物装饰的手法从布局形式上看主要从三方面入手，即点、线、面。点即指用独立或成组设置于室内的盆栽植物，呈点状分布，构成各景观点，可分布于角落、窗台、茶几等，或悬挂于空中，具有较强的装饰性和观赏性；线是指将观赏植物植于花槽或盆栽植物连续成排摆布，用于划分室内空间，有时也用来强化线条方向起引导作用；面是指把植物群排布于室内墙壁前以形成自下而上的植物景观，起到遮挡作用，同时也是一个景观。

植物装饰布置的具体方法是：

1. 摆放式　直接将盆栽植物摆在室内地面、桌面等处供人观赏。灵活性强，调整容易，管理方便，是最常用方法。

2. 镶嵌式　在墙壁及柱面适宜的位置，镶嵌上特制的半圆形盆、瓶、篮、斗等造型别致的容器，内装入轻基质，栽上一些别具特色的观赏植物；或在墙壁上设计制作不同形状的洞柜，摆放或栽植下垂或横生的耐阴植物，形成具有壁画般生动活泼的效果。栽植时要大小相间，高低错落。

3. 悬垂式　利用金属、塑料、竹、木或藤制的吊盆吊篮，栽入具有悬垂性能的植物（如吊兰、天门冬、常春藤等），悬吊于窗口、顶棚或依墙依柱而挂，枝叶婆娑，线条优美多变，既点缀了空间，又增加了气氛。由于悬吊的植物会使人产生不安全感，因此在选择悬吊地点时，应尽量避开人们经常活动的空间。

4. 攀缘式　将攀缘植物植于种植床或盆内，上设支柱或立架，使其枝叶向上攀缘生长，形成花柱、花屏风等，形成较大的绿化面。

第七章

盆花生产经营与管理

　　盆花商品具有观赏的最佳性、生产的季节性、销售的最适期等。合理安排盆花的生产过程，进行严格的运作经营和科学的管理，对提高盆花的经济效益具有十分重要的理论和现实意义。

第一节　盆花生产计划的制订与管理

一、盆花生产计划的制订

（一）盆花生产计划的概念

　　生产计划是关于"将要生产什么"、"如何生产"、"将要达到什么目的"等的描述，它起着承上启下、从目标到实施、从宏观计划向微观计划过渡的作用。

　　盆花生产受气候变化、时令周期、人们的欣赏习惯等许多不确定因素的影响，必须通过人工干预，跟踪市场需求的变化，均衡安排，使得生产计划在数量和时间上与预测和客户订单、市场需求匹配，避免市场有盆花的需求时却因气候、季节等原因无产品或产能不足，或生产出的盆花产品因无市场需求而错过最佳销售期。盆花生产计划是根据销售计划、生产的性质、生产企业的发展规划、生产需求和市场供求状况等来制定的。

（二）盆花生产计划的作用

　　1. 花卉生产企业的指南　盆花生产计划安排了未来什么时候生产、怎样生产等问题。在制订计划之前，必须对气候变化的趋势、人们的购买和欣赏需求作出较准确的预测。

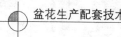

2. 市场销售部门未来供应商品的保证　盆花生产计划提供了将要为用户、市场生产盆花的种类或品种和数量，若错过了盆花最佳的销售期，或到开花期仍销售不出去，将给生产和销售部门带来巨大损失。

3. 联系花卉市场与生产种植者的桥梁　盆花生产计划起着沟通内外的作用。一方面生产企业需要使盆花生产活动符合不断变化的市场需求、人们的消费趋向，了解销售、库存的信息；另一方面，将盆花生产企业生产的花卉的种类或品种、开花期等及时传递给市场或销售部门。

（三）盆花生产计划的组成

盆花生产目标可以从多方面来进行选择。它可以是某个时期花卉经营中的一个利润值，也可能是一定的产品质量指标，或经营规模的扩大，或引进新品种的比例和数量等。因此，盆花生产计划有长期计划、中期计划和短期计划。

1. 长期计划　盆花生产企业在生产、管理、销售、财务等方面重大问题的规划，提出了企业的长远发展目标以及为了实现目标所制订的战略计划和对策。

2. 中期计划　包括生产计划大纲和产品出产进度计划，一般以1年为计划单位，分季节、按气候变化制订生产计划。

3. 短期计划　包括消耗材料的需求计划、生产能力需求计划、生产进程计划、销售计划以及这些计划实施过程中盆花生产企业、基地的作业计划，一般按照盆花生长、发育特性，以1个季节或1个月甚至1周为计划单位。

（四）盆花生产计划制订的原则

1. 最少项目原则　用最少的项目数进行生产计划的安排。如果生产计划中的项目数过多，就会使预测、管理、控制变得困难。因此，要根据不同的气候条件、生产环境，选取不同级的盆花产品结构，进行生产计划的编制。

2. 独立具体原则　要列出实际的、具体的可构造项目，而不是一些项目组或计划清单项目。生产计划应该列出实际要采购和种植的盆花项目，而不是计划清单项目。

3. 关键项目原则 列出对生产能力、财务指标或关键材料有重大影响的项目。对生产能力有重大影响的项目，是指那些对盆花生产和管理过程起重大影响的项目，如盆花的主栽种类或品种的选择、种苗繁殖技术。对财务指标而言，指的是与公司的利润效益最为关键的项目，如种苗繁殖技术、基质的筛选、保鲜技术等。对关键材料而言，是指那些提前期很长或供应厂商有限的项目，如基质、肥料等。

4. 全面代表原则 计划的项目应尽可能全面代表企业的生产产品，反映瓶颈资源或关键技术尽可能多的信息。

5. 适当余地原则 留有适当余地，并考虑预留维修设备、设施的时间。

6. 适当稳定原则 生产计划制订后在有效的期限内应保持适当稳定，不要按照主观愿望随意改动，避免引起系统原有合理、正常的优先级计划的破坏，削弱系统的计划能力。

（五）盆花生产计划编制

盆花生产计划编制工作的主要内容包括：调查和预测社会对盆花产品的需求，核定企业的生产能力，确定目标，确定生产计划指标，选择计划方法，正确制订生产计划、库存计划、生产进度计划和计划工作程序，评估生产计划，下达生产计划，以及计划的实施与控制等。其主要程序包括：

1. 基本情况调查 根据以往年份盆花生产的状况、社会经济发展状况、人们的消费水平等，结合气候、生产资料的供给、物价指数等数据，初步预测市场对盆花种类或品种的喜好度、消费趋向、需求量等情况。

2. 核定企业的生产能力 生产能力是企业的固定资产在一定时期内，在正常的技术、管理条件下，经过综合平衡后所能生产的产品的产出量。通过核定盆花生产企业的生产条件、生产要素（土地、劳动力、水、电、肥料、基质）、面积大小、设备状况等核定有效的生产能力。可按单位时间出产盆花的盆数来计量，也可按投入量计量。

3. 计算毛需求量　根据当前盆花库存、期望的安全库存、已存在的客户订单和实际需求、需要保留的种苗量（库存量）等进行计算毛需求量，此时毛需求量已不再是预测信息，而是具有一定指导意义的生产信息。

4. 确定生产计划指标和生产目标　反映盆花企业生产计划的主要指标有：

（1）*产品种类或品种*　指企业在计划期内生产的盆花名称、种类、规格、数量等。盆花种类或品种越多，越能显示企业的实力，越能适应市场满足不同的需求。但是过多的种类或品种会分散企业生产能力，难以形成规模优势，甚至难以形成拳头产品。因此，企业应针对自身的设施、资源、人才条件，合理确定盆花种类或品种，并加快自主创新能力，努力开发出具有自主知识产权的盆花种类或品种。

（2）*产品质量*　产品质量是指企业在计划期内生产的盆花产品应该达到的质量标准。它是衡量一个企业的信誉和竞争力的关键因素。包括盆花的颜色、形态、分级、观赏寿命、保鲜、贮藏、包装、运输等因素。产品的质量标准分为国家标准、部颁标准和企业标准三个层次。

（3）*产品产量*　是指企业在计划期内应当生产的合格盆花的种类（或品种）、数量（盆数和枝数），以及应当提供劳务就业数量。它是企业生产成果的重要指标，与销售量密切相关，也是企业制定其他产出指标和消耗量指标的重要依据。

（4）*产品产值*　是指用货币表示的企业所生产的盆花的数量，它包括商品产值、总产值和净产值三种形式，也反映了企业产品的销售能力。

最后由这些生产计划指标确定生产目标，并初步确定完成的期限。

5. 计算各时段的计划产出量和预计可用库存量 可根据毛需求量和事先确定好的生产计划指标和生产目标，以及库存量计算，并供销售部门机动选用。

6. 制订初步的生产计划 根据企业的生产能力，盆花的市场毛需求量、生产目标、库存计划、生产进度计划，制定初步的生产计划，并制订计划工作程序。

7. 评估生产计划 一旦初步的生产计划确定了，就必须结合需求、生产能力、销售等对其评估，并对存在的问题提出建议和对策，以及时调整生产计划。

8. 生产计划下达 一旦盆花的生产计划通过评估后，就应批准和下达生产计划。同时还应附加产品生产进度计划，销售计划，物料、劳动力、设备等资源的准备和供应计划。

盆花生产计划应该是在对盆花市场全面调研的基础上制订的。根据市场调查的结果，结合自身生产条件，确定自身的生产盆花产品的种类、市场定位，并对确定的盆花产品作出行销的评估。

二、盆花生产计划的管理

盆花生产计划一旦制订，就要严格实施，不得更改，除非遭受特大自然灾害或重大病虫害的侵袭。制订配套的月生产计划、周生产计划，对生产进度进行详细的安排，明确盆花种类或品种的种植期、生长发育期，并明确每日的工作量、产量及收获日。

第二节　盆花生产经营

一、盆花生产的特点

1. 盆花是鲜活商品 盆花是有生命活性的植物，作为商品必须要求有生命活力、新鲜，能以最佳的观赏特性满足消费者的喜好，对生产、包装、运输、销售要求更高。

2. 对气候、环境要求严格　盆花在生长发育过程中，需要适宜的温度，充足的光照、水分，洁净的空气等，气候条件、环境因子严重影响着盆花与切花的产量、质量。为了保证周年供应和平衡市场，许多盆花还需要建造温室或保护地进行生产。

3. 生产周期长　盆花的生长发育必须经过种子或种苗萌发、营养生长、开花、采收、保鲜、贮藏、运输等一系列过程，涉及多个环节，生产周期长。

4. 技术含量高　盆花生产是综合性技术，包含基质选择、种苗繁殖、水肥施用、栽培管理、商品分级、贮藏保鲜、运输销售等多个环节和技术，同时还要将这些环节和技术合理协调，节约成本，提高效率。

5. 种类或品种繁多，栽培管理难度大　生产中常见的盆花种类多达上千种，其中的品种数量更是庞大，它们对水、光、气、热、肥的要求各异，生长发育特性各不相同，栽培管理措施复杂，具体实施难度大。

6. 销售风险大　盆花产品的主要功能是用作装饰，具有特定的观赏期。因此要求销售人员在进行批发或零售时，还要掌握一定的花卉装饰、花卉文化等方面的知识。

二、盆花生产的经营管理

随着花卉产业化经营的不断深入，产销规模的逐年扩大和从业人员的不断增加，生产管理者需要关心的内容也越来越多。管理人员的业务素质非常关键。如果没有适当的生产管理，整个生产经营将难以达到预期的目的。

（一）盆花经营策略

经营管理策略是指盆花生产企业在经营方针和生产计划的指导下，为实现企业的经营目标而采取的各种管理措施和对策，如生产计划的监督与调控、盆花新种类或品种以及新产品开发、种植栽培技术更新、市场经营销售方法等。

1. 市场预测　准确的市场预测是合理指导生产的基础，能达到事半功倍的目的。市场预测包括以下几方面：市场需求的预测、消费者欣赏水平和消费趋向的预测、市场占有率的预测、科技发展的预测、资源预测等。

2. 盆花产品的营销　盆花作为具有观赏价值的特殊鲜活产品，与普通商品的营销有很大的区别。目前常用的营销方式有：

（1）花卉市场批发　在大型花卉的生产基地，一般都建有与之配套的批发市场，方便盆花加快流通走向市场，节约时间，保持其鲜活性和观赏性。

（2）花店经营　花店是直接面向消费者的盆花销售的独特方式，既可批发销售，又可零售。除在花店门点进行销售外，还可走出店门，到宾馆、饭店、机关、学校等部门促销，进行盆花装饰、盆花租摆等的上门服务。

（二）盆花生产管理

生产管理是对生产作业、时间安排和资源配置的指挥协调。盆花生产工作安排的合理性非常重要。如种苗的引进、上盆，肥水的管理，催花时间的确定，产品包装等的安排很有讲究，与其他生产相比具有很强的特殊性。

1. 盆花生产技术管理　根据目标和盆花生产计划制定技术责任制，以监督、管理技术人员；制定技术规范及技术规程指导并评价技术操作的过程和质量。通过严格的管理制度，得到高产优质的盆花产品，并在最佳观赏期销售出去，保证利润的最大化。

（1）制定技术规范和技术规程　技术规范，是对质量、规格及其检验方法等作出技术规定，是人们在生产经营活动中统一技术准则。技术规程，是为了执行技术规范，对生产过程，操作方法以及工具设备的使用、维修、技术安全等方面所作的技术规定。技术规范是技术要求，技术规程是要达到的手段。技术规范可分为国家标准、地区标准、部门标准及企业标准。

（2）建立健全技术管理制度，实施全面质量管理 花卉产品的质量管理是技术管理中极为重要的部分。目前生产实践中花卉业的质量管理主要有以下几个方面：①积极贯彻国家的有关政府部门制定的质量方针政策以及各项技术标准、技术规程。②认真执行保证质量的各项管理制度。每个花卉生产单位、企业，都应明确各部门对质量所担负的责任，并以数理统计为基本手段，去分析和改进设计、生产、流通、销售服务等一系列环节的工作质量，形成一个完整而有效的质量管理体系。③制定保证质量的技术措施，充分发挥专业技术和管理技术的作用，为提高产品质量提供总体、综合、全面的管理服务。④进行质量检查，组织质量的检验评定。⑤做好质量信息的反馈工作。产品上市进入流通领域后，应进行回访了解情况，听取消费者意见，反馈市场信息，增加帮助自己改进质量的管理措施。

2. 盆花生产管理记录 生产管理记录，有助于分析、总结，避免犯同样的错误。在生产记录前，要设计好记录的内容。生产记录一般至少应包括生产栽培记录、栽培环境记录、产品记录和产投记录。

（三）盆花经济管理

从事花卉生产经营活动的企业、农户，从决策开始，直至整个生产经营过程结束，都始终关心着生产经营成果，对生产成本、销售价格、收入利润、投入产出比等，都要进行核算、分析，期望生产经营成果达到最大值。

产品销售是联系花卉生产和花卉消费的纽带，是花卉经营的重要环节。销售方式按商品是否经过中间商，分为直接销售和间接销售。

直接销售是指商品从生产领域转移到消费领域时，不经过任何中间商转手的销售方式。目前许多年宵花卉的生产企业由于市场竞争太激烈，不得不加入直接销售的行列。

间接销售是指花卉产品从生产领域转移到消费领域时，要经过中间商的销售方式。销售可以通过批发商、代理商、经纪人和零售商等中间商来进行。生产商必须为中间商提供应节的、优质的产品和合理的利润，这样形成良性的生产与流通渠道，产品就能顺利地到达消费者领域。

　　每个企业和农户总有自己的优势，要根据地理位置、气候条件、资金、技术及资源条件，使生产经营的项目能充分发挥自身的优势，在扬长避短中获得较好的效益。

各论

[盆 花 生 产 配 套 技 术 手 册]

第八章

观花类盆花生产技术

第一节　一二年生草花

一、百日草

学名：*Zinnia elegans*

别名：百日菊、步步高、步步登高

（一）形态特征

菊科百日草属一年生草本植物。直立性强，茎被短毛，叶对生；头状花序顶生，舌状花倒卵形，顶端稍向后翻卷，有黄、红、白、紫等色；管状花顶端5裂，黄色或橙黄色。花期6～10月。

（二）种类与品种

品种类型很多，一般分为：大花高茎类型，株高90～120厘米，分枝少；中花中茎类型，株高50～60厘米，分枝较多；小花丛生类型，株高仅40厘米，分枝多。按花型常分为大花重瓣型、纽扣型、鸵羽型、大丽花型、斑纹型、低矮型。栽培中通常选用梦境、广岛等品种。

（三）对环境的要求

原产南美洲。生长势强，耐半阴，喜温暖，不耐寒，怕酷暑，耐干旱，忌水涝。要求肥沃、疏松而排水良好的土壤。若土壤贫瘠则花少、色淡。舌状花与管状花的数量与日照长短有关，长日照舌状花多，短日照管状花多。

（四）育苗技术

以种子繁殖为主。

播种采用 128 孔或 200 孔穴盘，采用进口育苗泥炭加入 10％的 3～5 毫米大粒珍珠岩，育苗周期为 4～5 周，覆盖 2～4 毫米蛭石 5 毫米。

　　育苗周期分四个阶段：第一阶段从播种到胚根出现。发芽温度为 20～21℃，需要 2～3 天。基质要保持偏干。第二阶段从胚根出现到子叶伸展，发芽完毕，并长出 1 对真叶。此时温度为 20～21℃，可以每周施肥 1 次，15 - 0 - 15 和 20 - 10 - 20 的复合肥交替使用，浓度为 50 毫克/千克，需要 5～7 天。基质保持偏干，及时喷雾以利于脱壳。第三阶段从真叶出现并开始生长，到达到移栽标准。温度为 18～20℃，每周施肥 1 次，浓度为 100～150 毫克/千克，需要 10～21 天，基本达到 2 对真叶。第四阶段准备运输、移植或储运。温度为 17～18℃，需要 3～5 天。施肥浓度同第三阶段。之后即可上盆。

　　育苗期间基质不宜太湿，同时要加强通风，增强光照。水的酸碱度应调整到微酸性（pH 5.5～6.5）为好，基质酸碱度控制在 pH 5.8～6.2 为宜。

　　扦插繁殖可在 6 月中旬后进行，剪侧枝扦插，遮阴防雨。

（五）栽培技术要点

　　1. 上盆定植　　上盆基质最好采用泥炭，或泥炭与园土按 1∶1 的比例混合，加入一定量的有机肥效果更好。

　　2. 肥水管理　　因百日草侧根少，宜早移植，早定植，真叶刚出时，可移植于小盆中，1 周后正常水肥管理，每 7～10 天浇 1 次复合肥 150 毫克/千克，浇肥的 EC 范围在 1.0～2.25 毫西门子/厘米即可。百日草是喜硝态氮的作物，不要施用硫酸铵、碳酸氢铵这类铵态氮肥，追肥以磷钾肥为主。

　　百日草喜微潮偏干的土壤环境，浇水在上午进行，以利于叶面在夜间干燥，浇水过多易徒长。

　　3. 温光管理　　百日草喜日照充足，忌环境荫蔽。全光照，太阳直射，生长、开花良好；若日照不足则植株容易徒长，抵抗力较弱，开花亦会受影响。

百日草喜温暖，不耐酷暑高温和严寒，生长适温白天18～20℃、夜温15～16℃。可利用昼夜温差来控制株高，尤其是日出前两小时，夜温高于昼温，矮化效果非常好。

4. 株形整理　百日草花期长，后期植株会长势衰退，茎叶杂乱，花变小，生长期间可用2 000～3 000毫克/千克的比久（B9）控制株高。矮茎品种盆栽要反复摘心，促生侧枝，形成丰满丛株。

5. 花期控制　百日草为相对短日照植物，可采取调控日照长度的方法调控花期。当日照长于14小时时，开花将会推迟，从播种到开花大约需要70天，此时的舌状花会明显增多；当日照短于12小时时，则可提前开花，从播种到开花只需60天，此时的管状花较多。此外，还可通过调整播种期和摘心时间来控制开花期。

6. 病虫害防治　育苗期防止真菌性疫病的传播蔓延，可定期喷施1 000倍的代森锰锌溶液和1 000倍的甲霜灵溶液；子叶出土后每周用1 000倍液百菌清或甲基托布津喷施防猝倒病，连续2～3次。

二、万寿菊

学名：*Tagetes erecta*

别名：臭芙蓉、万寿灯、蜂窝菊

（一）形态特征

菊科万寿菊属一年生草本植物。株高60～100厘米，全株具异味，直立；单叶羽状全裂对生，头状花序着生枝顶，黄或橙色，花期5～10月。

（二）种类与品种

栽培类型很多，按植株高度可以分为矮型（25～30厘米）、中型（40～60厘米）、高型（70～90厘米）；按花形分为单瓣、重瓣、蜂窝形、绣球形、卷钩形等；按花色可以分为金黄色、橙黄色、乳白、橘红色或复色等。

盆花用万寿菊一般选择株形紧凑、株高较矮、花朵丰满肥硕、花期较长、花色艳丽的品种，生产中多选用F1丰盛、F1探戈、F1太阳、女神系列、奇迹系列、瑞雪、硕美等优良栽培品种。

（三）对环境的要求

原产墨西哥。喜阳光充足的环境，耐寒、耐干旱，在多湿的气候下生长不良。对土地要求不严，但以肥沃疏松排水良好的土壤为好。

（四）育苗技术

万寿菊用播种繁殖或扦插繁殖。

1. 播种繁殖　有温室条件的四季均可播种，发芽适温15～25℃，播后1周出苗，苗具5～7枚真叶时定植。从播种到开花需90～120天，可根据用花时间，确定适宜的播种时间。如五一节开花的万寿菊，通常于10月下旬至翌年1月播种，国庆节开花的万寿菊，5月下旬至6月中旬播种。

选用疏松、透气的基质作为播种基质，可以采用园土＋腐叶土（1∶1）或腐殖土＋园土＋细河沙（2∶1∶1）配制。基质使用前用1 000倍高锰酸钾溶液消毒。播种前用50％多菌灵250倍液浸种10～15分钟，然后放在25℃清水中浸种6～8小时，捞出沥干后待播。

育苗一般用288孔穴盘播种。育苗盘装满基质后，用木板刮平，浇透水后待播，在基质平面上压出深0.5厘米的孔穴，每穴播种1粒种子，用基质覆平，喷雾器喷湿基质表面后，在育苗盘上覆盖塑料薄膜保温、保湿。

播后白天最高温度不超过28℃，夜间温度不低于10℃。播种至幼苗出土一般不浇水，如果育苗基质过干，向基质表面少量喷水，出苗后及时除去覆盖物。幼苗2～4片真叶期，气温保持在25～27℃；4～5片真叶期，气温保持在20～25℃，经常喷水，保持基质湿润；5片叶后，向育苗基质间歇喷水，基质干湿交替，控制节间伸长，防止徒长。苗期一般不需施肥。

播种苗长到4～6片叶时，栽入8厘米×8厘米的营养钵中，当根系长满营养钵底时，将其移入13厘米×12厘米的盆中。

2. 扦插繁殖　扦插宜在5～6月进行，略遮阳，很易成活。选择健壮、无病虫害的嫩侧枝作插条。每根插条长8～10厘米，2～3个节，顶端保留2枚叶片，剪口平滑。浓度为2.5%～5%生根水与50%多菌灵可湿性粉剂800倍液混合，将插条的1/2浸入药液中5～10秒即可。浸过药液的插条，不能久放，要随浸随插。插条入土1/2，每盆插1根，盆土以疏松、肥沃的沙壤土为好，要求干土壤细碎如粉末。插后，立即浇足水。插后注意遮阴10～15天。天气炎热时，每天喷雾2～3次，保证叶片不萎蔫，盆土湿润。5天后，用两个手指轻轻提苗，若提不动，则表明已生根，可停止喷雾，按常规浇水。花苗移出荫棚后，采取先叶面喷肥，再灌根肥的方法，追施1～2次速效肥料。注意防治红蜘蛛、斜纹夜蛾等害虫。

(五)栽培技术要点

1. 上盆定植　盆花基质用混合基质（草炭土：蛭石：珍珠岩＝7：2：1）与田园土各1份充分混合配成，在上盆前2～3周用50%多菌灵可湿性粉剂800倍液＋50%辛硫磷乳油2 000倍液对基质消毒，充分搅拌均匀后待用。

2. 肥水管理　万寿菊喜肥，但施肥不宜过勤过多。氮、磷、钾的施肥比例为15：8：25，生长前期每15天左右追施1次0.1%～0.2%的尿素，在后期叶面喷施0.1%的磷酸二氢钾或氮磷钾复合肥。

浇水掌握"见干见湿"原则，夏秋季清晨浇水，冬春季中午浇水。生长期要注意浇水，保持潮润偏干状态。特别要注意夏季水分不可过多，否则茎叶生长旺盛，影响株形和开花。高温期栽培万寿菊要严格控制水分，以稍干燥为好。

3. 温光管理　万寿菊生长适温 15～20℃，冬季温度不低于5℃。夏季高温 30℃以上，植株徒长，茎叶松散，开花少。10℃以下，能生长但速度减慢，生长周期拉长。

万寿菊属于强光花卉，上盆初期，在适度遮阴保证成活的同时，尽可能保持较强的光照。充足阳光对万寿菊生长十分有利，植株矮壮，花色艳丽。阳光不足，茎叶柔软细长，开花少而小。万寿菊对日照长短反应较敏感，可以通过短日照处理（9 小时）提早开花。

4. 株形整理　根据品种特性进行株形控制，对于生长过高的品种，在整个生长过程中，15～20 天需倒盆或转盆 1 次；对于 F1 代品种，通过营养及环境调控可达到理想株形。为不过多消耗养分，并促进花期连续不断，应及时剪去已经凋谢的花序，摘去植株中下部发黄的叶，并进行叶面喷施 0.2% 尿素溶液，促进再次抽生花茎。在生长后期易倒伏，需及时疏去植株过密的枝叶。

5. 病虫害防治　主要病害有茎腐病，可用 50% 多菌灵 1 000倍液，或用 70% 甲基托布津 1 000 倍液喷雾；叶斑病，注意清除病残体，喷施 50% 多菌灵 800 倍液。红蜘蛛、蚜虫、白粉虱等可用 40% 氧化乐果 1 000 倍液防治。

三、金盏菊

学名：*Calendula officinalis*

别名：金盏花、长生花、太阳菊、山金菊

（一）形态特征

菊科金盏菊属多年生草本花卉，常作一二年生栽培。全株被白色茸毛，有气味，株高 25～60 厘米；茎直立，粗壮，多分枝；头状花序单生，花淡黄至深橙红色，花期 4～6 月；瘦果。

（二）种类与品种

有重瓣、卷瓣和绿心、深紫色花心等栽培品种。常见的栽培品种有邦·邦、吉坦纳节日、卡布劳纳系列、宝石系列等。

（三）对环境的要求

原产地中海地区。喜阳光充足环境，耐阴凉，适应性较强，能耐—9℃低温，怕炎热天气。能耐瘠薄干旱土壤，以疏松、肥沃、微酸性土壤最好，能自播。

（四）育苗技术

1. 播种繁殖　常在 9 月中下旬以后进行秋播。穴盘育苗基质一般用粗度 0～10 毫米的泥炭加珍珠岩混合而成，pH 要求 6.0～7.0，混合后进行消毒。由于金盏菊幼苗对高浓度的可溶性盐很敏感，EC 在 0.5 毫西门子/厘米左右。金盏菊的播种深度在 0.5 厘米左右，用珍珠岩覆盖，用喷雾器、细孔花洒把播种基质淋透。以后当盆土略干时再淋水，仍要注意浇水的力度不能太大。播种后，遇到寒潮低温时，可以用塑料薄膜把花盆包起来，以利保温保湿。幼苗出土后，要及时把薄膜揭开，并在每天上午的 9：30 之前，或者在下午的 3：30 之后让幼苗接受太阳的光照，否则幼苗会生长得非常柔弱。大多数的种子出齐后，需要适当地间苗，把有病的、生长不健康的幼苗拔掉，使留下的幼苗相互之间有一定的空间。当大部分的幼苗长出了 3 片或 3 片以上的叶子后，根系把基质包裹起来，能顺利从穴孔中拔出来，就可以移栽上盆了。

2. 扦插繁殖　插穗生根的最适温度为 18～25℃。剪取嫩侧枝为插穗，长 5～8 厘米，插入以珍珠岩为基质的苗床，遮阴，要遮去阳光的 50%～80%，同时，给插穗进行喷雾，每天 3～5 次，保持空气的相对湿度在 75%～85%，生根后即可上盆。

（五）栽培技术要点

1. 上盆定植　盆花基质用混合基质（泥炭土：蛭石：珍珠岩＝7：2：1）与田园土各 1 份充分混合配成。小苗装盆时，先在盆底放入 1~2 厘米厚的粗粒基质或者陶粒来作为滤水层，其上撒上一层充分腐熟的有机肥料作为基肥，厚度 1~2 厘米，再盖上一层基质，厚度 1~2 厘米，然后放入植株，把肥料与根系分开，避免烧根。

2. 肥水管理　生长期每半月施肥 1 次，若缺肥，则会出现花小且多为单瓣，极易造成品种退化。肥水管理遵循"淡肥勤施、量少次多、营养齐全"的施肥（水）原则，并且在施肥过后，晚上要保持叶片和花朵干燥。

金盏菊的最适空气相对湿度为 65%~75%，空气湿度过低，会加快单花凋谢。也怕雨淋，晚上需要保持叶片干燥。

3. 温光管理　最适宜的生长温度为 15~25℃。在夏季温度高于 30℃时明显生长不良；不耐霜寒，在冬季温度低于 4℃以下时进入休眠或死亡。冬季生长适温为 7~20℃，温度过低需加保护，否则叶片易受冻害。

生长期日照充足，有利于植株生长，如光照不足，雨天过多，基部叶片容易发黄，甚至根部腐烂死亡。

4. 株形整理　在开花之前一般进行 2 次摘心，以促使萌发更多的开花枝条，把顶梢摘掉，保留下部的 3~4 片叶，促使分枝。及时剪除残花，只要温度适宜，能四季开花。

5. 病虫害防治　苗期易发生枯萎病和霜霉病，主要通过基质传播，可用 65% 代森锌可湿性粉剂 500 倍液喷洒防治；白粉病，可用 75% 的粉锈宁可湿性粉剂 1 000~1 200 倍液或 70% 的甲基托布津 1 500 倍液防治；锈病，可用 50% 萎锈灵可湿性粉剂 2 000 倍液防治。虫害主要有蚜虫和红蜘蛛，可用 40% 氧化乐果乳油 1 000 倍液或可用 40% 三氯杀螨醇 1 000 倍液防治。

四、雏菊

学名：*Bellis perennis*
别名：春菊、延命菊、马兰头花

(一) 形态特征

菊科雏菊属多年生宿根草本花卉，常作二年生栽培。株高7～20厘米，茎叶光滑或具短茸毛；叶基部簇生；头状花序单生于茎顶，舌状花一轮或多轮，有红、白、蓝、粉、粉红、深红或紫色，筒状花黄色，可抽生多数花葶；花期2～5月。

(二) 种类与品种

雏菊有单瓣和重瓣品种，园艺品种均为重瓣类型。花型有蝶形、球形、扁球形。还有10厘米高的四倍体矮花品种及斑叶品种。

(三) 对环境的要求

原产于西欧。喜冷凉湿润和阳光充足的环境，较耐寒，可耐－3～－4℃低温。喜全日照，也耐微阴。对土壤要求不严，但以疏松肥沃、湿润、排水良好的富含有机质的沙质土壤为好。不耐水湿。花后种子陆续成熟，以5月采种为宜，种子发芽力可保持3年。

(四) 育苗技术

1. 播种繁殖　主要是播种繁殖育苗。种子喜光，发芽适温15～20℃，播后5～10天可出苗。一般可采用苗床撒播和穴盘育苗。南方多在秋季8～9月播种，10月下旬移入阳畦越冬。翌年4月下旬定植。播种后15～20周开花。也可春播。

穴盆育苗，以粉碎细小的泥炭加10%珍珠岩混合为播种基质，pH保持在5.5～6.2，播后，淋透水，遮阴。种子萌发后，温度保持在18℃，适当降低栽培基质的湿度，但仍不可太过于干燥，湿度在70%～80%，能使其根系扎入基质吸收养分供子叶的伸展。长出真叶后，温度降低至15℃左右，空气湿度也需逐渐降低，两次浇水间可让基质有一个干透的过程，形成干湿循环，利于促进根系发育。此时，可交替施用20-10-20与14-0-14的肥料，施肥浓度150～200毫克/千克。在炼苗阶段，根系已经形成完好，种苗基本上可以出售，应注意及时移栽上盆。

2. 分株繁殖　夏凉地区可用分株繁殖。雏菊极耐移栽，大量开花时也可移栽。分株可在秋季进行，把一盆植株分割成数丛，然后直接上盆养护，也可以利用一些越冬的宿根在春季萌发前进行分株。

（五）栽培技术要点

1. 上盆定植　经过炼苗后即可移植，可采用 12 厘米口径的花盆进行上盆。采用排水透气性良好的栽培基质，如泥炭＋珍珠岩＋园土（5∶3∶2），每立方米基质中施加 1 千克的完全平衡肥料，2 千克的缓释肥，充分混合，pH 为 5.5～6.2，EC 为 0.5～0.75 毫西门子/厘米。

2. 肥水管理　喜水、喜肥，生长期间保证充足的水分供应，薄肥勤施，每周追肥 1 次。花前约每隔 15 天追 1 次肥，使开花茂盛，花期可延长。夏季炎热天气往往生长不良，甚至枯死。夏季花后，老株分株，加强肥水管理，秋季又可开花。

遵循"见干见湿"的浇水原则，有利于根系生长发育。在发蕾时应该控水，防止花茎太长。

3. 温光管理　生育适温为 10～12℃。夏季炎热天气往往生长不良，甚至枯死。雏菊在 5℃ 以上可安全越冬，温度低于 6℃，生长相对缓慢，推迟花蕾的形成；温度高于 12℃，导致植株叶片增大，花茎细弱，开花数量减少，生长势衰减。

刚移植的植株光照不应太高，在 10 000 勒克斯左右即可，缓苗期一过，光照强度应增加至 20 000 勒克斯左右。光照充分可促进植株的生长，叶色嫩绿，开花量增加。但霜冻时期要部分遮阴，避免阳光直射。

4. 病虫害防治　主要病害有苗期猝倒病、灰霉病、褐斑病、炭疽病、霜霉病；虫害有蚜虫等。防治方法与其他草花相似。

五、天人菊

学名：*Gaillardia pulchella*

别名： 大天人菊、车轮菊、虎皮菊、六月菊

（一）形态特征

菊科天人菊属一年生草本。株高 20～60 厘米，全株密被柔毛；头状花序单生于茎顶，舌状花单轮或多轮，花为黄色、红色、红黄复色，花期 7～10 月。

（二）对环境的要求

原产北美西部。耐干旱炎热，不耐寒；喜阳光充足环境，耐半阴。在排水良好疏松土壤生长好，在潮湿和肥沃的土壤中，花少叶多易死苗。

（三）育苗技术

天人菊通常用播种繁殖。常在春季进行播种。穴盘苗播种育苗，基质由泥炭加珍珠岩混合而成，保持较低的 EC，pH 5.5～5.8。撒播，种子萌芽需光，无需覆盖，保持土壤轻微湿润，但不可过于潮湿，播种后 10～14 天发芽。真叶出现前，温度降低至 18～20℃，适当降低栽培基质的湿度，但不可过于干燥。此阶段根系对高浓度可溶性盐特别敏感，EC 不可高于 0.5 毫西门子/厘米。幼苗长出了 3～4 片真叶时移栽上盆。

（四）栽培技术要点

1. 上盆定植 采用疏松、排水透气性良好的栽培基质为佳。基质中黏土含量不高于 15%，可用泥炭加珍珠岩、沙混合，每立方米基质中施加 1～3 千克的完全平衡肥料和缓释肥，pH 5.5～5.8。

2. 肥水管理 天人菊为喜肥植物，与其他草花一样，对肥水要求较多，但要求遵循"淡肥勤施、量少次多、营养齐全"的施肥（水）原则，并且在施肥过后，晚上要保持叶片和花朵干燥，最适空气相对湿度为 65%～75%。每半个月施用浓度为 130～150 毫克/升的完全平衡氮肥，进入开花期后增施磷钾肥。

3. 温光管理 植株开花需 12～16 小时的长日照。强光照和温暖的气候条件可提高植株的品质，光照不足会抑制植株生长。

耐热，不耐霜寒。

4. 病虫害防治　和其他草花一样，主要病害有苗期猝倒病、灰霉病、褐斑病、炭疽病、霜霉病等。

六、长春花

学名：*Catharanthus roseus*

别名：日日草、山矾花、五瓣莲

（一）形态特征

夹竹桃科长春花属多年生草本或亚灌木，作一年生栽培。株高 20～60 厘米，茎直立，分枝少；叶对生，浓绿而有光泽，主脉白色明显；花单生或数朵腋生，有玫瑰红、白，花期夏秋季。

（二）种类与品种

品种有白长春花、黄长春花。适合盆栽的品种通常为：矮型品种，株高 15～20 厘米，全株呈球形，分枝多，花朵繁茂；匍匐品种，株高 15～20 厘米，适于种植钵和吊盆。

（三）对环境的要求

原产南非、非洲东部、美洲热带和印度。喜温暖，忌干热，不耐寒。喜阳光充足，耐半阴。不择土壤，耐贫瘠、耐旱，忌水涝。

（四）育苗技术

播种时间主要集中在 1～4 月。播种基质可用泥炭土，或用播种专用基质，pH 5.8～6.2，EC 0.5～0.75 毫西门子/厘米，经消毒处理，可床播、箱播育苗，有条件的可采用穴盘育苗。播种后保持基质温度 22～25℃。长至 2～3 对真叶时移植上盆，如用 12 厘米口径的营养钵，可一次上盆到位，不再进行换盆。如果是用床播或箱播育苗的，最好在 1～2 对真叶时，用 72 或 128 穴盘移苗 1 次，然后再移植上盆。

（五）栽培技术要点

1. 上盆定植　采用排水透气性良好的栽培基质，如泥炭＋

珍珠岩＋园土（5：3：2）或泥炭与珍珠岩以4：1的比例拌匀，适当添加一些有机肥作基肥，上盆定植，每盆1株。

2. 肥水管理　薄肥勤施。生长季节，可追施20-10-20和14-0-14的水溶性肥料，以200～250毫克/千克的浓度7～10天交替施用一次。

长春花忌湿怕涝，盆土浇水不宜过多，稍干燥为宜，过湿影响生长发育。尤其室内过冬植株应严格控制浇水，以干燥为好，否则极易受冻。长春花雨淋后植株易腐烂，注意及时排水，以免受涝造成死亡。

3. 温光管理　生长适温3～7月为18～24℃，9月至翌年3月为13～18℃，冬季温度不低于10℃。长春花对低温比较敏感，所以温度的控制很重要。在长江流域冬季一定要采用保护地栽培，低于15℃以后停止生长，低于5℃会受冻害。

长春花为喜光性植物，生长期必须有充足阳光，叶片苍翠有光泽，花色鲜艳。若长期生长在荫蔽处，叶片发黄落叶。

4. 株形整理　长春花可以不摘心，但为了获得良好的株形，一般摘心1～2次。第一次在3～4对真叶时；第二次，新枝留1～2对真叶。栽培过程中，一般可以用植物生长调节剂，但不能施用多效唑。花后重新修剪，可再培育出理想的高度和株形。

5. 病虫害防治　长春花植株本身有毒，比较抗病虫害。主要是苗期的病害，如苗期猝倒病、灰霉病等，可用50%多菌灵可湿性粉剂500倍液、或25%甲霜灵可湿性粉剂800倍液、75%百菌清可湿性粉剂600倍液等防治。虫害主要有红蜘蛛、蚜虫等，可用40%氧化乐果1 500～2 000倍液、或2.5%溴氰菊酯乳剂4 000～5 000倍液、或20%菊杀乳油2 000倍液喷雾防治。

七、香雪球

学名：*Alyssum maritimum*

别名：小白花、庭荠

（一）形态特征

十字花科庭荠属多年生草花，常作一二年生栽培。多分枝而匍匐生长，株高15～30厘米。叶披针形，互生。顶生总状花序，小花密集成球状，有白、紫红、淡紫、深紫等色，亦有大花、白缘和斑叶等观叶品种。具微香，花期3～6月。

（二）对环境的要求

原产欧洲地中海地区。喜光，稍耐阴；喜冷凉干燥气候，不耐炎热；喜疏松排水良好的土壤，忌积水，较耐干旱瘠薄。

（三）育苗技术

1. 播种繁殖 播种最适温度为15～20℃，常在9月中下旬以后进行秋播。

用温水浸泡种子12～24小时。用500～600倍多菌灵液喷洒播种培养土，稍干后点播或撒播，每平方米1 000粒左右。播后覆盖基质，覆盖厚度为种粒的2～3倍，用喷雾器、细孔花洒把播种基质淋湿，以后当盆土略干时再淋水。8天左右出苗，出苗后逐渐撤掉薄膜，逐步加强光照。每周用1 000倍百菌清或甲基托布津防猝倒病，连续2～3次。大多数种子出齐后，适当间苗，以间去有病的、生长不健康的幼苗为主，幼苗长出了3片或3片以上的叶子后就可以移栽上盆。

2. 扦插繁殖 通常结合摘心工作，把摘下来的粗壮、无病虫害的顶梢作为插穗进行扦插。插穗生根的最适温度为18～25℃，遇到低温时，用薄膜覆盖保温；高温时，降温的措施主要是给插穗遮阴，遮去阳光的50%～80%保持空气的相对湿度在75%～85%。可以通过给插穗进行喷雾来增加湿度，每天1～3次。

（四）栽培技术要点

1. 上盆定植 上盆用的基质可选用菜园土：炉渣＝3：1，或园土：中粗河沙：锯末（茹渣）＝4：1：2，或锯末：蛭石：

中粗河沙＝2：2：1，任何一种，加入适量有机肥作基肥。真叶4～5片时，可定植于13厘米盆中，小苗装盆时，先在盆底放入1～2厘米厚的粗粒基质或者陶粒来作为滤水层，然后放入植株，每盆1～3株，浇透水，放在略荫处养护1周。

2. 肥水管理 每月浇1次稀薄复合肥液，可用化肥或有机肥液，浓度逐渐增加至0.1％。注意肥水勿沾茎叶，以免叶片受害，可施肥后冲洗叶面。

香雪球最适空气相对湿度为40％～60％，喜较干燥的空气环境，怕雨淋，晚上保持叶片干燥。

3. 温光管理 香雪球最适宜的生长温度为15～25℃。对冬季温度要求不是很严，只要不受到霜冻就能安全越冬；温度高达30℃以上时死亡。尽量选在秋冬季播种，以避免夏季高温。

在晚秋、冬、早春三季，给予它直射阳光的照射，以利于它进行光合作用和形成花芽、开花、结实。夏季暂移通风凉爽地处，遮去50％的阳光。

4. 株形整理 开花前，一般进行2次摘心，以促使萌发更多开花枝条。当苗高6～10厘米并有6片以上的叶片后，把顶梢摘掉，保留下部的3～4片叶；侧枝长到6～8厘米长时，进行第二次摘心，保留侧枝下面的4片叶。进行两次摘心后，株形会更加理想，开花数量也多。

5. 病虫害防治 香雪球易受根腐病为害，可每7～10天喷1次700倍的多菌灵或百菌清防治；防虫可每10～15天喷1次2 000倍敌杀死。

八、一串红

学名：*Salvia splendens*

别名：爆仗红（炮仗红）、撒尔维亚、西洋红、墙下红

（一）形态特征

唇形科鼠尾草属多年生亚灌木，常作一二年生栽培。方

茎直立光滑，茎节常为紫红色；叶对生；顶生轮伞状总状花序，唇形花冠，花冠、花萼同色，花呈小长筒状，花期 7 月至霜降。

（二）种类与品种

一串红盆栽品种主要有火球、罗德士、卡宾枪手系列、红柱、红庞贝等。品种有红色、紫色、蓝色、白色、复色等，以红色为主。

（三）对环境的要求

原产南美巴西。喜温暖和阳光充足环境，不耐寒，耐半阴，忌霜雪和高温，怕积水。一串红要求疏松、肥沃和排水良好的沙质壤土，忌碱性土壤，适宜生长的土壤 pH 5.5～6.0。

（四）育苗技术

以播种繁殖为主，也可用扦插繁殖。

1. 播种繁殖　通常在 3 月至 6 月上旬进行播种。有温室条件时，四季可播种。

播前基质用泥炭土 3 份加 1 份沙，再加少量复合肥，以 5 厘米的厚度铺于育苗盘。可用 70％的敌克松粉剂 500 倍溶液喷洒育苗盘土层面，使表层土浸湿为止，以防止猝倒病发生。

播种时，先用水浇透育苗盘，水渗下后，将种子拌入 4 倍细沙均匀地撒在育苗盘内。播种后覆盖轻质蛭石 0.5～1 厘米，且保持土壤湿润，在 21～23℃光照充足的条件下，1 周左右即可出苗。若温度低于 20℃发芽不整齐，低于 15℃很难发芽。地温低时，可在育苗盘上覆盖塑料薄膜或扣小拱棚保温。

当播种苗过密时，要适当间苗。待幼苗发出 2～3 片真叶时，可分苗移栽。用规格为 98 穴的穴盘装营养土进行分苗，穴盘中营养土要施足腐熟的有机肥料，混匀整细，栽后浇透水。

2. 扦插繁殖　以 5～8 月为好，选择粗壮充实枝条，长 10 厘米，插入经消毒的腐叶土中，保持 20℃，插后 10 天可生根，20 天可移栽上盆。

（五）栽培技术要点

1. 上盆定植　培养土一般可用园土 4 份、泥炭土 4 份、充分腐熟的农家肥 2 份，加入适量的珍珠岩混合而成，可采用多菌灵、敌杀死、福尔马林等药剂消毒后备用。当穴盘内一串红幼苗 4～6 枚叶时，选用直径为 18 厘米的塑料花盆上盆定植，浇透水。上盆后要注意遮阳，以后逐渐延长日照时间。

2. 肥水管理　生长期间以施磷钾肥为主，少施氮肥。每半个月浇 1 次腐熟的稀薄有机液肥，或浓度 1‰～3‰氮磷钾复合肥液，肥液浓度过高容易造成烧苗。花芽分化后逐渐增加磷、钾肥，使花开更盛更艳。一串红因其不耐热，故 7～8 月间往往生长不良，每遇雨季叶片发黄时，可施入硫酸铵使叶片转绿。

生长期应保持土壤适当湿润，过湿或过干都会对生长不利。为避免一串红徒长，可 2 天浇 1 次，以免叶片发黄、脱落。炎热夏季要及时补水，空气湿度应适当，如过干则易造成落花、落叶，过湿则枝叶容易腐烂。

3. 温光管理　夏季气温高、连续阴雨，需降温或适当遮阴，防止叶片黄化脱落。一串红是喜光性花卉，阳光充足对一串红的生长发育十分有利。若光照不足，植株易徒长，茎叶细长，叶色淡绿；如长时间光线差，叶片变黄脱落。如开花植株摆放在光线较差的场所，往往花朵不鲜艳，容易脱落。

4. 株形整理　在幼苗具 6～8 片真叶时进行第一次摘心，8～10 片真叶时第二次摘心，以后视生长情况进行，每次摘心留 1～2 节为宜，并及时去除病虫害枝叶和残花。

5. 花期控制　一串红在生长期间能多次开花，花后及时剪除残花，减少养分的消耗，促使再度开花。还可采用摘心、分批播种、调控温光以及化学药剂等措施调节花期。一串红于 12 月上旬在大棚内播种育苗，翌年 1 月中旬分苗上穴盘，2 月下旬上盆定植，五一节可开花摆放；5 月上旬播种育苗，6 月中旬分苗上穴盘，7月下旬上盆定植，国庆节可供摆放。

6. 病虫害防治 一串红主要病害有猝倒病、叶斑病、霜霉病和花叶病等，花叶病是病毒病，在防治中应采用杀蚜防病的方法。常见虫害有斜纹夜蛾、白粉虱等，可用80％菊酯类杀虫剂或40％氧化乐果1 000倍液喷杀。

九、夏堇

学名：*Torenia fournieri*

别名：蝴蝶草、蓝猪耳

（一）形态特征

玄参科蝴蝶草属一年生草本花卉。株高15～50厘米。茎光滑四棱形，分枝多；花在茎上部顶生或腋生，花唇形，花筒白色，花冠有青紫、淡蓝、绯红、红、白等色，花期6～10月。

（二）对环境的要求

原产亚洲热带和亚热带地区。喜高温、炎热，不耐寒。喜光、耐半阴及湿润环境，生长强健，对土壤要求不严，但适宜疏松、肥沃、排水良好的土壤。

（三）育苗技术

1. 播种繁殖 播种繁殖全年均可进行，尤以夏季为佳。将种子浸泡10～12小时后再播，可提高发芽率。发芽温度要求22～24℃，低于15℃时要在温室播种。种子极细小，播种时可掺些细土，播种后不覆土，因种子发芽需一定的光照，保持土壤湿润，覆盖薄膜，1～2周发芽。出苗后去除薄膜，置于光线充足、通风良好处。苗期生长缓慢，播后25～30天可移栽上盆。从播种到开花需12～13周。

2. 扦插繁殖 一般于5～8月进行。选择长势粗壮的枝条作插穗，一般带2对叶子，下端蘸用生根剂400倍液和黄泥混合成的泥浆，插入育苗盘或直接上盆。扦插后要及时遮阴，发根后应除去庇荫物，让植株逐渐接受阳光，迅速成长。

（四）栽培技术要点

1. 上盆定植　夏堇对土壤适应性较强，根系浅，以湿润而排水良好的中性或微碱性壤土为佳。当幼苗 3～4 对真叶出现时，可从育苗盘内取出定植于 13～15 厘米营养钵中。每钵栽 1 株。

2. 肥水管理　栽培前应施足有机肥作基肥，为保持花色艳丽，生长期可每月追施 1～2 次腐熟饼肥水，夏、秋季增施 1～2 次磷钾肥，氮肥不可过量，否则植株生长过旺过高，开花反而减少。

在栽培过程中，浇水不宜过多，但要注意空气湿度要大，要经常向茎叶喷雾或附近地面洒水，以提高小环境的空气湿度。

3. 温光管理　栽培时宜放在光照充足的地方，夏堇虽不畏炎热，但在夏季稍加庇荫还是必要的。

4. 株形整理　当夏堇植株长至 6～7 厘米高时，即开始摘心。在整个生长过程中应多摘心，可促进多分枝，多开花。花谢后要及时剪除，以减少营养消耗，促使形成更多花蕾开花，温室栽培一年四季开花不断。

5. 花期控制　根据用花时间进行播种及扦插繁殖，以满足节日用花需要。扦插苗的整个生长周期比播种苗提前 20～25 天。

6. 病虫害防治　常见病害有根腐病、叶斑病、白粉病和苗期猝倒病等，控制浇水次数，降低湿度，可用百菌清、多菌清或代森锰锌可湿性粉剂等杀菌剂。虫害有红蜘蛛和蚜虫危害，可用 40％氧化乐果乳油 1 500 倍液喷杀。

十、三色堇

学名：*Viola tricolor var. hortensis*

别名：蝴蝶花、猫儿脸、鬼脸花

（一）形态特征

堇菜科堇菜属多年生草本花卉，常作一二年生栽培。一般茎高 10～30 厘米，茎光滑，丛生状。花大，从叶腋间抽生出长花梗，花冠呈蝴蝶状，花色有蓝紫、白、黄三色，可四季有花。

（二）种类与品种

品种繁多，除一花三色者外，还有黄紫、紫红等复色及纯白、纯黄、纯紫、紫黑等。从花形上看，有大花形、花瓣边缘呈波浪形及重瓣形的。

（三）对环境的要求

原产欧洲。较耐寒，喜凉爽，在昼温 15～25℃、夜温 3～5℃的条件下发育良好。日照不良，开花不佳。喜肥沃、排水良好、富含有机质的中性壤土或黏壤土。

（四）育苗技术

1. 播种繁殖　通常以 9 月秋播为好，从播种至开花需 100～110 天。有温室条件，可四季播种，时间依需要开花时间而定。

播种前，将种子在 30～40℃水中浸泡 24 小时，然后把种子与河沙拌匀，撒播。将以泥炭和珍珠岩混合为播种基质，浇透水，再进行播种。播后，细土覆盖以不见种子为度，保持湿度在 80%～90%、温度在 17～24℃，7～10 天即可出苗。当种子发芽顶土时，如土表发干，可用喷雾器喷雾给水，10～15 天出全苗。可采用穴盆育苗。

2. 扦插繁殖　扦插繁殖以 5～6 月进行为好，剪取植株基部萌发的枝条，开花枝条不能作插穗，插入泥炭中，保持空气湿润，插后 15～20 天生根，成活率高。

3. 分株繁殖　分株繁殖常在花后进行，将带不定根的侧枝或根茎处萌发的带根新枝剪下，可直接盆栽，并放半阴处恢复。

（五）栽培技术要点

1. 上盆定植　一般在幼苗长出 3～4 片叶时，进行移栽上盆。选直径为 15～17 厘米的盆，可栽 1～3 株。盆土以泥炭、田园土、河沙按 4：4：2 混合，加入适量有机肥作基肥。移植时须带土球，否则不易成活。幼苗上盆后，先要放阴处缓苗 1 周，再移置向阳处。

2. 肥水管理　生育期间每20～30天追肥1次，各种有机肥料或氮、磷、钾均佳。初期以氮肥为主，临近花期可增加磷肥。三色堇常会缺钙，表现为叶片畸形、起皱等，可增施硝酸钙加以改善。

浇水要间干见湿，特别是在气温低、光照弱的季节，浇水量要适中，过多的水分既影响生长，又易产生徒长枝。植株开花时，应保持充足的水分以利于花朵的增大和花量的增多。

3. 温光管理　生长期的最适温度为7～15℃，温度长期过低会出现叶色变紫。初秋季节最好能降至20℃以下，才有利于生长，而15℃以上有利于开花。15℃以下会产生良好的株形，但会延长生长期。

三色堇在秋冬季节生长要求阳光充足，但春夏开花期可以略耐阴。

4. 株形整理　花谢后立即剪除残花，能促使再开花。

5. 病虫害防治　三色堇常发生炭疽病和灰霉病，危害叶片和花瓣，可用50%多菌灵可湿性粉剂500倍液喷洒防治；常见虫害有蚜虫、红蜘蛛等。

十一、矮牵牛

学名：_Petunia hybrida_

别名：碧冬茄、杂种撞羽朝颜、灵芝牡丹

（一）形态特征

茄科碧冬茄属多年生草本，常作一二年生栽培。株高15～60厘米，全株被粘毛，茎基部木质化，嫩茎直立，老茎匍匐状；花单生叶腋或顶生，花较大，花冠漏斗状，花色丰富，花期4～10月，蒴果。

（二）种类与品种

园艺品种极多，按植株性状分有：高性种、矮性种、丛生种、匍匐种、直立种；按花型分有：大花、小花、波状、锯齿

状、重瓣、单瓣；花色有紫红、鲜红、桃红、纯白及多种带条纹品种。

（三）对环境的要求

原产南美洲。喜温暖和阳光充足的环境，不耐霜冻，怕雨涝。它生长适温为 13～18℃，冬季温度在 4～10℃，如低于4℃，植株生长停止。夏季能耐 35℃ 以上的高温。属长日照植物，生长期要求阳光充足。

（四）育苗技术

矮牵牛通常用播种繁殖和扦插繁殖。

1. 播种繁殖 现多采用穴盆育苗，播种基质可用泥炭和10％珍珠岩混合而成。播种时间根据用花时间而定，如 5 月需花，应于 1 月在温室内播种；10 月用花，需在 7 月初播种。发芽适温为 22～24℃，播后不需覆土，轻压一下即可，幼苗 5～6片真叶时可定植于 10 厘米的花盆中。

2. 扦插繁殖 全年均可进行，花后剪取顶端的嫩枝，长 10厘米，插入沙床中，保持湿润，在气温 20～25℃，插后半月即可生根，30 天可移栽上盆。

（五）栽培技术要点

1. 上盆定植 盆栽用土宜用疏松肥沃和排水良好的沙质壤土，亦可用泥炭：珍珠岩＝7：3 混合，适量有机肥作基肥。

2. 肥水管理 施肥不宜过量，不然植株生长过旺而着花不多，生长期中每 15～20 天施用稀薄豆饼肥水，每半月用 0.3％磷酸二氢钾液肥喷洒叶面，以促使花芽分化多、色艳。夏季生长旺期，需充足水分，特别在夏季高温季节，应在早、晚浇水，保持盆土湿润。多雨季节，雨水多对矮牵牛生长十分不利，盆土过湿，茎叶容易徒长，花朵易褪色或腐烂，植株易倒伏。

3. 温光管理 冬季温度在 4～10℃ 可以正常生长，如低于4℃植株生长停止，夏季能耐 35℃ 以上的高温。短日照促进侧芽发生，开花紧密，长日照分枝少，花多顶生。

4. 株形整理 苗高 10 厘米时进行摘心，在摘心后 15 天用 0.25～0.5％的比久喷洒叶面 3～4 次，以控制其高度，促进分枝。平时注意适当修剪，控制植株高度，促使多开花；花后摘除残花，达到花繁叶茂。

5. 病虫害防治 矮牵牛常见的病害有灰霉病、叶斑病和病毒病。发病后及时摘除病叶，发病初期喷洒 75％百菌清 600～800 倍液、50％代森铵 1 000 倍液等。

十二、鸡冠花

学名：*Celosia cristata*

别名：鸡冠花、红鸡冠

（一）形态特征

苋科青葙属一年生草本，株高 40～100 厘米，茎直立粗壮，花序顶生及腋生，呈扇形、肾形、扁球形等，花色丰富，自然花期夏、秋至霜降。

（二）种类与品种

园艺变种、变型很多。按花型分为扫帚鸡冠、面鸡冠、鸳鸯鸡冠、璎珞鸡冠等；按高矮分为高型鸡冠（80～120 厘米），中型鸡冠（40～60 厘米），矮型鸡冠（15～30 厘米）。同属常见栽培的种还有青葙（*C. argentea*），高 60～100 厘米，茎紫色，叶晕紫，花序火焰状，紫红色。性极强健，适宜任何土壤。

（三）对环境的要求

原产东亚及南亚亚热带和热带地区。喜阳光充足、炎热和空气干燥的环境，不耐寒，怕霜冻，一旦霜期来临，植株即枯死。短日照下花芽分化快，火焰型花序分枝多，长日照下鸡冠状花序形体大。喜疏松、肥沃、排水良好的土壤，不耐瘠薄，忌积水，较耐旱。

（四）育苗技术

播种繁殖于 4～5 月进行，气温在 20～25℃时为好。鸡冠花的生育期约两个半月，针对五一节、国庆节用花，可分别在 2 月初和 7 月初播种。

在每立方米播种基质中加入 50% 多菌灵粉剂 150～200 克，拌匀，喷水，基质"手握成团，松而不散"，堆放 6～8 小时后，装于穴盘内。将种子按 1∶4 与细沙（或细土）混匀，均匀地撒在育苗平盘中，播后覆盖过筛细土 2～3 毫米，浇透水。播后出苗前基质要保持湿润，在 20℃ 左右光照充足的条件下，4～7 天即可出苗。

鸡冠花不喜荫蔽，幼苗要保证充足的光照。小苗发叶后要控制浇水，加强通风使苗健壮，防止徒长及猝倒病的发生。可用多菌灵加农用链霉素 7～10 天喷 1 次或杀毒矾 1 000 倍液，效果较好。当幼苗发出 1 对真叶时，及时带土分苗，移栽到 70 孔或100 孔的穴盘中。穴盘中基质的处理同育苗时相同，移栽后注意浇透水。

（五）栽培技术要点

1. 上盆定植　盆土宜肥沃，用壤土和厩肥各一半混合而成，或泥炭土 7∶珍珠岩 3 混合，添加适量有机肥，使用前进行消毒和杀虫处理。当幼苗具 4～6 片真叶且覆盖穴盘大部分空间时，及时定植于 12～13 厘米口径的营养钵中，按株距约 20 厘米左右进行摆放。上盆不及时会导致花芽分化提前，产生老苗现象。因鸡冠花属直根性，移栽时要带上土坨，否则不易成活。在花序发生后，换入 16 厘米盆中。翻盆后应浇透水，如要得到特大花头，可再换 23 厘米盆。

2. 肥水管理　苗期不宜施肥，因为多数品种叶腋易萌发侧枝，一经施肥，侧枝生长茁壮，会影响主枝发育。花序形成时施入含磷钾为主的液肥，使花大色艳。浇水应掌握"见干见湿"原则，盆土不宜过湿，以潮润偏干为宜。

3. 温光管理　鸡冠花为喜光植物，整个生长期要求充足的光照，尤其是苗期更应注意加强光照，防止植株徒长。鸡冠花生

长期适温为 18～24℃，若低于 10℃，植株就会受冻害，超过
35℃，植株生长受影响。开花后适当降低温度对延长花期很
有效。

4. 株形整理 穗状花序矮生多分枝品种，定植后要及时摘
心，以促进分枝；鸡冠状花序品种不摘心，如果欣赏主枝花序，
则要摘除全部腋芽，以保证顶部花序的营养和增大，如欣赏丛
株，则保留腋芽。

5. 病虫害防治 鸡冠花主要病害为猝倒病、褐斑病、叶斑
病等，虫害有蚜虫、叶螨等。防治方法与其他草花相似。

十三、非洲菫

学名：*Saintpaulia ionantha*

别名：非洲紫罗兰

(一) 形态特征

苦苣苔科非洲苦苣苔属多年生草本，常作一二年生栽培。全
株有毛；叶基部簇生，稍肉质；聚伞花序。条件适宜，每 3～4
个月即可开花 1 次，花期长达 1～2 个月。蒴果，种子极细小。

(二) 种类与品种

常见品种有大花、单瓣、半重瓣、重瓣、斑叶等，花色有紫
红、白、蓝、粉红和双色等。同属观赏种有白花非洲紫罗兰和大
花非洲紫罗兰。

(三) 对环境的要求

原产东非的热带地区。喜温暖、湿润和半阴环境，忌高温和
强光，宜在散射光下生长。生长适温为 22～24℃，白天温度不
超过 30℃，冬季不低于 10℃，否则容易受冻害。在肥沃疏松的
中性或微酸性土壤生长良好。

(四) 育苗技术

1. 播种繁殖 在春、秋季均可进行。温室栽培以 9～10 月
秋播为好，发芽率高，幼苗生长健壮，翌年春季开花棵大花多。

2月播种，8月开花，但生长势稍差，开花少。非洲堇种子细小，播种盆土应细，播后不覆土，压平即行。发芽适温18～24℃，播后15～20天发芽，2～3个月移苗。幼苗期注意盆土不宜过湿。一般从播种至开花需6～8个月。

2. 扦插繁殖 主要用叶插。花后选用健壮充实叶片，叶柄留2厘米长剪下，稍晾干，插入沙床，保持较高的空气湿度，室温为18～24℃，插后3周生根，2～3个月将产生幼苗，移入6厘米盆。采用25毫克/升的激动素处理叶柄24小时，有利于不定芽的形成。从扦插至开花需要4～6个月。若用大的蘖枝扦插，一般6～7月扦插，10～11月开花，如9～10月扦插，翌年3～4月开花。

3. 组培繁殖 以叶片、叶柄、表皮组织为外植体。用MS培养基加1毫克/升6-苄氨基腺嘌呤和1毫克/升萘乙酸。接种后4周长出不定芽，3个月后生根小植株可栽植。小植株移植于腐叶土和泥炭土各半的基质中，成活率100%。

(五) 栽培技术要点

1. 上盆与换盆 以疏松排水良好的土壤为佳，可用泥炭土：蛭石：珍珠岩＝6：2：2混合，适当添加一些有机肥作基肥。幼苗3～4片叶时移栽6厘米盆，以后随着长大换入较大的盆中。老化的植株、根部生病的植株、盆缘及外壁沉积盐类、外观走样、不好看的植株等应及时换盆。

首先可将最底下较小或生长不好的叶片去除，并检视根部：若呈白色表示健康；呈褐色或深褐色则显示不健康甚至腐烂。不健康的根组织必须利用刀片或剪刀去除1/3～1/2的基质，一般褐化程度越严重去除基质的比例也越多。而健康植株则不须对根部做任何处理，且尽量避免伤到根组织。换盆时，先放入少许新基质于欲换的大盆盆底，将带基质的植株放入中，在空隙中填入新基质。一般换盆时温度维持在18～26℃为宜。在换盆后2周内避免施肥。

2. 肥水管理　生长期每 10～15 天施一次腐熟的稀薄液肥或复合化肥。枝叶生长期，氮钾成分较高，如 7 - 6 - 19、14 - 12 - 14 等的肥料；开花前 2 个月，适用含磷肥成分较高的肥料，如氮磷钾比例为 10 - 30 - 20、12 - 36 - 14 等的肥料。肥料中氮肥含量太多，叶片长得很繁茂而开花很少。

栽培过程中，应保持较高的空气湿度，合理浇水，以免茎叶腐烂。早春温度低，浇水要少；夏季高温干燥，应多浇水，并喷水增加空气湿度，否则花梗下垂，花期缩短，但喷水时叶片溅污过多水分，会引起叶片腐烂；秋、冬季节，气温逐渐下降，浇水适当减少。水温与空气温度的差异应低于 5℃，否则，叶面上会产生大量的黄色斑点。

3. 温光管理　栽培中要避免温度暴升暴跌，否则植株很容易死亡。每天以 8 小时光照为宜，若雨雪天光照不足，应添加人工光照。盛夏光线太强，需遮阳防护。适宜光照强度在 10 000～12 000 勒克斯，若光照不足，就会开花少而色淡，甚至只长叶不开花；若光照过强又会造成叶片发黄、枯焦现象，可放在光线明亮又无直射阳光处养护。

4. 株形整理　花后应随时摘去残花，防止残花霉烂。

5. 病虫害防治　在高温多湿条件下，易发生枯萎病、白粉病和叶腐烂病，可用 10％抗菌剂 401 醋酸溶液 1 000 倍液喷雾或灌注盆土中。常见虫害有介壳虫和红蜘蛛。

十四、蒲包花

学名： *Calceolaria herbeohybrida*

别名： 荷包花

（一）形态特征

玄参科蒲包花属多年生草花，常作一二年生栽培。株高多30 厘米，全株有毛；花形别致，花冠二唇状，上唇瓣直立较小，下唇瓣膨大似蒲包状，中间形成空室；花期 12 月到翌年 5 月，萌果。

（二）种类与品种

常见栽培品种有 3 种类型：大花系蒲包花的花径 3～4 厘米，花色丰富，多为有色斑的复色花；多花矮蒲包花的花径 2～3 厘米，植株低矮，耐寒；另有多花矮性大花蒲包花，其性状介于前两者之间。单色品种有黄、白、红等深浅不同的花色，复色则在各底色上着生橙、粉、褐红等斑点。

（三）对环境的要求

原产南美洲墨西哥、秘鲁、智利一带。喜凉爽湿润、通风的气候环境，忌高热、寒冷。喜光照，避免烈日暴晒。对土壤要求严格，以微酸性富含腐殖质的沙土为好。

（四）育苗技术

一般以播种繁殖为主。播种多于 8 月底 9 月初进行，此时气候渐凉利于幼苗生长。播种太早，气温高，幼苗易染猝倒病；而太晚，植株则矮小，生长不良。培养土以 6 份腐叶土加 4 份河沙配制而成，也可用泥炭、蛭石、珍珠岩按 6：3：1 配制，于浅盆内直接撒播，不覆土，用浸水法给水，播后盖上玻璃或塑料薄膜保湿，维持 18～20℃，一周后出苗，出苗后及时除去玻璃或薄膜，以利幼苗生长，防止猝倒病。当幼苗长出 2～3 片真叶时进行第一次移植，容器可用 10 厘米营养钵。

（五）栽培技术要点

盆土可用腐叶土 6 份、园土 3 份、河沙 1 份混合配制，也可用泥炭、珍珠岩、蛭石按 6：3：1 配制，并加入少量基肥，盆土 pH 在 6.0～6.5。从播种苗第一次上盆到定植，通常要换三次盆，定植盆径为 13～17 厘米。

蒲包花的栽培方法同非洲堇近似，稀薄的追肥，淋水不能洒湿叶面，否则很易引起腐烂。在 7～15℃ 条件下生长良好，15℃以上营养生长，10℃ 以下经过 4～6 周即可花芽分化。

蒲包花易发生病虫害，应加强环境条件管理，进行土壤消毒，适当增加空气湿度，降低温度。

十五、旱金莲

学名: *Tropaeolum majus*

别名: 旱荷、寒荷、金莲花、旱莲花、金钱莲

(一) 形态特征

旱金莲科旱金莲属多年生蔓性草本，常作一二年生栽培。株高 30～70 厘米，基生叶具长柄，形似小荷叶；花单生或 2～3 朵成聚伞花序，有黄、红、橙、紫、乳白或杂色，花期 7～8 月。

(二) 对环境的要求

原产南美秘鲁。不耐寒，喜温暖湿润，阳光充足，生长适温 18～24℃，越冬温度 10℃ 以上，不耐湿涝，不耐寒，喜肥沃、排水良好的土壤。

(三) 育苗技术

旱金莲常用播种繁殖，也可用嫩枝扦插。

1. 播种繁殖　播种时间根据开花时间要求确定。一般于 3 月播种，7～8 月开花；6 月播种，国庆节开花；9 月播种，春节开花；12 月播种，五一节开花。旱金莲种子属深休眠种子，需进行低温沙藏处理才能打破休眠。将当年新采收成熟的种子用清水浸泡 24 小时后，用 0.05% 高锰酸钾浸泡消毒 2 小时，流水冲洗 10 分钟，以 1 份种子和 3 份湿沙混合均匀，置于 4℃ 条件下沙藏 1 个月，注意保持种子和沙混合的温度和湿度。

播种前将种子先用 40℃ 左右温水浸泡 24 小时待用，可起到杀菌和催芽作用。可用腐叶土、河沙、珍珠岩以 5:2:1 比例配制的播种基质，点播于穴盘或苗床中。播后覆厚度 5 毫米左右的细沙，镇压，浇透水，覆盖塑料薄膜保湿。发芽适宜温度 20～25℃，7 天左右种子开始破壳出土。当幼苗出土达到 70% 以上时，适当增加光照，以促壮苗。待幼苗适应后，可撤掉遮阳网，视情况浇水。当幼苗长出 2～4 片真叶时，分栽入营养钵中培育

壮苗。

2. 扦插繁殖 以春季室温 13～16℃时进行为宜，剪取有3～4 片叶的茎蔓，长约 10 厘米，留顶端叶片，插入沙中，保持湿润，10 天开始发根，20 天后便可上盆。

（四）栽培技术要点

1. 上盆定植 宜选用腐叶土 4 份、园土 4 份、堆肥土 1 份、沙土 1 份混合配制的壤土，pH5～6。上盆时加入少量豆饼作基肥。

2. 肥水管理 在生长过程中，一般每月施 1 次浓度为 20％的饼肥水；在开花期间每隔半月施 1 次 1％过磷酸钙或稀薄有机液肥；花后追施 1 次 25％饼肥水，以补充因开花所消耗的养分。夏季天气炎热停止施肥。秋末施 1 次全元素复合肥，以增强植株抗寒能力。每次施肥后要及时松土，改善盆土的通气性，以利根系发育。

生长期间浇水要采取小水勤浇，春秋季节一般隔天浇水 1 次，夏季每天浇水 1 次，并在傍晚往叶面上喷水 1 次，以保持较高的空气湿度。现蕾后，浇水次数适当减少，但要加大每次的浇水量，使盆土"见干见湿"。开花后要减少浇水，防止枝条旺长，影响下一次开花。

3. 温光管理 春秋季节应放在阳光充足处培养，夏季适当遮阴，盛夏放在阴凉通风处，北方 10 月中旬入室，放在向阳处养护，室温保持 10～15℃。

4. 株形整理 旱金莲茎蔓生，必须立支架，当幼苗长到 3～4 片真叶时进行摘心，促其多发侧枝。当植株长到 15～20 厘米时，设立支架，把茎蔓均匀地绑扎在支架上，并使叶片面向一个方向，支架的大小以生长后期枝蔓长满支架为宜。在绑扎时，需进行顶梢的摘心，促使其多分枝，以达到花繁叶茂的优美造型。花后把老枝剪去，待发出新枝开花。

5. 病虫害防治 旱金莲病虫较少，但有时会发生叶斑病、萎蔫病和病毒病危害，可用 50％托布津可湿性粉剂 500 倍液喷洒。虫害有潜叶蝇、夜蛾和粉蝶危害，可用 90％敌百虫原药1 000倍液。

十六、美女樱

学名： *Verbena hybrida*

别名： 草五色梅、铺地马鞭草、麻绣球、美人樱

（一）形态特征

马鞭草科马鞭草属为多年生草本植物，常作一二年生栽培。茎四棱，匍匐状，全株具灰色柔毛；穗状花序顶生，多数小花密集排列呈伞房状，花色丰富，有白、粉红、深红、紫、蓝、复色等，略具芬芳。花期长，4 月至霜降前开花陆续不断。蒴果。

（二）种类与品种

美女樱品种丰富，有各种花色、类型。常见栽培类型有：①匍匐下垂型，如水晶、蔓雅，能形成花色丰富的瀑布般下垂的花枝；②矮生直立型，株高 15～20 厘米。如迷神、罗曼史。

（三）对环境的要求

原产巴西、秘鲁、乌拉圭等地，喜温暖湿润气候，喜阳，不耐干旱，对土壤要求不严，但以在疏松肥沃、较湿润的中性土壤生长健壮，开花繁茂。

（四）育苗技术

1. 播种繁殖 播种可在春季或秋季进行，常以春播为主。以细泥炭加 10％珍珠岩混合作为基质，用温热水把种子浸泡 3～5 小时，点播于穴苗盘中，覆盖基质 0.5 厘米，后可用喷雾器、细孔花洒将播种基质淋湿，以后当盆土略干时再淋水，要注意浇水的力度不能太大，以免把种子冲起来。播种后反复浇水会降低发芽率，所以应在播种前把土壤浇透，播后保持土壤及空气湿度。幼苗出土后，要及时让幼苗接受太阳的光照，否则幼苗会生长弱。当大部分的幼苗长出了 3 片或 3 片以上的叶子后就可以移

栽上盆了。

2. 扦插繁殖 可将植株移入温室越冬，翌年作为繁殖插穗的母株或者结合摘心将摘下来的粗壮、无病虫害的顶梢作为插穗，直接用顶梢扦插。插穗生根的最适温度为 18～25℃，插于温室沙床或露地苗床。扦插后即遮阴，2～3 天以后可稍受日光，促使生长。经 15 天左右发出新根，当幼苗长出 5～6 枚叶片时可移植，长到 7～8 厘米高时可定植。

（五）栽培技术要点

1. 上盆定植 盆栽基质宜选用疏松、肥沃、排水性能好的培养土，可用泥炭和珍珠岩按 7：3 的比例混合。栽种前盆底要施入腐熟的有机肥和一些过磷酸钙为基肥。

2. 肥水管理 除了施基肥外，在生长期每月需追施稀薄的液肥，遵循"淡肥勤施、量少次多、营养齐全"的原则，每次施肥浇水后，晚上要保持叶片和花朵干燥。

盆土要保持湿润，但浇水不宜过勤，否则会引起基叶徒长或枯萎，影响孕蕾和开花。冬天盆土要偏干为好。美女樱喜较高的空气湿度，空气湿度过低会加快单花凋谢。

3. 温光管理 春、夏、秋三季需要在遮阴条件下养护，冬季于阳光充足处，有利于光合作用和形成花芽、开花、结实。最适宜的生长温度为 15～25℃，在夏季温度高于 34℃ 时明显生长不良；冬季温度低于 4℃ 以下时进入休眠或死亡。

4. 株形整理 当苗高 6～10 厘米并有 6 片以上的叶片后进行 1 次摘心，把顶梢摘掉，保留下部的 3～4 片叶，促使分枝。在开花之前一般进行 2 次摘心，株形会更加理想，开花数量也多。在每次花后要及时剪除残花，加强水肥管理，以便再发新枝与开花。每 2 个月剪掉 1 次带有老叶和黄叶的枝条，只要温度适宜，能四季开花。

5. 病虫害防治 美女樱抗病虫能力较强，很少有病虫害发生。

十七、金鱼草

学名：*Antirrhinum majus*

别名：龙头草（花）、龙口花、狮子花、洋彩雀

（一）形态特征

玄参科金鱼草属多年生草本花卉，常作一二年生栽培。植株挺直，总状花序顶生；花冠筒状唇形，外被茸毛；花色鲜艳丰富，有白、黄、橙、粉、红、紫及复色等；花型有金鱼型和钟型；花期5~7月。

（二）对环境的要求

原产地中海沿岸及北非。喜凉爽气候和阳光充足的环境，忌高温多湿，较耐寒，可在0~12℃气温下生长。为典型的长日照植物，但有些品种不受日照长短的影响。喜疏松肥沃、排水良好富含腐殖质的中性或稍碱性的土壤，稍耐石灰质土壤。

（三）育苗技术

1. 播种繁殖 以播种为主。种子细小，喜光，秋播或春播于疏松沙性混合土壤中，稍用细土覆盖，以不见种子为宜，保持基质湿润。发芽适温15~20℃，播后1~2周发芽，幼苗出土后逐渐接受光照，4~5枚真叶移植上盆。

为延长花期，气候适合地区可分期播种。中国华北地区秋播后冷床越冬，翌年6~7月开花；华东地区秋播，露地越冬，4~5月开花。也可早春播于冷床，9~10月开花。若播种前将种子在2~5℃下处理几天，能提高发芽率。

2. 扦插繁殖 主要用于重瓣品种或保持品种特性，在6月、7月、9月采取嫩枝进行扦插，置半阴处2周可生根。

（四）栽培技术要点

1. 上盆定植 盆栽的容器宜用盆径为15~20厘米的泥盆或塑料盆。盆土可用腐叶土3份，加泥炭7份，加少量草木灰均匀

混合。种植前施些干畜粪或饼肥末，稍加骨粉或过磷酸钙作为基肥。

2. 肥水管理 金鱼草喜肥，除栽植前施基肥外，在生长期每隔 7～10 天追肥 1 次，一般不用施氮肥，适量增加磷钾肥即可，保持土壤湿润，促使植株生长旺盛，开花繁茂。金鱼草对水分比较敏感，盆土必须保持湿润，但不能积水，否则根系腐烂，茎叶枯黄凋萎。在两次浇水期间宜稍干燥。

3. 温光管理 对日照要求高，否则徒长，开花不良。温室栽培应保持昼温 12～18℃，夜温 7～10℃。幼苗期适宜温度为昼温 12～15℃，夜温 2～10℃。

4. 株形整理 当金鱼草幼苗长至 10 厘米左右时，作摘心处理，促多分枝多开花。剪去病弱枝、枯老枝和过密枝条，花后剪去开过花的枝条，促使其萌发新枝条继续开花。夏季花后重剪，适当追肥，10 月还可再开花。

5. 病虫害防治 苗期发生立枯病，可用 65％代森锌可湿性粉剂 600 倍液喷洒。生长期有叶枯病和炭疽病危害，可用 50％退菌特可湿性粉剂 800 倍液喷洒。虫害有蚜虫、夜蛾危害，用 40％氧化乐果乳油 1 000 倍液喷杀。

十八、毛地黄

学名：*Digitalis purpurea*
别名：洋地黄、指顶花、紫花毛地黄、吊钟花、地钟花

（一）形态特征

玄参科毛地黄属多年生草本，多作二年生栽培。茎直立，少分枝，全株被灰白色短柔毛和腺毛，顶生总状花序长 50～80 厘米，花冠钟状，花冠蜡紫红色，内面有浅白斑点，花期 6～8 月。

（二）种类与品种

园艺变种有大花种、顶钟种、重瓣种、白花种、黄花种、红花种等。

同属植物约 25 种，常见栽培观赏的有锈点毛地黄（*D. ferruginea*）、黄花毛地黄（*D. grandiflora*）、希腊毛地黄（*D. lanata*）等。

（三）对环境的要求

性耐寒、略耐旱、耐半阴，一般园土即可栽培。

（四）育苗技术

常用播种繁殖。以 9 月秋播为主，泥炭加珍珠岩混合基质穴盆播种，播后不覆土，发芽适温为 15～18℃，约 10 天发芽。刚出土的幼苗不耐干旱，需经常保持基质湿润，注意水温与气温相近，否则容易死苗。5～6 片真叶时上盆定植。也可春季盆播，置温室育苗。

（五）栽培技术要点

1. 上盆定植　幼苗初期生长缓慢，子叶展开后，移植一次，待出现 5～6 片真叶时上盆，在冷床或冷室越冬，栽植时少伤须根，稍带土壤。盆栽以口径 18～20 厘米为宜，盆土用肥沃园土、腐叶土和河沙的混合土。

2. 肥水管理　生长期保持土壤稍湿润，过湿基部叶片易腐烂。浇水时切忌向花朵和叶片淋水，以防腐烂。梅雨季节注意排水，防止积水受涝而烂根。每隔 2 周施速效液肥 1 次，抽薹时增施 1 次磷、钾肥。施肥时，需注意肥液不要沾污叶片。

3. 株形整理　花茎高的需设支撑，以免花倒伏或落花。

4. 病虫害防治　常发生枯萎病、花叶病和蚜虫危害。发主病害时，及时清除病株，用石灰进行消毒，用杀菌剂喷施防治。

十九、瓜叶菊

学名：*Pericallis hybrida*

别名：千叶莲、千日莲、富贵菊

（一）形态特征

菊科瓜叶菊属多年生草本，多作一二年生花卉栽培。全株被微毛，叶形似黄瓜叶；头状花序多数聚合成伞房花序，花序密集覆盖于枝顶，花色丰富，花期1～4月。

（二）种类与品种

园艺品种众多，根据花径大小和着花情况大致分为4种类型：大花型、星型（小花型）、中间型、多花型。目前我国普遍栽植的是中轮花、矮型瓜叶菊。常见的品种有完美、小丑、惑星、礼品等，色彩鲜艳红色系列较受人们欢迎。

（三）对环境的要求

瓜叶菊性喜凉爽湿润，不耐寒，不耐热，要求肥沃和排水良好的土壤。

（四）育苗技术

1. 播种繁殖 有温室条件，全年可以播种，从播种到开花的时间约需7个月。采用床播、箱播或穴盘播种育苗，播种基质用腐叶土和细沙各一半，经过消毒处理后使用。瓜叶菊播种后，一般不覆土，用浸水法至土面全部湿润为宜，以免浇水，冲走种子。温度保持20～24℃，湿度95％以上，3～5天出苗。幼苗长出2～3片真叶时，第一次移植于浅盆中假植。幼苗长出5～6片叶时上盆栽植。

2. 扦插繁殖 5～6月于花后选取生长充实的腋芽扦插，芽长6～8厘米，摘除基部大叶，留2～4枚嫩叶插于粗沙内即可。保持沙土湿润，20～30天生根。插穗也可选用苗株定植时摘除的腋芽。此法仅用于不易结实的重瓣品种繁殖。

（五）栽培技术要点

1. 上盆定植 盆土由泥炭或腐叶土3份、壤土2份、沙土1份，掺入10％饼肥粉和骨粉，混合而成。根据植株大小选择合适的花盆栽植，一般需换盆2～3次，栽植深度以过原土坨0.8～1.0厘米为宜。

2. 肥水管理

（1）施肥 瓜叶菊喜肥，定植时要施足基肥。从定植缓苗开始，每 10 天左右施肥一次，现蕾前以豆饼汁或牛粪汁、尿素等有机液肥按 1：（10～15）稀释，浓度逐渐增加；现蕾后以复合肥为主，浓度应把握在 0.1％～0.3％。施肥必须逐盆点浇，勿漏勿重，不能往叶丛中施肥，避免叶片或花霉烂。施肥后视施肥浓度和叶面污染情况用清水喷洗叶面。施肥前适当控水，可提高肥效，但如果盆土太干，还是先喷 1 次小水再施肥为妥，以防肥液经盆土与盆壁间的缝隙流失。施肥必须选晴好天气，施肥后要注意通风。

（2）浇水　适当控水是形成良好株形的重要措施。在两次浇水之间必须保持盆土稍干一些。浇水过多，易徒长，还会造成沤根和根部、叶面病害的流行。当大多数植株在晴天中午表现叶片微蔫，只有在盆土表面发白时，才需于次日上午视天气情况浇水。瓜叶菊叶片大而薄，叶面多毛，每隔 7～10 天向叶面喷水 1 次，对叶片的鲜润舒展有立竿见影的效果。

3. 温光管理　瓜叶菊不同生育期对温度的要求有所不同：上盆后至现蕾前，温度宜控制在 20～22℃；现蕾至初花以 18～20℃为宜；花期温度宜降至 14～16℃，可延长花期。

瓜叶菊为阳性植物，生长期要求光照充足，花芽形成后，长日照能促使其提早开花，增加人工光照能防止茎的伸长。

4. 株形整理　刚定植时花盆紧密放置，随着植株的不断生长，及时拉大盆距即倒盆。倒盆过迟将严重影响株形，不可疏忽，更不能贪多密排。倒盆一般分 2 次进行，第一次拉至相邻植株叶缘相距 3～5 厘米，待长至连片时再拉至额定密度。在生长期，瓜叶菊还要经常转盆，每周进行 1 次，使生长均匀一致，保持圆满的冠形。

5. 花期控制　瓜叶菊的花期可由播种期、生育期来准确推算。6 月播种，12 月至翌年 1 月见花；7～8 月播种则 1～2 月开花；一般 9～10 月播种，翌年 2～4 月开花，甚至五一节还能见花。

春节期间上市的瓜叶菊从春节朝前推"所种瓜叶菊品系的生育期＋30 天"作为播种期。在 8～10 叶时将棚温降至 12～14℃，处理 20 天左右，然后升温至 20～22℃，可提前现蕾。在花蕾现色前后将棚温控制在 22～24℃，并在天亮前加光 2～3 小时，可提前 10 天左右上市。瓜叶菊生长过程中的温度、湿度、光照以及管理偏差，都会对花期产生较大的影响。由于瓜叶菊花期很长，实践中催花赶市，比推迟花期更重要。花初开，可放低温处以延长花期。

6. 病虫害防治 瓜叶菊从苗期开始就必须注意相关病虫害的防治。常见的主要病害有幼苗猝倒病、灰霉病、叶斑病、霜霉病等，用 50％多菌灵可湿性粉剂 800 倍液或 50％甲基托布津可湿性粉剂 1 000 倍液喷洒防治；主要虫害有潜叶蝇、蚜虫、白粉虱等，可用 40％氧化乐果乳油 1 500 倍液或 50％马拉硫磷乳剂等防治。

二十、半支莲

学名：*Portulaca grandiflora*

别名：龙须牡丹、松叶牡丹、大花马齿苋、太阳花、死不了

（一）形态特征

马齿苋科马齿苋属一年生肉质草本植物。植株矮小，具匍匐性，叶呈长椭圆形，似马齿；花开于枝条顶端，7～9 月为盛花期。

（二）种类与品种

花型有单瓣，重瓣之分，花的颜色繁多，有黄、白、桃红、粉红、橙、橙红、紫红等色。

（三）对环境的要求

原产南美巴西、阿根廷、乌拉圭等地。半支莲是强阳性植物，喜高温，不耐寒，耐干旱贫瘠，不耐水涝。不择土壤，但以

疏松排水良好环境为佳，花仅于阳光下开放，阴天闭合。

(四)育苗技术

1. 播种繁殖　每年2~4月，将细小的种子拌以细沙，均匀播种于沙床上，由底部浸泡供给水分，以免种子浇水时冲失，发芽期间注意水分的供给，经7~10天发芽，发芽3周后应进行假植，待苗3~5厘米高时上盆定植。

2. 扦插繁殖　在生长期摘取新梢进行扦插，极易生根。

(五)栽培技术要点

盆土可用泥炭5份、园土3份、沙2份混合，掺入适量有机肥。一般15厘米的盆可以栽植3~5株。当苗高7~10厘米时，应摘心2~3次，可促进分枝，增加开花数。

半支莲栽培容易，管理粗放，但要注意生长期间浇水不宜过多，不可密植或土壤长期潮湿，否则茎叶腐烂。开花期可追薄肥，每月追肥1次，适当增加磷钾肥能促进开花。如果遇到几天连续下雨，最好将盆栽移到淋不到雨的地方。

当植株生长过于茂密时，易造成空气不流通，容易滋生介壳虫，可适时加以修剪，让下一次开花更有秩序。

第二节　宿根花卉

一、菊花

学名：*Chrysanthemum floschrysanthemi*

别名：黄花、九花、金蕊、黄蕊、金秋菊

(一)形态特征

菊科菊属多年生草本植物。株高20~200厘米，通常30~90厘米。茎色嫩绿或褐色，除悬崖菊外多为直立分枝，基部半木质化；单叶互生，边缘有缺刻及锯齿；头状花序顶生或腋生，一朵或数朵簇生，舌状花为雌花，筒状花为两性花，色彩丰富，花期10~12月。

(二) 种类与品种

菊花的种类很多。按瓣型分为平、匙、管、桂、畸5类；根据花期迟早，有早菊花、夏菊、秋菊、寒菊等；根据花径大小区分，花径在10厘米以上的称大菊，花径在6～10厘米的为中菊，花径在6厘米以下的为小菊。

(三) 对环境的要求

菊花为典型的短日照植物。喜凉爽、较耐寒，生长适温18～21℃。在微酸性至微碱性土壤中皆能生长。不同类型品种花芽分化与发育对日长、温度要求不同。菊花喜光，但夏季应遮阴，以防止烈日照射。

(四) 育苗技术

菊花用扦插、分株、嫁接及组织培养等方法繁殖。

1. 扦插繁殖　可分为芽插、嫩枝插、叶芽插。芽插，在秋冬切取植株脚芽扦插。选芽的标准是距植株较远，芽头丰满。除去下部叶片，按株距3～4厘米，行距4～5厘米，插于温室或大棚内的花盆或插床中，保持7～8℃室温。春暖后栽于室外。

嫩枝插应用最广，多于4～5月扦插，取8～10厘米长的顶端嫩枝为佳，在18～21℃的温度下，3周左右生根，约4周即可定植。露地插床，基质以素沙为好，床上应遮阴。全光照喷雾插床无需遮阴。

叶芽插，从枝条上剪取一张带腋芽的叶片扦插，此法仅用于繁殖珍稀品种。

2. 分株繁殖　一般在清明前后，把植株掘出，依根的自然形态带根分开，另植盆中。夏菊通常是在9月下旬分株，秋菊11月至翌年3月分株，寒菊4～5月分株较为合适。

3. 嫁接繁殖　为使菊花生长强健，用以做成"十样锦"或大立菊，可用黄蒿或青蒿作砧木进行嫁接。秋末在温室播种黄蒿，或3月在温床育苗，4月下旬苗高3～4厘米时移于盆中或定植田间，5～6月在晴天进行劈接。

（五）栽培技术要点

1. 盆土准备 培养土可用园土 5、腐叶土（或泥炭）2、厩肥土 2、草木灰 1，加入少量骨粉等有机肥，提前 1～2 年堆制。使用前再掺入 10%～20% 的河沙，消毒备用。

2. 上盆定植 南方地区一般在 4～5 月扦插，5～6 月上盆，10～11 月开花。盆栽菊花，选盆的高度一般为菊花株高的 1/3～1/2。上盆时不必填满盆土，约占盆高的 2/3 即可，而后随着植株增大逐渐填满盆土。

各地有常用的移栽方法，如瓦筒栽、盆中栽、套盆栽等。瓦筒栽，就是将菊苗先移入瓦筒栽培过渡，现蕾后再种入花盆的方法；盆中栽，是将菊苗直接种在花盆中培养成株，一般要换盆 2～3 次，7 月定植。套盆栽，是盆栽菊的另一种形式，先将菊苗移栽大田，7 月初用口径 20 厘米的花盆套于幼苗上，分 2 次添加培养土，促使生根。管理较费工。

3. 浇水 菊花属强阳花卉，喜湿润忌水渍，浇水过多易使菊株徒长，茎节伸长，叶片稀疏，烂根直至死亡，雨后应及时排除花盆内积水；浇水不足影响其正常生长发育，导致叶片枯黄，脚叶脱落，甚至会使花芽分化提前完成，花期偏早。掌握"见干见湿、干透湿透、不干不浇、浇要浇透"的原则。一般晴天早、晚各浇水 1 次，天气寒冷时宜在早上天气稍暖后才浇水。小苗耗水量少，要控制浇水，尤其摘心后控制浇水可使腋芽饱满，待出芽后和营养生长旺季、含蕾发育、花蕾显色后都要逐渐加大浇水量。花朵展开后，浇水时应尽量避免浇在花上，以免引起腐烂。

4. 施肥 施肥方法可以干施、液施或者叶面施。从定植后 1 周开始，每 7～10 天施 1 次，营养生长期追肥时施用氮肥为主，如尿素、发酵豆饼水；转向生殖生长后应增施磷钾肥，如复合肥、骨粉、磷酸二氢钾等。也可在营养生长旺季和孕蕾期进行叶面施肥，每 7～10 天 1 次，在早上或傍晚进行，将叶的双面喷洒均匀，浓度一般为尿素 0.1%～0.2%，过磷酸钙 1%～3%，磷酸二氢钾 0.2%～0.5%。施肥时如天气干旱，施肥宜淡，次数要多；如天气寒冷潮湿，施肥宜浓次数要少。施用时盆土要稍干，肥料切勿溅污叶片。如有污染应及时用水冲洗，以免落叶。发现叶片过大、肥厚，色浓绿，甚至卷边下垂，则肥料过多，应控制肥料；如叶片瘦小而色黄，施肥不足，应追施肥。

5. 株形整理

（1）摘心与抹芽　摘除主枝或侧枝的顶端，促进侧枝生长，达到预期开花的朵数，控制菊株的高度和适当延迟花期。一般的盆菊可摘心 3 次，第一次在 6 月中下旬，扦插苗定植半月后，苗高达 15～20 厘米，有 6～7 片叶子时进行，留基部 3～4 片叶，将顶端摘去；第二次在首次摘心后的 3～4 周，留新枝下部的 2～3 片叶子；8 月中下旬立秋前后 5 天左右，进行最后一次摘心，方法同上，但这次必须严格掌握摘心时间，不待过早或过迟，过早侧枝生长不太长，过晚则使开花推迟。

摘心同时，留下所需花枝数，把多余的叶腋芽在刚露芽苞时统统抹掉，集中养分，壮枝促花。各地摘心具体时间还要根据植株生长状况和当地气候确定。

（2）留枝　留枝多少要根据盆大小和栽培需要而定，枝长达 10～15 厘米时，可选择发育良好，姿态匀称的枝条留下，把不需要的枝条从基部剪去，通常 18～20 厘米口径的花盆留 4～5 个枝条，20～30 厘米口径的花盆留 7～12 个枝条。若培养土养分充足，也可以多留 1～2 个枝条。

（3）疏蕾与矮化　菊花的花芽较多，盆菊要求每枝顶端只留 1 个主蕾，需将其他的花蕾全部去掉，去蕾时间一般集中在 10 月上中旬，一般花蕾大小为绿豆粒时为最佳疏除时机，用手向一边抹掉即可，不可拔除或掐除，否则会损害叶片、茎干，因花蕾的发育程度不同，疏蕾需要多次进行。茎节长的品种还可喷施化学药剂进行控制，如多效唑、矮壮素、比久等，效果都不错，以多效唑最经济最有效，但浓度一定不要过高，否则叶片卷曲皱缩，生长缓慢。

（4）绑扎　菊花由于花朵较大，易倒伏，茎干脆弱易折断，一般在花蕾显现时，及时立杆绑扎，一般选用细竹段或芦苇，绑绳以绿色的为宜，先绑扎下部，最后固定上部，一般分为 2 次完成。

6. 花期控制

（1）促成栽培　菊花正常花期在秋季，为使菊花提前开花，常用短日照处理进行促成栽培。具体方法是：①品种选择。以选早花与中花品种为宜。②植株高度。遮光处理前植株应有一定高度，高干品种株高达 36 厘米，矮干品种在 24 厘米时进行。③遮光时间。前半月遮光 11 小时，然后缩短至 9 小时。④遮光日数。不同品种需要遮光日数不同，通常 35～50 天。⑤遮光时刻。遮去傍晚和早晨的阳光。⑥遮光材料。应用黑色薄膜严密覆盖。短日照处理还要注意温度不可高，处理必须连续进行，如有间断则失败。

（2）延迟开花　常用长日照处理进行抑制栽培，延迟开花。具体方法是：①品种选择。选低温下花芽分化良好的晚花品种。②插芽时间。元旦用花，7 月初插芽繁殖；春节用花，7 月下旬繁殖。③电照时间。8 月下旬（处暑节气）后开始补光，一般补光 4 小时，以晚上 10 时至次日凌晨 2 时补光效果最好。根据用花时间和品种特性决定补光的日数。④电照设备。白炽灯泡（36 瓦，40 瓦或 60 瓦），用串联法联接，5～6 个/组（电压低时可接 5 个），灯距 3 米×3 米，灯离盆面高 1.5～1.8 米，平均 100～120 盆/灯。电照后，直到花蕾有黄豆粒大小时，都要保持花芽分化和发育的适宜温度，夜间温度低于 15℃时花芽不分化。因天气、水肥、补光时间等原因，可能会使调控的花期出现或先或后的误差。如发现花期太迟，可喷赤霉素或植宝素进行催花；如花期太早，可在花蕾显色前喷矮壮素或比久 2～4 次（一般喷一次可推迟花期 7～8 天）。

7. 病虫害防治 菊花的病虫害特别多，病害主要有：锈病、黑斑病、灰霉病等，可喷施多菌灵、代森锌等进行防治。虫害主要有蚜虫、短额负蝗等，可喷施乐果、敌敌畏、功夫、氯氰菊酯等药剂进行防治。

二、非洲菊

学名：*Gerbera jamesonii*

别名：扶郎花、灯盏花、秋英、波斯花、千日菊

（一）形态特征

菊科大丁草属多年生草本。全株具细毛，多数叶为基生，羽状浅裂；头状花序单生，花色有大红、橙红、淡红、黄色等，四季有花，以春秋两季最盛。

（二）种类与品种

非洲菊的品种可分为 3 类：窄花瓣型、宽花瓣型和重瓣型。常见的栽培品种有玛林、黛尔非、海力斯、卡门、吉蒂。目前，黑心品种较受欢迎。

（三）对环境的要求

原产南非。喜冬暖夏凉、空气流通、阳光充足的环境，不耐寒，忌炎热。喜肥沃疏松、排水良好、富含腐殖质的微酸性沙质壤土，忌黏重土壤。生长适温 20～25℃，冬季适温 12～15℃，低于 10℃时则停止生长。

（四）育苗技术

非洲菊多采用组织培养快繁，也可采用分株、扦插繁殖。

分株繁殖时，每个母株可分 5～6 小株。可用单芽或发生于颈基部的短侧芽扦插繁殖。

组织培养是以非洲菊的花托、花梗和叶片等作为外植体，在不同的培养基中经过不定芽诱导培养、增殖培养和生根培养 3 个

阶段完成，目前是非洲菊种苗繁殖最有效的一种方法，繁殖速度快，可进行周年商品化生产。

（五）栽培技术要点

1. 上盆定植　盆土由腐殖质5份、珍珠岩2份、泥炭3份混合配制，在阴天或晴天的早晨和傍晚进行栽植，栽种时要浅植，根颈部位露于土表1～1.5厘米，否则植株易感染真菌病害，栽完后及时浇透水。

2. 肥水管理　非洲菊不断开花，需肥较多。上盆后，每隔1周用0.1%的复合肥（N∶P∶K＝15∶15∶15）浇1次，每2周用0.15%的磷酸二氢钾喷施1次叶面肥；进入花期后，每隔1周施用N∶P∶K＝12∶12∶17的复合肥1次，采用叶面喷施微肥，一般25天1次，每次用0.1%～0.2%硝酸钙、0.1%～0.2%的螯合铁加0.1%～0.2%的硼砂加5～10毫克/升的钼酸钠进行叶面交替喷施。

浇水原则是"不干不浇，浇则浇透"，浇水时间在早晨为好，切忌不要从叶丛中浇水，相对湿度保持在80%～85%。

3. 温光管理　非洲菊喜光，冬季需全光照，但夏季应注意适当遮阴，并加强通风，以降低温度，防止高温引起休眠。

温室内温度控制在15～25℃基本能满足各阶段生长的需求，而极限温度最高不高于30℃，最低不低于13℃。冬季花期要注意保温及加温，尤其应防止昼夜温差太大，以减少畸形花的产生。

4. 株形整理　非洲菊基生叶丛下部叶片易枯黄衰老，应及时清除，既有利于新叶与新花芽的萌生，又有利于通风，增强植株长势。

5. 病虫害防治　非洲菊的主要病害有叶斑病、白粉病、根茎腐烂病、病毒病等，可用70%的甲基托布津可湿性粉剂800～1 500倍液或50%多菌灵可湿性粉剂500倍液喷施；虫害主要有红蜘蛛、白粉虱、蓟马、蚜虫等，可用2.5%溴氢菊酯或40%氧化乐果 1 000～1 500 倍液进行防治。

三、荷兰菊

学名：*Aster novi-belgii*

别名：纽约紫菀、返魂草、柳叶菊

（一）形态特征

菊科紫菀属多年生草本。全株光滑，单叶互生，头状花序成伞房状，花蓝紫色、白色或桃红色，花期 9～10 月。

（二）对环境的要求

原产欧洲及北美。喜阳光，耐寒，耐旱，喜地势高燥、通风良好的环境。对土壤要求不严，在湿润肥沃的沙质壤土生长更好。

（三）育苗技术

1. 播种繁殖 一般春播，3 月中下旬在温室盆播或温床内播种，在 15～18℃条件下，约 1 周发芽出苗。苗高 3～4 厘米时，间苗 1 次。但播种繁殖不易保持原有品种特性，需注意严格选择。

2. 分株繁殖 春、秋两季都可进行分株繁殖，挖出越冬的地下根，用刀将原坨割成几块，分别栽植，其分蘖苗成活率极高。一般品种可隔年分株 1 次。

3. 扦插繁殖 一般在春、夏季进行，剪取幼茎作插条，用素沙土或珍珠岩、蛭石作基质，温度保持在 20℃以上，需遮阴或采用全光照喷雾装置保持空气湿度，18～20 天生根，生根植株可直接定植上盆。

（四）栽培技术要点

1. 上盆定植 宜肥沃、排水良好的沙壤上或腐叶土。

2. 肥水管理 生长季，每半个月追施稀薄液肥，多用有机肥。小苗浓度低，可 7～10 天追 1 次肥；秋后肥料浓度逐渐加大，花蕾形成后应 4～5 天追施 1 次磷钾肥，并注意及时浇水。入冬前浇冻水 1 次，即可安全越冬。

3. 温光管理 花后剪去地上部分，将盆放置在冷室越冬。

4. 株形整理 荷兰菊耐修剪，通过摘心和修剪可促使花朵繁密。在生长期间按不同的栽培目的可以进行几次修剪整形，进入 9 月后不应再修剪，防止剪掉花蕾，影响开花。

5. 病虫害防治 荷兰菊常发生白粉病和褐斑病，可用 65% 托布津可湿性粉剂 600 倍液喷洒；蚜虫、红蜘蛛，可用 50% 敌敌畏乳油 1 000 倍液喷杀。

四、勋章菊

学名：*Gazania rigens*

学名：勋章花、非洲太阳花

（一）形态特征

菊科勋章菊属多年生草本。具根茎，叶丛生；头状花序，舌状花为白、黄、橙红等色，有光泽，花心有深色眼斑，形似勋章。花期 4～5 月。

（二）种类与品种

常见的栽培品种有黎明系列、丑角系列等。

（三）对环境的要求

原产南非。喜温暖、阳光充足，好凉爽，不耐冻，忌高温高湿与水涝。

（四）育苗技术

1. 播种繁殖 春、秋播种皆可，撒播，稍覆土，气温 18～21℃条件下 7～10 天发芽。苗期控制气温 15～25℃，充分见光。当幼苗有 1 对真叶时移苗。通常最快从播种到开花为 12 周左右，其中育苗期为 2～4 周。

2. 分株繁殖 在春季茎叶生长前，将母株从花盆倒出，用刀在株丛的根颈部纵向切开，分成若干丛，每丛必须带芽和根系，上盆即可。

3. 扦插繁殖 室内栽培的全年都可进行扦插，露地栽培的在春、秋凉爽季节可进行扦插。用芽作插穗，留顶端2片叶，如叶片大，可剪去1/2，以减少叶面水分蒸发。插入50孔穴盘或直接插到沙床里，控温为20～25℃，保持较高的空气湿度，一般扦插后20～25天生根，生根后移入盆中栽培即可。

（五）栽培技术要点

1. 上盆定植　盆土可用泥炭土、腐叶土和粗沙混合而成，pH 5.8～6.2。采用10～16厘米的花盆栽培。

2. 肥水管理　生长期每15天左右施1次稀薄有机液肥或复合肥。每次待盆土干燥后再进行浇水。浇水宜上午进行，以利于叶面在夜间保持干燥，防止病害发生。勋章菊对水分敏感，水分过多会产生徒长，甚至死亡；过干会提早开花，且在强光下易灼伤叶面。夏季高温时，空气湿度过高，盆土积水，对勋章菊生长和开花不利。

3. 温光管理　勋章菊为强阳性花卉，需要在阳光充足的场所生长。移植上盆后，温度可下调至夜间为12～16℃，白天为16～22℃，当温度高于26℃时，植株易出现徒长，这时可以用矮壮素、比久喷施。冬季温度不要低于5℃，但短时间能耐0℃低温，如时间长，易发生冻害。

4. 株形整理　花谢后要及时剪除败花，这样可减少营养消耗，促使形成更多花蕾。冬季放于室内栽培仍可继续开花。

5. 病虫害防治　勋章菊的病虫害少，常见叶斑病，可每7～10天喷1次25%多菌灵1 000倍液或70%百菌清800倍液防治；主要虫害有红蜘蛛、蚜虫。

五、矢车菊

学名：*Centaurea cyanus*

别名：蓝芙蓉、翠兰

（一）形态特征

菊科矢车菊属多年生草本。株高30～90厘米。枝细长，多分枝。茎叶具白色绵毛，叶线形；头状花序顶生，花色有白、浅红、蓝、紫等色，但多为蓝色。花期4～6月。

（二）种类与品种

栽培品种繁多，有重瓣、半重瓣、大花型和矮生型等。

（三）对环境的要求

原产欧洲东南部。喜阳光充足、干燥、凉爽气候，忌炎热，较耐寒。对土壤要求不严，但喜排水良好的疏松园地，忌积水雨涝。

（四）育苗技术

春、秋均可播种，以秋播为好。9月中下旬播种在备好的苗床里，覆土以不见种子为度，稍加压实，盖上草，浇透水，待幼苗长出6～7片小叶时移栽上盆。

（五）栽培技术要点

1. 上盆定植　盆土要疏松肥沃，可用园土、腐叶土（或泥炭）、草木灰等混合。移栽时一定要带土团，否则不易缓苗。采用13～17厘米的盆栽培，每盆1株。

2. 肥水管理　矢车菊喜多肥，生育期间应每月施1次液肥，适当多施些磷钾肥，使茎秆坚挺，花色鲜艳，不宜多施氮肥。若是叶片太繁茂时，应减少氮肥的比例，至开花前宜多施磷钾肥，才能得到较硕大而花色美丽的花朵。

浇水要适量，不可过多，保持盆土湿润，忌积水。雨季一定要注意及时排水，否则会造成烂根，影响植株的正常生长。

3. 温光管理　矢车菊是长日性植物，稍能耐寒，冬季只要室温保持在8～15℃。冬季夜间若使用植物灯补充照明，可以使开花提早。

4. 株形整理　幼苗定植成活后，摘心1次，促使多分枝，能多开花。若分枝过多，必要时应摘去部分侧芽，可获得较大花朵。

5. 病虫害防治　矢车菊病虫害较少。

六、蓬蒿菊

学名： *Chrysanthemum frutescens*

别名： 木春菊、东洋菊、法兰西菊、小牛眼菊

（一）形态特征

菊科菊属多年生草本。株高 15～45 厘米，叶多互生，羽状细裂，分枝多，开花多，花期甚长，自早春至秋季均能开花。

（二）种类与品种

园艺栽培有白色、粉色和黄色等品种，花有单瓣、重瓣之分。

（三）对环境的要求

原产澳大利亚和南欧。喜凉爽、湿润环境，忌高温多湿，耐寒力不强，在最低温度 5℃ 以上的温暖地区才能露地越冬。要求疏松肥沃、排水良好的土壤。

（四）育苗技术

用扦插繁殖，春、秋季都可进行。9～10 月扦插，翌年五一节开花；6～7 月扦插，翌年早春开花。插穗选择成熟、健壮的枝条，每段 6～10 厘米长，2～4 节，在节下 0.5 厘米处用利刀切断，除去基部叶片，保留顶叶 2～3 张，插于浅盆内，扦插的深度为插穗的 1/3～1/2，基质一般用园土加入 30% 的砻糠灰混合。在温度 20～24℃ 条件下，大约 2 周生根。9 月扦插苗，可在 11 月定植盆栽，放在温室养护。

（五）栽培技术要点

1. 上盆定植　盆土可用腐叶土或泥炭 4 份、园土 5 份、沙土 1 份混匀配制，栽植在口径 20～25 厘米的盆中。

2. 肥水管理　生长期间一般每 10～14 天追施 1 次稀薄饼肥水，花芽分化期，改施以磷肥为主的液肥 1～2 次，显蕾后即停止施肥。浇水要"见干见湿"，以偏干些为好。5 月以后天气渐热，叶子开始枯黄，此时应逐渐减少浇水。秋凉后重新翻盆换

土,加强肥水管理,又可进入生长旺盛期,则可继续开花不断。

3. 温光管理 蓬蒿菊怕炎热,入夏后天气渐热,叶子会出现枯黄现象,此时可将上部枝叶剪去,并将花盆及时移至有遮阴的凉爽通风处培养,经常喷水,降温增湿,停止施肥并控制浇水,使其进入半休眠状态。立冬前后进温室。在最低温度不低于5℃的地方,可露地越冬。

4. 株形整理 扦插苗上盆后,待长到10～12厘米高时,需进行第一次摘心,促使其产生分枝,以后根据需要再度进行1～2次摘心,使植株矮化,叶茂花繁。秋凉后重新翻盆换土,加强肥水管理,又可进入生长旺盛期并可继续开花不断。

5. 病虫害防治 蓬蒿菊的病虫害较少,和其他草花相似。

七、金光菊

学名:*Rudbeckia laciniata*

别名:太阳菊、臭菊

(一)形态特征

菊科金光菊属多年生草本。多分枝,无毛或稍被短粗毛,头状花序一至数个着生于长梗上,花色有橘红、深红、金黄等,花期5～10月。

(二)种类与品种

主要品种有乡色、大橘黄等。变种有重瓣金光菊。同属种还有毛叶金光菊、二色金光菊、全缘金光菊、美丽金光菊等。

(三)对环境的要求

适应性强,喜阳光充足的环境,耐寒又耐旱。对土壤要求不严,但忌水湿。

(四)育苗技术

可采用播种或分株繁殖,但通常多采用分株法,尤其重瓣品种。分株繁殖宜在早春进行,将地下宿根挖出后分株,要具有3个以上的萌芽。播种在春、秋均可进行,但以秋播为好。播种后

2周左右便可出苗，约3周可移苗，翌年开花。

（五）栽培技术要点

1. 上盆定植 一般园土加适量珍珠岩或沙，即可。

2. 肥水管理 在生长期要适当节制浇水，抑制高生长，以免倒伏，同时追施1～2次液肥。

3. 温光管理 要求光照充足，不耐霜冻。

4. 株形整理 当植株长到1米以上时，需及时设支架进行绑扎，避免植株被风吹折断。及时剪去残花可促使侧枝生长，延长花期。

5. 病虫害防治 金光菊茎秆坚硬不易倒伏，还具有抗病、抗虫等特性，易栽培。

八、耧斗菜

学名：*Aquilegia vulgaris*

别名：漏斗菜、洋牡丹

（一）形态特征

毛茛科耧斗菜属多年生草本。株高40～60厘米，小叶菱状倒卵形或宽菱形，花下垂，花形独特，萼片浅紫色或鲜紫色，花瓣白、粉、蓝紫等，花期5～7月。

（二）种类与品种

常见栽培品种有大花种、斑叶种、重瓣种、堇花种、白花种、黑色种、青莲种等。

（三）对环境的要求

原产欧洲和北美洲。性强健，耐寒，喜凉爽气候，忌夏季高温暴晒。

（四）育苗技术

1. 播种繁殖 春、秋季均可进行播种，最好于种子成熟后立即盆播，撒种要稀疏，覆土以不见种子为度，保持土壤湿润并遮阴，经1个月出苗，实生苗翌年开花。

穴盘育苗，可在 392 孔的穴盘中播种，用蛭石覆盖种子，发芽温度控制在 21～24℃，10～14 天可发芽，6～8 周后移入 50 孔或更大的穴盘中，保持生长温度在 18～20℃，需要日照 14 小时的长日照。每周施用 1 次浓度 0.2％氮肥，8～10 周后定植于 14～16 厘米盆中。从播种到开花 24～28 周。

2. 分株繁殖 优良品种通常采用分株法，于 3～4 月或 8～9 月进行，但以秋季为好。将地下宿根进行分株，每株需带新芽 3～5 个，幼苗长至 10 厘米左右即可上盆定植。

（五）栽培技术要点

1. 上盆定植 盆土可按园土：腐叶土（或泥炭）：沙＝3：6：1 的比例配制，加入少量有机肥作基肥，pH 5.5～6.2。上盆时带土移植，以免伤根，延长缓苗期。栽植不宜过深，部分根颈应露出土面。

2. 肥水管理 施足基肥，生长期间保持土壤湿润，雨后及时排水。每月追施肥水 1 次，并应经常松土，以保持土壤疏松，促进植株发根，进入现蕾期和结果期时亦应各施追肥 1 次，增加磷钾肥，促进开花艳丽，种子饱满。

3. 温光管理 耧斗菜属中长日照植物，需保持高光水平，开花日长 14 小时。冬季和春季补光，有利于提高植株的品质。耧斗菜需经过春化处理，杂交耧斗菜至少要有 6～8 周温度在 3～5℃才能形成良好的叶片。炎夏宜半阴，耐寒。

4. 株形整理 待苗长到一定高度时（约 40 厘米），需及时摘心，以控制植株的高度；生长旺盛时需加强修剪，以利通风透光。

5. 病虫害防治 常见的病害有花叶病，属于病毒病，及早防治蚜虫，消灭传毒媒介，可用 40％氧化乐果 800～1 000 倍防治。

九、落新妇

学名：_Astilbe chinensis_
别名：红升麻、虎麻、金猫儿、升麻、金毛、三七

（一）形态特征

虎耳草科落新妇属多年生直立草本。株高 50～100 厘米，根状茎粗大；基生叶 2～3 回 3 出复叶；顶生圆锥花序，密被柔毛，花期 7～9 月。

（二）种类与品种

常见品种有红色的红卫兵、红光、法纳尔，粉色的鬼怪、普米拉、亚历山大女王，紫红色的紫矛，玫瑰红的棉糖，白色的雪崩、雪漂等。

（三）对环境的要求

喜半阴、湿润的环境，耐寒，对土壤适应性较强，pH 5.8～7.2。

（四）育苗技术

落新妇通常采用穴盘播种，每穴 3～5 粒，播种基质用 0～10 毫米泥炭加 10%珍珠岩混合，pH5.5～6.0。穴盘育苗 9 周时间，营养生长 10～12 周，从播种到开花需要 12～13 个月。2～6 月播种，翌年 6～7 月开花。在 20～25℃条件下，需要 14～21 天发芽。撒播，不覆土，种子萌发时需要光照，保持土壤 100%的湿润，遮阴，避免阳光直射。萌芽 3～4 周后，将幼苗 3～5 株一组，移栽到一个 7～9 厘米大小的容器中。在 10 月初移植盆栽要比在 10 月末好，早移植，在霜冻到来之前植株根系就可在容器中生长牢固。

（五）栽培技术要点

1. 上盆定植 盆土采用国产泥炭（10～30 毫米）3 份、进口泥炭（20～40 毫米）1～2 份、珍珠岩 0.5～1 份，混合均匀，基质 pH5.5～6.2。

2. 肥水管理 根系对基质中的盐含量过高十分敏感。每周给植株施一次含氮 0.15%～0.2%的肥料，春季可施用氮浓度为 0.15%～0.2%的氮钾平衡肥（要求 N 与 K 比例为 1∶1.5）。在 10 月后停止施肥。平时保持土壤稍湿润，但不能过湿。最适空气相对湿度为 65%～75%，冬天相对湿度过高或者植株叶片潮湿易引发灰霉病。

3. 温光管理 为了种植出高品质植株，尽可能地保持冷凉天气，温度保持在 10～12℃，但要避免严寒。高于 12℃ 的温度将导致植株叶片增大，花茎变细；低于 6℃ 的温度会推迟花蕾发育。经常转盆倒盆，可避免植物根系长到地下的土壤中，有助于植株株形紧凑。

落新妇为长日照植物，生长和开花都需要较高的光照强度。霜冻时期部分遮阴，避免阳光直射。

4. 病虫害防治 常有白粉病和金龟子为害。白粉病用 50%托布津可湿性粉剂 500 倍液喷洒。金龟子可用人工捕捉。

十、风铃草

学名：*Campanula medium*

别名：钟花、瓦筒花

（一）形态特征

桔梗科风铃草属多年生草本。茎直立，茎生叶较基生叶小。花顶生或腋生，圆锥状聚伞花序，花冠钟状，蓝紫、白、紫、桃红等花色，花期 4～6 月。

（二）种类与品种

主要有矮生种，花萼与花冠同色同形；杯碟种，花萼呈瓣状、与花瓣同色，花冠钟状。常见品种有蓝色的蓝钟，紫色的紫晶，白色的铃铛，粉红的尖顶等。

（三）对环境的要求

原产北半球温带。喜夏季凉爽、冬季温和的气候，喜肥沃而排水良好的壤土。长江流域需要冷床防护。小苗越夏时，应给予一定程度的遮阴，避免强烈日照。

（四）育苗技术

1. 播种繁殖 春播和秋播均可。春播前将种子浸湿，在 2～

5℃下处理 1～2 周，可提高发芽率。在 20℃下播种，10～15 天发芽。发芽后应适当庇荫，并及早进行间苗移植。秋播，在 7～8 月盆播，种子细小，覆薄土。幼苗期要防止土壤过湿，注意越夏遮阳和越冬防寒，否则易引起幼苗死亡。

2. 分株繁殖 以春季植株返青后，新芽陆续出土，有 2～3 片小叶时分株，每丛 2～3 个芽，当年可开花。秋季分株亦可，在霜降前可生根，翌年即可开花。

3. 扦插繁殖 在早春萌发后进行，扦插嫩梢。

（五）栽培技术要点

1. 上盆定植 培养土选用排水良好、含有泥炭的混合土壤，盆栽可植于 15 厘米口径的盆中。

2. 肥水管理 植株需肥量中等。每周交替施用浓度为 0.15%～0.2% 的氮肥和钾平衡肥（氮与钾比例为 1：1.5），应避免铵态氮。9 月中旬后不要施肥。为了防止镁元素和铁元素缺乏，可分别喷施浓度为 0.025% 的硫酸镁 1～2 次，及铁螯合物 1～2 次。进入花期，增加氮磷钾等量液肥，浓度为 0.15%～0.2%。

3. 温光管理 越冬预防凉寒，长江流域需要冷床防护。在基生叶丛满盆前，夜间温度应保持在 17～18℃，待叶丛满盆后，夜间温度要降到 13～14℃。植株开花无需经过春化期。

风铃草是长日照植物，每天光照应有 14 小时。小苗越夏时，应给予一定程度的遮阴，避免强烈日照。春季植株开始在短日照条件下生长 2 周，此时需要补光 10～12 小时，每平方米 20～30 瓦。当植株长到理想高度时，为了促进植株开花可加长日照时间为 16～18 小时。夜晚需中断补光。

控制盆栽苗徒长除了防止温度偏高与光照不足外，要保证栽培环境的通风良好，更要注意留有足够的盆间距，如头 3～4 周的小盆苗可盆靠盆摆放，以后留出空当以利生长，进入花期后，停止倒盆，否则花朵上会出现污斑。

4. 株形整理　风铃草不须生长调节和摘心。在生长早期，风铃草外观零乱，但在后期生长中植株会自然整齐紧凑。

5. 花期控制　风铃草喜长日照，每天 14 小时光照可以自然开花，如果要提早花期，需 4 小时间断黑夜 30 天的处理。一般 15 片真叶时进行光处理。

6. 病虫害防治　定期喷施杀菌剂以防灰霉菌、丝核菌和腐霉菌。

十一、玉簪

学名：*Hosta plantaginea*

别名：玉春棒、白鹤花、玉泡花、白玉簪

（一）形态特征

百合科玉簪属草本。具粗壮根状茎；叶基生成丛，具长柄；花葶高出叶片，总状花序，每葶排列花苞 10 多朵，形似簪，白色，具芳香，花期 6～8 月。

（二）种类与品种

常见栽培的同属植物有紫萼、波叶玉簪、狭叶玉簪等。

（三）对环境的要求

原产中国、日本。性强健，耐寒冷，喜半阴，适生阴湿之地，属典型的阴性植物。要求土层深厚、排水良好且肥沃的沙质壤土。

（四）育苗技术

1. 分株繁殖　生产中多在春、秋两季进行分株繁殖，北方地区多于春季 3～4 月玉簪萌芽前进行分株。分株时将老株挖出，晾晒 1～2 天，使其失水，以免太脆切时易折。必须用快刀切分，切口涂木炭粉后栽植。根据根状茎生长状况，每丛带有 1～3 个芽。分株后另行栽植，一般当年即可开花。玉簪的母株，隔 2～3 年一定要进行分株，否则生长不茂盛。

2. 播种繁殖　播种繁殖可在 9 月于室内盆播，在 20℃温度条件下约 30 天可发芽出苗，幼苗长出了 2～3 片叶子后就可以移栽上盆了。

（五）栽培技术要点

1. 上盆定植　盆栽要求排水良好、富含腐殖质的肥沃沙壤土，可用泥炭加珍珠岩按 5∶3 比例混合，加入少量有机肥。

2. 肥水管理　春季生长旺盛时期可每月施肥 1 次，以氮肥为主。开花前施些磷钾肥，以保证花繁叶茂。花期停止施肥。

玉簪喜湿不耐旱，生长期间要注意浇水，保持土壤湿润，不宜过干或过湿，否则易造成玉簪死亡。清晨是玉簪浇水最佳时间，晚上要保持叶面干燥，防止发病。夏季高温高湿，注意排涝。

3. 温光管理　玉簪宜选择没有阳光直晒的荫蔽处，否则会使叶片变为黄白色，严重时会发生焦枯现象。

4. 株形整理　花后剪去残花，秋冬地上部分枯萎，进入冬季休眠，此时可将地上部分剪掉。

5. 病虫害防治　玉簪的主要病害是锈病、炭疽病和灰斑病等，可用 65％代森锰锌可湿性粉剂 500～800 倍液，或 50％多菌灵可湿性粉剂等杀菌剂交替使用。虫害有蜗牛、蚜虫等，可药剂防治。

十二、萱草

学名：*Hemerocallis fulva*

别名：忘忧草、金针花

（一）形态特征

百合科萱草属草本。具短根状茎和粗壮的纺锤形肉质根，叶基生，带状；花葶细长坚挺，着花 6～10 朵，花漏斗形，橘红色，花期 6 月上旬至 7 月中旬。

（二）种类与品种

常见品种有金娃娃、杏醉、红晕辉、紫绒、春晖、红莲等。

（三）对环境的要求

原产中国南部亚热带地区。耐寒，华北可露地越冬。性强健，适应性强，喜湿润也耐旱，喜阳光又耐半阴，对土壤选择性不强。

（四）育苗技术

春秋以分株繁殖为主，分株多在春季萌芽前或秋季落叶后进行。一般每小丛除带肉质根外，还需带 2～3 个芽眼，春季分株当年即可开花。一般每个母株可分生 3～4 株。

播种繁殖，宜在秋、冬季将种子作沙藏处理，春播后发芽迅速整齐。实生苗一般 2 年开花。

亦可夏季利用幼嫩的花芽进行扦插，扦插于蛭石中，1 个月左右即可生根，翌年即可开花。

（五）栽培技术要点

1. 上盆定植　可用泥炭 7 份、园土 2 份、珍珠岩 1 份混合，加入 10% 腐熟的有机肥作基肥。

2. 肥水管理　萱草喜肥，每月施肥 2 次，春季适宜追施尿素，初夏要追施磷酸二氢钾，花期一般不施肥，如植株长势不旺时可用 0.5% 尿素溶液进行叶面追肥。

在整个生长期内都应注意浇水，3～5 月应使土壤保持湿润，6～7 月为盛花期，应减少浇水量，保持稍干燥状态即可。夏季雨天还应及时排除积水，防止因积水而导致烂根，9～10 月也应使土壤保持湿润。

3. 株形整理　花后，花葶逐渐枯萎，应及时剪除，在日常养护中，一些衰败的老叶、病叶及时剪除，以免影响观赏。

4. 病虫害防治　常见病害有萱草锈病、炭疽病、褐斑病、茎腐病等，防治方法与玉簪近似。

十三、羽扇豆

学名：*Lupinus polyphyllus*

别名：多叶羽扇豆、鲁冰花

（一）形态特征

豆科羽扇豆属多年生草本。叶多基生，掌状复叶。轮生总状花序，在枝顶排列很紧密，长可达 60 厘米。花蝶形，有蓝紫、白、红、青等色，花期 5～6 月。

（二）种类与品种

园艺栽培品种较多，常见的有黄花羽扇豆、窄叶羽扇豆、白花羽扇豆以及杂交大花种。

（三）对环境的要求

喜气候凉爽、阳光充足的地方，较耐寒，忌炎热，略耐阴，需肥沃、排水良好的沙质土壤，主根发达，须根少，不耐移植。

（四）育苗技术

羽扇豆生产中多以播种繁殖，春秋播均可，自然条件下秋播较春播开花早且长势好。9 月至 10 月中旬播种，72 孔或 128 孔穴盘点播、覆盖，可用专用育苗土或草炭土、珍珠岩混合使用为好。发芽适温 25℃左右，保持基质湿润，7～10 天种子出土发芽，发芽率高。羽扇豆苗期 30～35 天，待真叶完全展开后移苗分栽。

（五）栽培技术要点

1. 上盆定植　选用肥沃疏松、排水良好的酸性沙壤土（pH5.5），中性及微碱性土壤植株生长不良。培养土可适当添加硫黄粉，施用量视栽培基质原有酸碱度而定。盆钵的选用最好为高桶盆，以满足直根性根系的生长需求。

2. 肥水管理　一般每 10～15 天施 1 次肥，花芽分化前，以氮肥为主，配合磷肥使用，羽扇豆自身有固氮作用，且对土壤中磷肥的利用率也较高；花芽分化到花期，以磷钾肥为主，配合氮肥来施用。保持盆土湿润，不干不浇。夏季控制肥水，安全越夏。

3. 温光管理 夏季适当遮阴，防止高温多湿、阳光灼晒造成的叶片发黄、植株生长矮小甚至死亡。

4. 株形整理 及时剪除残花和枯老叶片。

5. 病虫害防治 常见羽扇豆叶斑病和白粉病，可用多菌灵可湿性粉剂1 500倍液防治。

十四、荷包牡丹

学名：*Dicentra spectabilis*

别名：兔儿牡丹、铃儿草、鱼儿牡丹

（一）形态特征

罂粟科荷包牡丹属多年生草本。株高30～60厘米，叶似牡丹叶，具白粉；总状花序，花向一侧下垂，每序着花10朵左右，形似荷包，花期4～5月。

（二）种类与品种

同属植物约20种，常见栽培的有大花荷包牡丹、美丽荷包牡丹、白花荷包牡丹、红花荷包牡丹等。

（三）对环境的要求

喜光，可耐半阴。性强健，耐寒而不耐夏季高温，喜湿润，不耐旱，在沙土及黏土中生长不良。

（四）育苗技术

1. 分株繁殖 春、秋两季均可进行。春季萌芽时或花后至秋季，挖起根状茎，用刀分割成几墩，每墩有新芽3个以上，然后分栽。通常3～4年分株1次，既繁殖新株，又使老株更新，可保持生长旺盛。

2. 扦插繁殖 利用分株时截断的根茎扦插，插床用河沙或沙质壤土，1个月左右即可发根，萌发新叶后即可移栽。

3. 播种繁殖 秋播，或层积处理后春播。秋播多在9月上旬进行，撒播，出苗快而整齐。冬季需保护越冬，第二年春季分栽，3 年后可以开花。

（五）栽培技术要点

1. 上盆定植 可用腐叶土与菜园表土等量混合作培养土，加入 10％骨粉或腐熟的有机肥或氮磷钾复合肥作基肥，在盆底垫层碎木炭块或碎硬塑料泡沫块，增强透气排水。

2. 肥水管理 荷包牡丹系肉质根，稍耐旱，怕积水，要根据天气、盆土的墒情和植株的生长情况等因素适量浇水，坚持"不干不浇，见干即浇，浇必浇透，不可积水"的原则，过湿易烂根，过干生长不良叶黄。盛夏和冬季休眠期，盆土要相对干一些，微润即可。盛夏季节，经常喷水、增加空气湿度；雨季要注意排水，防止盆中积水。

生长期 10～15 天施 1 次稀薄的氮磷钾液肥，使其叶茂花繁，花蕾显色后停止施肥，休眠期不施肥。

3. 温光管理 盛夏酷暑时期，可将盆栽荷包牡丹移至苗棚下遮阴，也可集中埋入土中防暑降温，并保持排水通风良好，不能见直射光，高温多湿会使叶片枯焦、烂根。秋末冬初，可将盆栽荷包牡丹埋入土中，枝条露在土外，上边用草或壅土加以保护越冬。

4. 株形整理 剪去过密的枝条，如并生枝、交叉枝、内向枝及病虫害枝等，使植株保持美丽的造型。

5. 病虫害防治 易发生叶斑病，可用 65％代森锌可湿性粉剂 600 倍液喷洒；虫害有介壳虫、蚂蚁、蛴螬等，可用 40％氧化乐果乳油 1 500 倍液喷杀。

十五、芍药

学名：*Paeonia lactiflora*

别名：将离、离草、余容、婪尾春、没骨花

（一）形态特征

芍药科芍药属多年生草本。叶互生，下部叶为 2 回 3 出复

叶，上部为单叶；花数朵生于枝顶或叶腋，花色丰富，花期 4～5 月。

（二）种类与品种

园艺品种甚多，约有 200 多个，按花型及瓣型可分：单瓣类，如紫玉奴、粉绒莲等；千瓣类，如大叶粉、向阳红等；楼子类，如砚池漾波、墨紫楼等；台阁类等。

（三）对环境的要求

喜光，忌盛夏烈日暴晒；耐寒；土质以深厚的湿润壤土最适宜；忌水涝，积水容易使芍药肉质根腐烂；喜肥。

（四）育苗技术

1. 分株繁殖　分株在 8 月下旬至 10 月上旬进行。将母株根部掘起洗去泥土，剔去烂根，按 3～5 个芽为一丛切开，在切伤处用草木灰或硫黄粉涂抹消毒，然后定植，第二年即可开花。

2. 扦插繁殖　可用根插或茎插。秋季分株时可收集断根，约 5～10 厘米一段，埋插在 10～15 厘米深的土中。茎插法在开花前 2 周左右，取茎的中间部分，每 2 节为插穗，插于温床沙土中约 3 厘米，要求遮阴并经常浇水，1.5～2 个月后即能发根，并形成休眠芽。

3. 播种繁殖　播种繁殖以种子成熟后采下即播种为宜，播种后当年秋天生根，次年春暖后芽才出土，幼苗生长缓慢，5～6 年后开花。

（五）栽培技术要点

1. 上盆定植　上盆时要选大而深、透气性好的盆，盆底可放炉渣作排水层。盆土可用疏松肥沃的沙壤土，以腐熟堆肥、厩肥和骨粉作基肥。盆栽芍药 1～2 年换盆 1 次，于 10 月初进行，换盆时应多保留些宿土。

2. 肥水管理　浇水和施肥常结合进行，每次浇水施肥后，要及时松土。芍药生长旺盛，需肥量大，特别是花蕾破绽露色后及花后孕芽时，氮肥不能过多，适量增施磷肥。花前肥，在展叶显蕾前 10～15 天施，施以氮肥为主、磷钾肥为辅的复合肥；花后肥在花后 5～10 天施，施以磷钾肥为主、氮肥为辅的复合肥；花芽分化时根外施叶面肥，1‰磷酸二氢钾 3～4 天喷 1 次，连喷2～3 次。

3. 温光管理　高温季节搬到半阴处。如强光直晒，叶片易出现萎蔫、焦边现象。

4. 株形整理　孕蕾时只保留顶部花蕾，侧枝花蕾均要去除，以集中养分开大花。花谢之后，及时剪去花梗，以免消耗养分。

5. 病虫害防治　芍药常见病害有叶斑病、根腐病和白粉病等，发病初期喷洒 50%百菌清或多菌灵防治。虫害主要是蚜虫为害。

十六、宿根福禄考

学名：*Phlox paniculata*

别名：天蓝绣球、锥花福禄考

（一）形态特征

花葱科福禄考属多年生宿根草本。茎直立，多分枝；聚伞花序顶生，花色丰富，有白、黄、粉色、红紫、斑纹及复色等；花期 6～9 月。

（二）对环境的要求

喜充足的阳光和排水良好的腐殖土。耐寒，忌酷日，忌水涝和盐碱，在疏阴下生长强壮。

（三）育苗技术

1. 分株繁殖　在早春或秋季进行，将母株周围分生的萌蘖株挖出栽植，尽量带完整根系。分株繁殖操作简便，成活迅速。

2. 扦插繁殖　花后取生长充实健壮的枝条，截取 3～5 厘米长的插条，每个插条可保留 2～3 枚叶片，将插条基部在 ABT1号生根粉 200 毫克/升溶液内浸泡 30 分钟，然后将插条插入干净无菌的土壤中（可用高锰酸钾溶液浇灌苗床土壤消毒灭菌），插土深度 1～2 厘米，间距 2～3 厘米，保持土壤湿度即可，20 天左右可生根。如果天气炎热，可喷洒 1～2 次 50％多菌灵 800～1 000 倍溶液，防止插条腐烂。

3. 播种繁殖 以秋播为主，9 月初播于露地苗床，发芽适宜温度为 15～20℃，约 7 天出苗，有 2～3 片真叶时进行移植，10月上旬移入冷床过冬。

(四) 栽培技术要点

1. 上盆定植 盆土可用园土 3 份、泥炭土 3 份、细沙 1 份混合，加适量腐熟有机肥，根据植株大小选择合适的盆栽植。

2. 肥水管理 对肥料要求不严，生长期每月施肥 1～2 次。长叶期以氮肥为主，开花期喷施磷钾液肥，可用腐熟的人粪尿、豆饼水、化肥溶液。土壤湿度要适中，浇水、施肥时应避免盆土污染叶面，以防枝叶腐烂。

3. 温光管理 经常转盆，调节向光性，使植株健壮，挺直。

4. 株形管理 待苗高 10 厘米以上时摘去顶梢，以促其分枝成型；当新芽生长到 6～7 厘米时，选留部分健壮的芽，剪出多余的，一般口径 20 厘米的盆可留 4～5 个芽。

5. 病虫害防治 宿根福禄考病虫害较少，偶有叶斑病、蚜虫发生。

十七、熏衣草

学名：_Lavandula angustifolia_

别名：香水植物、灵香草、香草、黄香草

(一) 形态特征

唇形科熏衣草属多年生草本或小矮灌木，多分枝。穗状花序顶生；花冠下部筒状，上部唇形；花有蓝、深紫、粉红、白等色，有香味，花期 6～8 月。

(二) 种类与品种

常见栽培的种类有狭叶熏衣草、西班牙熏衣草、齿叶熏衣草

和蕨叶熏衣草。

（三）对环境的要求

原产地中海沿岸、欧洲各地及大洋洲列岛。喜阳光、耐热、耐旱、极耐寒、耐瘠薄、抗盐碱，栽培的场所需日照充足，通风良好。

（四）育苗技术

1. 扦插繁殖 生产上主要采用扦插的办法。扦插一般在春、秋季进行，夏季嫩枝扦插也可。在发育健旺的良种植株上，选取节距短粗壮且未抽穗的 1 年生半木质化枝条，于顶端 8～10 厘米处截取插穗，剪去下部叶片，插条入地深度 4～5 厘米，插穗的切口应靠近茎节处。采用地膜扦插，保持温度 20～24℃，40 天可以生根。

2. 播种繁殖 播种期一般选春、秋两季为佳，但冬季在温室也可播种。播种前用 30～40℃温水浸种 12 小时，再用 20～50 毫克/升赤霉素浸种 2 小时打破休眠再播种。先将苗床浇透水，撒播，覆土 2 毫米，保持 15～25℃，10～15 天发芽，4～5 真叶时上盆。播种到开花所需的时间 18～20 周。

（五）栽培技术要点

1. 上盆定植 培养土可采用园土：粗沙：泥炭：有机肥＝4：3：2：1 或珍珠岩：蛭石：泥炭＝3：3：4 混合后使用，有机肥必须腐熟，用石灰将 pH 调节到 7～7.5。熏衣草生长迅速，每年需换盆 1 次。第一年的幼苗用 12～16 厘米盆径的花盆即可，第二年须换成 20 厘米盆径的花盆。

2. 肥水管理 熏衣草对肥料的要求不高，在其生长迅速的春季（3～5 月），可追施氮、磷、钾复合肥，配制溶液浇灌，浓度 1％即可，过多的氮肥易造成徒长，钾肥过多则香气减弱。

浇水的原则是"见干见湿"。熏衣草喜干燥环境，在一次浇透水后，应待土壤干燥时再给水，以表面培养基质干燥，内部湿润为度，叶子轻微萎蔫为主。浇水时要注意水不要直接浇到叶片及花上，也不要让泥土溅到枝叶上，以免产生病害。浇水要在早上，避开阳光，自来水最好在阳光下晒 2 天后使用。

3. 温光管理 生长适温为 15～25℃，在 5～30℃均可生长，北方冬季长期在 0℃以下即开始休眠，休眠时成苗可耐—20～—25℃的低温。熏衣草是全日照植物，需要充足的阳光，半阴可生长，但开花较稀少，易感病。

4. 株形整理 开花后，在花下第一个节处剪去，并顺便将植株修剪成半球形。平时，随时剪去干枯的枝条。为了控制植株高度或得到更好的株形，在夏末秋初适当重剪，促发新枝。

5. 病虫害防治 少有虫害。病害主要是根腐病，在高温和积水环境下发病率最高，可用多菌灵、百菌清 800 倍溶液灌根。

十八、袋鼠花

学名：*Anigozanthos flavidus*

别名：金鱼花、河豚花、亲嘴花

(一) 形态特征

苦苣苔科袋鼠花属多年生常绿草本植物。茎枝红褐色，向下弯曲生长；叶对生，革质；花单生叶腋，花形奇特，形似袋鼠，花橘黄色。花期以冬春季开花最多，在适宜的条件下可经常开花。

(二) 对环境的要求

原产中南美洲。喜温暖和阳光充足的环境，耐干旱不耐水湿，在疏松肥沃、排水良好的土壤上生长最佳。

(三) 育苗技术

1. 扦插繁殖 生长季节，剪取带节枝条，每 5～8 厘米为一段，以蛭石为扦插基质，粗沙、珍珠岩亦可，遮阴 50%～60%。扦插期间要保持高空气湿度，3～4 周可生根上盆。

2. 分株繁殖 在早春或晚秋进行，每丛必须带顶芽 1～2 个。

3. 播种繁殖 种子寿命较短，随采随播，发芽温度为13～18℃。

（四）栽培技术要点

1. 上盆定植 袋鼠花为附生植物，栽培用腐叶土（或泥炭土）、厩肥和沙（或珍珠岩）按 3：1：1 比例混合，pH6～6.5。盆底应做好排水层，以利于排水，每盆栽 2～3 株。

2. 肥水管理 袋鼠花对肥料的需求量视植株的生长状况而定。每月追施 2～3 次稀薄的复合肥液，花期前 2 个月，每半月施磷钾肥液 1 次，促进植株多开花，秋季以施氮肥为主，促进茎叶生长。夏季植株停止生长和冬季休眠后，应停止施肥，以免造成肥害伤根。

袋鼠花为多肉植物，浇水需适量，宁少勿多。生长季节要求空气湿度在 75％以上，可用定期向叶面喷水，过于干燥叶片容易脱落，并影响开花，但进入开花期，应停止喷雾，否则叶片产生黄斑。视土壤干旱情况可每 2 周浇 1 次，夏季可 4～5 天浇 1次。梅雨季节与冬天要注意保持稍干的状态。浇水过多，容易出现叶面失去光泽且有大量叶片脱落现象，需重新栽植。

3. 温光管理 袋鼠花生长适温为 20～25℃，超过 30℃时会出现生长停滞现象；低于 10℃时，叶色易变黄并出现斑驳和脱蕾。休眠期保持在 14～16℃为宜。越冬室温不得低于 5℃，否则易遭受冻害。

春、秋、冬三季可接受全光照，夏季则要求搭建荫棚，日照50％～60％为宜。

4. 株形整理 袋鼠花较耐修剪，久不修剪开花部位上移，可在花后对其主侧枝进行轻短截，使之形成更多分枝，着花位置适中。

5. 病虫害防治 病害主要为真菌性病害，可用 75％百菌清可湿性粉剂 600 倍液等杀菌剂防治，效果较好。虫害较少，夏季有斜纹夜蛾，冬季有白粉虱，可用乐斯本 800 倍液喷洒植株。

十九、口红花

学名：*Aeschynanthus pulche*

别名：大红芒毛苣苔、花蔓草

(一) 形态特征

苦苣苔科毛苣苔属附生性常绿蔓生藤本植物。叶面浓绿色，背浅绿色。花腋生或顶生成簇；花萼筒状，黑紫色，被茸毛；花冠从萼口长出，红色至红橙色，筒状。常年开花。

(二) 种类与品种

常见栽培品种有斑纹口红花、细萼口红花、美丽口红花、翠锦口红花等。

(三) 对环境的要求

原产马来半岛及爪哇等地。喜明亮光照的半阴环境。光照过强，叶片红褐色；光照不足，植株徒长不开花。较耐寒，但喜高温环境。喜排水良好的土壤。

(四) 育苗技术

在 20～30℃ 的条件下全年均可进行扦插繁殖。春季扦插繁殖易活。剪取枝顶部 8～10 厘米长的枝条作插穗，插在洁净的河沙或蛭石中，保持土壤、空气湿润，避免烈日暴晒，约 1 个月可发根。夏季可直接扦插于盆土中。

(五) 栽培技术要点

1. 上盆定植 盆栽基质以疏松肥沃的微酸性土为好，可用泥炭土或腐叶土 8 份、沙或蛭石 2 份混合，并加入适量过磷酸钙作基肥。

2. 肥水管理 口红花在平时需肥量较少，在生长旺盛期，可 15～20 天施 1 次腐熟的有机肥液，越夏以后多施磷钾肥，如 0.1% 的磷酸二氢钾溶液以及腐熟的鱼内脏水、骨头水的 20 倍溶液均可，促进秋花的开放。

保持盆土湿润，不宜过湿。经常向叶片上喷水雾，保持空气湿度 80%左右。秋季逐渐减少浇水量和施肥量。冬季盆土宜稍干燥，除在孕蕾开花前适当施些含磷稍多的肥液以外，一般情况下应少施肥或不施肥。

3. 温光管理 口红花生长温度为 18～30℃，最适温度在 25℃左右，越冬温度一般应在 12℃以上，冬天需入室越冬。室温过低会引起叶片变红、脱落、枝条干枯等现象。

在散射光照充足处生长良好，夏季需适当遮阴，遮光度在 50%左右；花期提高光照的强度，控制较低的室温，对口红花的开花有促进作用。

4. 株形整理 冬季花期过后，应及时剪除开过花的残茎或过长的下垂枝条，促发新枝，使其多孕蕾开花。

5. 病虫害防治 口红花的病虫害较少，夏季易患炭疽病，可用 50%多菌灵 500 倍液或 65%代森锌 500 倍液防治。

二十、鼠尾草

学名：*Salvia farinacea*

别名：一串蓝、蓝花鼠尾草、蓝丝线

（一）形态特征

唇形科鼠尾草属多年生芳香草本植物。全株被细毛，多分枝；花顶生，轮伞形总状花序，10～16 朵花密集，花萼矩圆状钟形，花朵蓝色、浅蓝色、紫色或灰白色。夏秋开花。

（二）种类与品种

常见同属栽培种类有白花鼠尾草、紫花鼠尾草、粉萼鼠尾草等。

（三）对环境的要求

喜温暖湿润和阳光充足的环境，也耐半阴。耐寒性较强，怕炎热干燥，宜疏松、肥沃和排水良好的沙质土或腐叶土。

（四）育苗技术

采用种子繁殖。温室培育的最佳播种时间是 12 月中旬，可

在 5 月开花。播种基质可用腐殖土＋草炭土配制，其比例为1：1。然后将种子均匀撒入盘内，不覆土，种子好光，播种发芽适宜温度为 24～28℃。当第一对真叶展开时，选择晴天移苗，移苗基质同播种基质，缓苗期适温在 18～24℃。注意育苗盘中不要太湿，此期间要适当放风、遮阴。3～4 对真叶时上盆。

（五）栽培技术要点

1. 上盆定植　基质选择疏松通气性好的园土加有机肥和复合肥，也可用泥炭 7 份加园土 3 份混合，可加适量铵态肥料。带土定植于口径 10 厘米以上的营养钵中。

2. 肥水管理　生长期施用稀释 1 500 倍的硫铵，效果较好。低温下不要施用尿素。为使植株根系健壮和枝叶茂盛，在生长期每半月施肥 1 次，可喷施磷酸二氢钾稀释液，保持盆土湿润，花前增施磷钾肥 1 次。

3. 温光管理　上盆后温度适当降低至 18℃，过 1 个月可降至 15℃。如温度在 15℃ 以下，叶片就会发黄或脱落；温度在 30℃ 以上，则会出现花叶小、植株停止生长的现象。

炎热的夏季需要进行适当遮阴，幼苗期加强光照防止徒长。

4. 株形整理　植株长出 4 对真叶时留 2 对真叶摘心，促发侧枝。花后摘除花序，仍能抽枝继续开花。

5. 病虫害防治　主要病害有叶斑病、立枯病、猝倒病等，幼苗期多发，用 50％甲基托布津可湿性粉剂或用 75％百菌清可湿性粉剂 500 倍液防治。虫害常见的有蚜虫、粉虱等，可药剂喷杀。

第三节　球根花卉

一、中国水仙

学名：*Narcissus tazetta* var. *chinensis*

别名：天葱、金盏银台、玉玲珑、雅蒜

（一）形态特征

石蒜科水仙属多年生草本。地下部分的鳞茎肥大似大蒜，外被棕褐色皮膜，叶狭长带状；伞房花序，花葶中空，花瓣为纯白色，副冠金黄色杯状，12月至翌年1月开花。

（二）种类与品种

水仙的品种很多，其中尤以福建漳州水仙著称于世。中国水仙的主要有两品系单瓣型和重瓣型，栽培种主要有"金盏银台"和"玉玲珑"。

（三）对环境的要求

性喜温暖、湿润，阳光充足，以疏松肥沃、土层深厚的冲积沙壤土为最宜，pH5～7.5均宜生长。

（四）育苗技术

1. 侧球繁殖　侧球着生在鳞茎球外的两侧，容易自行脱离母体，秋季将其与母球分离，单独种植，次年产生新球。

2. 侧芽繁殖　侧芽是包在鳞茎球内部的芽。只在进行球根阉割时，才随挖出的碎鳞片一起脱离母体，拣出侧芽，秋季撒播在苗床上，翌年产生新球。

3. 双鳞片繁殖　把鳞茎先放在低温4～10℃处4～8周，然后在常温中把鳞茎盘切小，使每块带有两个鳞片，并将鳞片上端切除留下2厘米作繁殖材料，然后用塑料袋盛含水50%的蛭石或含水6%的沙，把繁殖材料放入袋中，封闭袋口，置20～28℃温度中黑暗的地方。经2～3月可长出小鳞茎，成球率80%～90%。这是近年开始发展的新方法，四季可以进行，但以4～9月为好。生成的小鳞茎移栽后的成活率高，可达80%～100%。

（五）栽培技术要点

1. 上盆定植　盆栽水仙一般在12月初栽种。将水仙大鳞茎栽在口径大于鳞茎3倍的花盆中，其盆栽用土以肥沃的腐殖土与河沙各半混合的培养土为宜。栽植深度以鳞茎顶端距离土面3～5厘米。在鳞茎下面铺上一层粗沙，以利排水，表面用碎石覆盖，浇透水放置在阳光充足处。也可以直接用清水盆栽水养，盆中可用石英沙、鹅卵石等将鳞茎固定。

2. 肥水管理 盆栽水仙经常保持盆土潮湿，约每周 1 次稀薄液肥，经过 40 天，在春季前后即可开花。如水养，每天更换清水，加水淹没鳞茎 1/3 的为宜，花苞形成后，每周换 1 次水。

3. 温光管理 水养水仙白天要放在阳光充足处，每天 6 小时光照，温度保持在 10～12℃左右，最低不要低于 4℃，晚上把盆内水倒掉，冲洗鳞茎，第二天再灌以清水，搬至室外，约 45 天即可开花，花期可保持月余。

盆栽水仙要保证有充足的养分和阳光照射，同时保持水仙整个生长期冷凉而又湿润的气候条件，就能使水仙多年开花。

4. 花期控制 可用药物多效唑控制花期。当水仙花球的芽变绿后，直接用稀释 5 000 倍的多效唑水溶液养护，每 3 天换 1 次药，晚上将药液倒入另一容器中，用清水洗净鳞茎和叶片。药液可连续用 3 次。经 10～15 天的药液养护后，应及时改用清水培养，直至开花。此法也可使水仙矮壮可爱。

雕刻水仙可控制叶片长高，开花提早，花期缩短，造型更生动。

5. 病虫害防治 常见的病害有腐烂病、叶斑病，可在种球掘出后浸入石灰水或 1‰波尔多液中消毒预防；花叶病是病毒病，要防治蚜虫。

二、郁金香

学名：*Tulipa gesneriana*

别名：洋荷花、郁香、草麝香

(一) 形态特征

百合科郁金香属多年生草本植物。鳞茎外被淡黄色纤维状皮膜，茎叶光滑具白粉。花单生茎顶，杯状，花色丰富，花型多样。花期一般为 3～5 月。

（二）种类与品种

郁金香的品种繁多，约有万余种。它的栽培品种是有原种杂交而来，极为丰富。依据花瓣可分为单瓣和重瓣，依据花形可分为杯形、卵形、球形、碗形、百合花形等。

（三）对环境的要求

原产地中海沿岸和中亚地区。郁金香属长日照花卉，喜冬季温暖湿润，夏季凉爽干燥的气候，要求腐殖质丰富、疏松肥沃、排水良好的微酸性沙质壤土，忌碱土和连作。

（四）育苗技术

常用分球繁殖，以分离小鳞茎法为主。母球为1年生，每年更新，花后在鳞茎基部发育成1～3个次年能开花的新鳞茎和2～6个小球。可于6月上旬将休眠鳞茎挖起，去泥，贮藏于干燥、通风和20～22℃温度条件下，有利于鳞茎花芽分化，秋季9～10月分栽小球。

（五）栽培技术要点

1. 上盆定植　盆栽郁金香宜选用矮型品种。盆土宜用腐叶土6份、沙土3份、腐熟厩肥1份混合均匀配制，或泥炭、腐叶土和沙以1∶1∶1混合作为栽培基质，加入适量腐熟有机肥。栽培时选充实肥大的鳞茎，用50%的多菌灵500倍液浸泡2小时左右，每盆栽种3～5株，并覆土4～5厘米栽后浇1次透水。

2. 肥水管理　生长期一般不浇水，保持土壤湿润即可。翌春茎叶及花蕾出现时，需要较多的水分和养料，结合浇水，每月追施2次稀薄液肥，可浇1～2次透水。

3. 温光管理　8℃以上即可正常生长，耐寒性很强，一般可耐−14℃低温。郁金香的最适生根温度为6～9℃，在此温度下维持2周，能使根系生长健壮；苗期以15℃左右为宜，生长开花适温为15～20℃，花芽分化适温为20～25℃，最高不得超过28℃。要通过放风等措施调节温度。每天阳光直射4～8小时，花期忌强光暴晒，中午要适当遮阴。

4. 花期控制　对种球的变温处理，打破休眠，人为增温、补光等使郁金香在非自然花期开花。市场上常见的有5℃种球和9℃种球，一般选5℃种球进行春节开花促成栽培。栽植鳞茎尖头朝上，埋土0.5～1.5厘米，不可覆盖过厚，否则影响促成栽培的时间。种植好种球后，基质表面撒一层沙子，厚0.5厘米，这样可以减轻浇水对基质的冲击。放于0～10℃的无光照条件下，每周浇水2次。当幼苗长到5～7厘米高时，其茎部可摸到小花蕾，开花时间大约28天，此时应从无光照环境中移出来。转移的时间越早，开花越晚。可根据需要，决定转移的时间来控制花期。

瞎蕾是郁金香促成栽培中最常见的问题。温度过高或温度出现急剧变化，或者植株营养代谢失调等，都易形成瞎蕾。而茎节变细、变黄而后枯萎，则是土壤水分过多而含钙量不足所致，可通过减少浇水次数、追施硝酸钙缓解。

5. 病虫害防治　易发生灰腐病和枯萎病，可选用百菌清或多菌灵叶面喷雾，或用多菌灵灌根。郁金香花朵上出现花纹是病毒感染所致，发现后应及时挖出烧毁，否则将传染给其他植株。

三、朱顶红

学名：*Hippeastrum rutilum*

别名：百枝莲、柱顶红、朱顶兰

(一)形态特征

石蒜科朱顶红属多年生球根花卉。鳞茎球形，叶2列状着生；花葶粗壮，顶端着花2～6朵，两两对生，花大漏斗状，红色而带白色条纹，花期5～6月。

(二)种类与品种

多为种间及品种间杂交和改良，常见的栽培品种有红狮、大力神、拉斯维加斯、卡利默罗、纳加诺、艾米戈等。

（三）对环境的要求

喜温暖湿润气候，忌酷热和强光直射，稍耐寒，冬季不得低于5℃。喜富含腐殖质、排水良好的沙壤土，怕水涝。

（四）育苗技术

1. 播种繁殖 采种后即播，发芽率高。播种用土可用壤土、腐叶土、河沙为3：2：1的比例配成，点播，保持温度在15～20℃，10～15天即可发芽。3年后开花。

2. 分球繁殖 在3～4月进行，将母球周围的小鳞茎取下繁殖，注意勿伤小鳞茎的根，盆栽时注意将小鳞茎的顶部露出土面。第二年就可开花。

7～8月，选择鳞茎周径24～26厘米种球，将鳞茎用1‰硫酸铜液浸5分钟，用水洗净后，切去鳞茎的1/3，用刀轻轻刻伤鳞茎中心的主芽，平放在沙床上，室温保持18～22℃，维持较高的空气湿度，2个月后在鳞片之间形成若干小鳞茎。

3. 扦插繁殖 鳞片扦插繁殖。选发育良好的无病鳞茎，剥去外层过分老熟的鳞片，留下生长充实的中部鳞片供繁殖，但每个鳞片必须带茎盘。9月将鳞片插植沙床，在18～20℃保持湿润，当年形成小鳞茎、基部生根。3年后开花。

4. 组培繁殖 常用MS培养基，以茎盘、休眠鳞茎组织、花梗和子房为外植体。经组培后先产生愈伤组织，30天后形成不定根，3～4个月后形成不定芽，待形成完整植株后移入盆内。

（五）栽培技术要点

1. 上盆定植 盆栽朱顶红宜选用大而充实的鳞茎，栽种于18～20厘米口径的花盆中，4月盆栽的，6月可开花；9月盆栽的，置于温暖的室内，翌春3～4月可开花。用含腐叶土或泥炭混合以细沙作盆栽土最为合适，盆底要铺沙砾，以利排水。鳞茎栽植时，顶部要稍露出土面1/4～1/3。

2. 肥水管理 生长期间随着叶片的生长每半月施肥1次，花期停止施肥。花后继续施肥，以磷肥和钾肥为主，减少氮肥。

在秋末可停止施肥。盆栽可加一些过磷酸钙作基肥。保持植株湿润，浇水要透彻，不能积水，以免烂鳞茎。若水分过多，茎叶徒长。一般室内空气湿度即可。鳞茎休眠期，浇水量减少到维持鳞茎不枯萎为宜。

3. 温光管理 宜放置在光线明亮、通风好、没有强光直射处。生长适温 18～25℃。冬季休眠期可冷凉干燥，以 10～12℃为宜，不得低于 5℃。

4. 株形整理 在换盆、换土时把黄叶、枯根、病虫害根叶剪去，留下旺盛叶片；开花谢去后，要及时剪掉花梗，让养分集中在养鳞茎上。

5. 花期控制 为使早春开花，可于 12 月将休眠的盆球置于温室（20℃左右），盆土干时浇水，约 2 个月便可开花。此外，还可进行短日照处理，每日给予 11 小时黑暗处理，1 个月后便可开花。

6. 病虫害防治 朱顶红主要病害有赤斑病，尤其是秋天危害最为严重，球根栽植前用 0.5％福尔马林溶液浸泡 2 小时，发病期多菌灵 600～800 倍液防治。虫害有红蜘蛛危害。

四、风信子

学名：*Hyacinthus orientalis*

别名：洋水仙、西洋水仙、五色水仙、时样锦

（一）形态特征

风信子科风信子属多年生球根类草本植物。鳞茎卵形，皮膜颜色与花色成正相关；总状花序顶生，小花横向或下倾，漏斗形，花色丰富，芳香，自然花期 3～4 月。

（二）种类与品种

园艺品种有 2 000 多个，根据其花色，大致分为蓝色、粉红色、白色、紫色、黄色、绯红色、红色等 7 个品系，有单瓣种和重瓣种之分。

（三）对环境的要求

原产地中海沿岸及小亚细亚一带。喜阳光充足和比较湿润的环境，较耐寒，要求排水良好和肥沃的沙壤土。

（四）育苗技术

1. 分球繁殖 母球栽植 1 年后分生 1～2 个子球，也有各品种可分生 10 个以上子球。6 月份把鳞茎挖回后，将大球和子球分开，大球秋植，来年早春可开花，子球需 3 年开花。

2. 种子繁殖 多在培育新品种时使用，于秋季播入冷床中的培养土内，覆土 1 厘米，翌年 1 月底 2 月初萌发，4～5 年后开花。

（五）栽培技术要点

1. 上盆定植 盆栽风信子可用腐叶土（或泥炭）、园土、沙土混合，适当添加磷钾有机肥。一般 10 厘米口径盆栽 1 球，15 厘米口径盆栽 2～3 球，栽植深度以鳞茎肩部与土面平等为宜。

2. 肥水管理 生长期每隔 10 天左右施 1 次稀薄液肥。盆土保持湿润，过湿，根系呼吸受抑制易腐烂；过干，则地上部分萎蔫，甚至死亡。空气湿度应保持在 80% 左右，并可通过喷雾、地面洒水增加湿度。

3. 温光管理 风信子在生长过程中，鳞茎在 2～6℃低温时根系生长最好，芽萌动适温为 5～10℃，叶片生长适温为 5～12℃，现蕾开花期以 15～18℃最有利。鳞茎的贮藏温度为 20～25℃，对花芽分化最为理想。温度过高，甚至高于 35℃时，会出现花芽分化受抑制、畸形生长，盲花率增高的现象；温度过低，又会使花芽受到冻害。

4. 病虫害防治 风信子的病虫害以侵入鳞茎为害为主，有黄腐病、白腐病、菌核病、斑叶病毒病、根虱等，应注意土壤消毒，不使鳞茎受伤，并及时清理病株。栽种前用杀菌剂浸种球，可有效减少病害发生。

五、百合类

学名：*Lilium* spp.

别名：卷丹、番山丹、倒睡莲、虎皮百合

（一）形态特征

百合科百合属多年生球根草本花卉。地下具鳞茎，茎直立，无分枝；总状花序，簇生或单生，花冠漏斗形喇叭状。花色多为黄色、白色、粉红、橙红。

（二）种类与品种

近年更有不少经过人工杂交而产生的新品种，具有观赏价值较高的种类有亚洲百合、麝香百合、香水百合等。

（三）对环境的要求

性喜湿润、光照，要求肥沃、富含腐殖质、排水性极为良好的沙质土壤，多数品种宜在微酸性至中性土壤中生长。

（四）育苗技术

百合的繁殖方法有播种、分小鳞茎、鳞片扦插和分珠芽等4种方法。常用的是分小鳞茎法。鳞片扦插法应用也较多，分珠芽法和播种法仅适用于少数百合种。

1. 分小鳞茎繁殖　通常在老鳞茎的茎盘外围长有一些小鳞茎。在9～10月收获百合时，可把这些小鳞茎分离下来，贮藏在室内的沙中越冬。第二年春季上盆栽种。培养到第三年9～10月，即可长成大鳞茎而培育成大植株。

2. 鳞片扦插繁殖　秋天挖出鳞茎，将老鳞茎上充实、肥厚的鳞片逐个分掰下来，每个鳞片的基部应带有一小部分茎盘，稍阴干，然后扦插于河沙（或蛭石）的花盆或浅木箱中，让鳞片的2/3插入基质，保持基质一定湿度，在20℃左右条件下，约45天鳞片伤口处即生根。次年春季，鳞片即可长出小鳞茎，将它们分上来，栽入盆中，培养3年左右即可开花。

3. 分珠芽繁殖　仅适用于少数种类。如卷丹、黄铁炮等百合。将地上茎叶腋处形成的小鳞茎（又称"珠芽"）取下来培养。从长成大鳞茎至开花，通常需要2～4年的时间。

4. 播种繁殖　主要在育种上应用。秋季采收种子，贮藏到翌年春天播种，播后约20～30天发芽。幼苗期要适当遮阳，入秋时，地下部分已形成小鳞茎，即可挖出分栽。需培养多年才能开花。

（五）栽培技术要点

1. 盆土准备　培养土宜用泥炭、珍珠岩（蛭石）、园土以4：2：4的比例混合配制，盆底施足充分腐熟的堆肥和少量骨粉作基肥。不同的百合品种对基质的pH有不同要求，亚洲和麝香百合类型为pH6～7，而东方型百合为pH 5.5～6.5。

2. 上盆定植　盆栽宜在9～10月进行，根据种球大小选择不同大小的花盆和每盆中的种球数（表8-1）。盆栽百合应选择充实、均匀、无病的种球。种植前剔除被病菌污染的种球，并用75％百菌清可湿性粉剂800倍液浸泡30分钟或70％甲基托布津800倍液浸泡1小时，捞起晾干后上盆栽种。栽种深度一般为鳞茎直径的1～2倍。每年换盆1次，换上新的培养土和基肥。

表8-1　百合盆栽种球标准

种球围径（厘米）	盆径（厘米）	栽植数量（个）	花朵数
14～18	10～12	1	4～8
12～16	12～17	3	6～15
12～18	19～25	3～5	20～25

3. 肥水管理　百合对肥料要求不很高，在春季生长开始及开花初期施肥即可。百合对氮、钾肥需要较大，生长期应每隔10～15天施1次液体肥料，而对磷肥要限制供给，因为磷肥偏多会引起叶子枯黄。花期可增施1～2次磷肥。

生长期间保持盆土潮润，并常在花盆周围洒水，以提高空气湿度。现蕾后，浇水不能浇在叶面，避免"烧叶"。花蕾生长后期要保持充足水分，以免落蕾或花蕾干缩。休眠期盆土不宜过湿，否则鳞茎易腐烂。

4. 温光管理 百合种植最初的 2 周，温度应控制在 4～13℃，以后温度可逐步升高，以促进茎根的生长。温度过低，会延长百合的生长期，温度高于 15℃会引起盆栽百合根冠比失调。白天温度控制在 20～25℃，夜间温度不同类型百合要求不一样，亚洲型百合 10～15℃，东方型百合 15～20℃（低于 15℃可能导致落芽和叶黄）。

每天至少有 4 小时的直射日光，秋冬短日照时种植百合，应人工补光，使每天日照达 16 小时为好。每周还要转动花盆 1 次，以免植株偏长，影响美观。夏季需遮光 50%～70%，过分庇荫，花蕾则发育不良，花朵品质也会下降。

5. 病虫害防治 百合常见病害有百合花叶病、鳞茎腐烂病、斑点病、叶枯病等，发现病株及时拔除并销毁，可用 65%代森锌可湿性粉剂 500 倍稀释液或 1%等量式波尔多液、50%退菌特可湿性粉剂 800～1 000 倍液喷洒。

六、百子莲

学名：*Agapanthus africanus*

别名：紫君子兰、蓝花君子兰

（一）形态特征

石蒜科百子莲属多年生草本植物。鳞茎，近球形，伞形花序，有花 10～50 朵，花漏斗状，深蓝色或白色，花期 6～7 月。

（二）对环境的要求

原产南非。喜温暖、湿润和阳光充足环境。土壤要求疏松、肥沃的沙质壤土，pH5.5～6.5，忌积水。

（三）育苗技术

1. 分株繁殖 百子莲以分株繁殖为主。盆栽百子莲宜在秋季花后或在早春结合翻盆换土进行操作为好。可将植株分成 2～3 小丛，分别栽植即可。一般 1～2 年便能开花。

2. 播种繁殖 在种子成熟后随即进行点播，播后需 4～5 年才能开花，一般较少用。

（四）栽培技术要点

1. 上盆定植 盆栽用土应疏松、排水和透气良好，可用腐殖土或泥炭土与珍珠岩混合。

2. 肥水管理 生长季节注意经常保持盆土潮湿，盆内不能积水。定植时于花盆基部施用少量过磷酸钙作为基肥，生长旺盛阶段应该每隔 10 天追施 1 次富含磷、钾的稀薄液体肥料。花前增施磷肥，可使百子莲开花繁茂。

3. 温光管理 5～10 月温度在 20～25℃，11 月至翌年 4 月温度在 5～12℃。越冬温度为 5℃，北方需温室越冬。

4. 病虫害防治 常见叶斑病危害，可用 70％甲基托布津可湿性粉剂 1 000 倍液喷洒防治。

七、唐菖蒲

学名：*Gladiolus gandavensis*

别名：菖兰、剑兰、扁竹莲、十样锦

（一）形态特征

鸢尾科唐菖蒲属多年生草本。茎为基部扁圆形球茎。叶硬质，剑形，平行脉。穗状花序排成 2 列，花冠筒呈膨大的漏斗形，花色丰富，花期夏秋。

（二）种类与品种

盆栽主要选择矮生品种，如春花品种的小花型，植株较矮小，茎叶纤细，花轮小，耐寒性强。

（三）对环境的要求

原产非洲热带与地中海地区。喜光性长日照植物，喜凉爽的气候条件，畏酷暑和严寒。要求肥沃、疏松、湿润、排水良好的土壤。

（四）育苗技术

盆栽唐草蒲的繁殖以分球繁殖为主，从 4 月上旬开始，分期分批栽种，最迟栽种期为 7 月下旬。覆土深度为 5～10 厘米，大球深色，小球浅些。

亦可将球茎分切 2～3 块，每块必须具芽及发根部位，切口涂以草木灰可以防腐，并具有一定的肥效，略干燥后栽种。

（五）栽培技术要点

1. 上盆定植　盆栽唐菖蒲宜用肥沃、疏松的沙质壤土，并混入足够的基肥（以磷、钾肥为主），pH5.6～6.5 为佳。一般选择直径 2.5 厘米以上的种球。

2. 肥水管理　唐菖蒲施肥不宜过多，否则叶容易徒长，植株容易倒伏。唐菖蒲缺肥时，表现为叶薄，叶鞘焦黄而有白点，这时应及时补肥，以利植株健壮生长。在整个生长期，花前一般需要追施 3 次稀薄液肥。第一次在第二个叶片展开之后施用，以促进茎叶生长；第二次在孕蕾期（第四叶片抽出之后），以促进花朵发育开放；第三次在花穗抽出之后，以促进花朵大、花期长。花谢后，还应追施 1～2 次稀薄肥液，以促进新球的发育良好。9～10 月则要节制浇水，从 10 月上旬开始，停止浇水。

3. 温光管理　唐菖蒲为长日照植物，球茎在 −4℃ 开始萌发，其生育最适温度为 20～25℃，气温高则生长不良。冬季栽培阴天要增加光照。

4. 花期控制　早花种生长周期 50～60 天，根据各品种生长周期安排播种时间。唐菖蒲长日照花卉，每天光照需 14 小时以上，根据这一特点，可通过补光或遮光以达提早或延迟开花的目的。

唐菖蒲具有休眠性。将其置于 0～4℃ 条件下，冷藏 30～50 天，可打破休眠，促进萌发、开花。也可把其球茎浸泡在 30℃ 温水中两周，解除休眠；或将球茎悬挂于温室内 30 天，然后在 27～32℃ 的温水中浸泡 12 小时左右，再种植。还可用生长调节剂 800 毫克/千克的矮壮素水溶液浇灌唐菖蒲球茎。

5. 病虫害防治　唐菖蒲球茎病害较为严重，常见青霉腐烂、干腐病，可用 80 倍福尔马林液 30 分钟或 0.2%代森铵 10 分钟浸泡球茎再用清水冲洗后栽植。

八、小苍兰

学名：*Fressia hybrida*

别名：香雪兰

（一）形态特征

鸢尾科香雪兰属为多年生草本。具球茎，长圆锥形；茎柔，有分枝；穗状花序顶生，小花直立，狭漏斗状，具白、粉、黄、紫等色，具浓香。自然花期 2～5 月。

（二）种类与品种

小苍兰园艺品种花色丰富，常见的种和变种有白花香雪兰、鹅黄香雪兰、红花香雪兰等。

（三）对环境的要求

原产南非。性喜温暖湿润环境，要求阳光充足，但不耐强光、高温，宜于疏松、肥沃的沙壤土生长。

（四）育苗技术

1. 播种繁殖　多在秋季室内盆播，在 20℃ 左右的条件下易于发芽，2 周左右发芽。实生苗需 3～4 年才能开花。

2. 分株繁殖　将小苍兰小球从母球上分下，单独栽植，1 年后开花。

（五）栽培技术要点

1. 上盆定植　可用园土 2 份、砻糠灰 1 份混合或泥炭土 2 份、细沙 1 份混合，并加入豆饼或鸡粪作基肥。种植时覆土约 2 厘米，太浅植株长大后会倒伏。通常多在 9 月上旬栽植球茎，每盆可栽植 5～7 个球，春节开花。12 月初盆栽，则需要五一节才开花。

2. 肥水管理　小苍兰生长期，要求肥水充足，每 2 周施用 1 次有机液肥或复合化肥。盆土要求"见干见湿"，不可积水或土壤过于干燥。盆土保持湿润，生长初期，浇水不宜过多，否则茎叶生长柔弱，易倒伏。花谢后 1 个月，气温逐步升高，要减少浇水，保持盆土偏干。茎叶枯黄后要停止浇水，以免引起烂球。

3. 温光管理　温度以 15～20℃为宜，否则植株容易徒长，影响开花。小苍兰生长初期，要给予较充足的阳光，并要节制浇水，这样可起到蹲苗作用，避免水大或过阴造成植株生长柔弱，叶片细长。

4. 花期控制　常借助温度、激素处理等手段对小苍兰进行促成栽培。将采收回的开花种球阴干后，在 30～35℃的高温下处理 4～5 周，10℃的低温处理 35 天左右，可有效、迅速地打破休眠，在 9～11 月栽培可春节开花。

5. 病虫害防治　在小苍兰栽培过程中，主要有花叶病、枯萎病、菌核病等危害，可用 70％甲基托布津 1 000 倍液或 50％的多菌灵 1 000 倍液喷洒。

九、文殊兰

学名：*Crinum asiaticum* var. *sinicum*

别名：十八学士、白花石蒜

(一) 形态特征

石蒜科文殊兰属多年生球根草本花卉。叶片宽大肥厚，常年浓绿；花序伞形聚生于花葶顶端，花被线形、白色、清香，夏秋两季开花。

(二) 种类与品种

常见栽培的有中国文殊兰、红花文殊兰和北美文殊兰。

(三) 对环境的要求

喜温暖、不耐寒，稍耐阴，喜潮湿、忌涝，耐盐碱，宜排水良好的肥沃土壤。冬季需在不低于 5℃的室内越冬。

(四) 育苗技术

1. 分株繁殖　分株可在春、秋两季进行，以春季结合换盆时进行为好。将母株从盆内倒出，将其周围的鳞茎剥下，分别栽种即可。

2. 播种繁殖　以 3～4 月为宜。采后即播，可用浅盆点播，覆土约 2 厘米厚，浇透水，在 16～22℃温度下，保持适度湿润，约 2 周后可发芽。待幼苗长出 2～3 片真叶时，即可移栽于小盆中。栽培 3～4 年可以开花。

（五）栽培技术要点

1. 上盆定植　盆栽时可用塘泥 3 份、砻糠灰 1 份，加少量豆饼作基肥，将鳞茎栽于 20～25 厘米的盆中。不能过浅，以不见鳞茎为准。栽后充分浇水，置于阴处。

2. 肥水管理　生长期需肥水量大，每周追施稀薄液肥 1 次，特别是在开花前后以及开花期增施 2 次磷肥，花葶抽出前宜施过磷酸钙 1 次。保持盆土湿润，"见干见湿"。秋后要减少浇水，追施 2 次磷钾肥，以增强其抗寒能力。

3. 温光管理　文殊兰生长适温 15～20℃。不耐烈日暴晒，而稍耐阴，夏季需置荫棚下。10 月下旬将盆花移入室内，冬季保持 5℃以上可越冬，不需浇水，终止施肥。

4. 株形整理　在花后，不留种的应剪去花梗，对老黄的叶片也应随时清除。文殊兰在生长旺盛期，总要经常从根茎周围生出蘖芽，为保证株形直立，根茎整齐，全株正常生长，应及时抹去蘖芽。

5. 病虫害防治　在高温潮湿时，叶片和叶基部易发生叶斑病和叶枯病。应加强管理，及时清除病叶，保持通风。发病初期可用化学方法防治。

十、晚香玉

学名：*Polianthes tuberose*

别名：夜来香、月下香

（一）形态特征

石蒜科晚香玉属多年生草本。鳞茎块状；叶基生，披针形；

总状花序，花白色，漏斗状，有芳香，花期 7~9 月。

（二）种类与品种

栽培品种的有白花和淡紫色两种。

（三）对环境的要求

喜温暖、阳光充足的环境，不耐霜冻；好肥喜湿而忌涝；对土壤要求不严，以肥沃黏壤土为宜。

（四）育苗技术

多采用分球繁殖，于 11 月下旬地上部枯萎后挖出地下茎，除去萎缩老球，按大小分级贮藏。在 4 月上中旬，将大、小球分别栽种于盆内，大子球直径在 2.5 厘米以上栽植时顶部稍露出土面，当年可开花；小的则低于土面，小子球培养 1 年后开花。

（五）栽培技术要点

1. 上盆定植　盆土用园土或沙质壤土均可，忌用重碱性土壤。在盆底放一些豆饼渣或马掌片作基肥。在栽植前，将块茎放在冷水中浸泡 7~8 小时，有利于块茎发芽，浸泡后进行栽植。

2. 肥水管理　晚香玉喜肥，应经常施追肥。一般栽植 1 个月后施 1 次，开花前施 1 次，以后每 1.5~2 个月施 1 次。晚香玉出苗缓慢，但出苗后生长较快。生长前期，因苗小、叶少，灌水不必过多；在出叶后尽量少浇水，进行蹲苗，以促进根系发达，植株健壮生长；也不宜施肥，否则造成叶片过茂，开花少。花茎即将抽出和开花前期，充分灌水并经常保持土壤湿润。在雨季注意排水，花谢后仍要加强肥水管理，以促使块茎生长。

3. 温光管理　生长适温 20~30℃。花芽分化期要求最低气温 20℃左右。秋末霜冻前将球根掘起，除去泥土，将残留叶丛编成辫子，晾晒至干，吊挂在温暖干燥处贮藏越冬，室温保持 4℃以上即可。

4. 花期控制　11 月下旬将球根栽于高温温室中，保持阳光充足，空气流通，注意养护管理，2 个多月便可开花。

5. 病虫害防治　主要病害为炭疽病、叶枯病，虫害常见鼠妇、红蜘蛛等，应及时进行防治。

十一、石蒜

学名：*Lycoris radiata*

别名：老鸦蒜、蒜头草、蟑螂花

（一）形态特征

石蒜科石蒜属多年生草本。鳞茎，广椭圆形；叶线形或带形；伞形花序顶生，花瓣向外翻卷，夏秋开花。

（二）种类与品种

品种众多，有红花、小红花、黄花、淡红紫色、百合型、白长筒型等。

（三）对环境的要求

原产中国长江流域。耐寒性强，喜阴，喜湿润，也耐干旱，习惯于偏酸性土壤，以疏松、肥沃的腐殖质土最好。

（四）育苗技术

1. 分球繁殖 是石蒜主要的育苗法。在休眠期或开花后将植株挖出，将母球附近附生的子球取下种植，1～2年便可开花。将清理好的鳞茎基底以米字型八分切割，切割深度为鳞茎长的1/2～2/3。消毒、阴干后插入湿润的沙、珍珠岩等基质中，3个月后鳞片与基盘交接处可见不定芽形成，逐渐生出小鳞茎球，经分离栽培后可以成苗。

2. 组织培养繁殖 用MS培养基，以花梗、子房等作外植体材料，经培养，1个月后可形成不定根，3～4个月后可形成不定芽。

（五）栽培技术要点

1. 上盆定植 培养土可用泥炭2份、园土2份、珍珠岩1份混合配制而成，同时加入少量的基肥。一般选用直径在7厘米以上大球，浅植，使球的1/3～1/2居于土面上。上盆后浇水1次，使土略微湿润即可，待发出新叶后再浇水。

2. 肥水管理 每 2 个月施用追肥 1 次，偏重磷钾肥的比例，以促进球根发育和开花。

夏季休眠期要少浇水，而春秋季需经常保持盆土湿润。越冬期间严格控制浇水，停止施肥。

3. 温光管理 多数品种喜温暖的气候，最高气温不超过 30℃，日平均气温 24℃，适宜石蒜生长。石蒜多数喜爱在阳光充足的环境下生长，全日照或半日照的环境下皆适合，光照不足会造成开花不良。

4. 病虫害防治 常见病害有炭疽病和细菌性软腐病，鳞茎栽植前用 0.3％硫酸铜液浸泡 30 分钟；每隔半月喷 50％多菌灵可湿性粉剂 500 倍液防治。常见害虫有斜纹夜蛾、蓟马等，可用杀虫剂防治。

十二、银莲花

学名：_Anemone coronaria_

别名：欧洲银莲花、罂粟牡丹、法国白头翁

（一）形态特征

毛茛科银莲花属多年生草本。块根；叶 3 裂，掌状深裂；花单生于茎顶，有大红、紫红、粉、蓝、橙、黄、白及复色等，花期春季。

（二）种类与品种

常见栽培品种有阁下系列、爱尔兰银莲花系列、克丽巴特拉系列、蒙娜丽莎系列等。

（三）对环境的要求

喜凉爽、潮润、阳光充足的环境，较耐寒，忌高温多湿。

（四）育苗技术

1. 播种繁殖 9～10 月秋播，因种子有毛，可与沙混合后撒播，覆土 0.5～0.6 厘米。种子发芽适温为 15～18℃，经 15 天发芽。一般播种苗开花需经 18 个月的生长期。

2. 分株繁殖　于 6 月中下旬地上叶开始转黄时，选晴天采掘球根，用漂白粉饱和溶液消毒 5～30 分钟，阴干后干燥储藏。10 月下旬将干藏球根瓣开后分株栽种。

（五）栽培技术要点

1. 上盆定植　银莲花以中性偏碱的沙质壤土为好，过于黏重或疏松的土壤，会引起烂根。盆土用园土 3 份，腐叶土和砻糠灰各 1 份，再用适量腐熟的堆肥或鸡粪混合而成，盆栽宜用 18 厘米口径泥盆，每盆栽 2～3 株，覆土 15 厘米。栽植时要注意分辨芽与根的生长部位，通常球根上皱纹多的一端为发芽部位，分栽时应该向上，块根的尖头要向下，不能倒置。

2. 肥水管理　冬季保持 5℃以上可继续生长，并形成花蕾，提早开花。此时浇水要控制，不要使盆土太潮，以防块根腐烂。栽培中可追肥 1～2 次，以补充磷钾肥为主，氮肥用量不宜过多，否则会引起植株徒长，延迟开花。

3. 温光管理　生长适温宜控制在日温 15～18℃，夜温 6～9℃。夏季应遮阳，置于荫棚下养护。

4. 花期控制　银莲花进行球根冷藏处理或催芽处理可提早开花。栽植前用 8℃低温处理种球 3～5 周。种球从冷库中取出后，摆放在 15～18℃进行催芽，8～10 天后可萌芽整齐。这样可以缩短生育期，使植株在生出 5 片真叶时就开出第一朵花。

5. 病虫害防治　银莲花生长过程中会发生菌核病与锈病等。栽培上要避免氮肥施用过度，并保持良好的通风环境，并使用 160 倍等量式波尔多液防治。主要虫害有蚜虫、蓟马等。

十三、马蹄莲

学名：*Zantedeschia aethiopica*

别名：慈姑花、水芋、观音莲

（一）形态特征

天南星科马蹄莲属多年生草本。具肥大肉质块茎，叶卵状箭形，全缘；肉穗花序圆柱形，包藏于佛焰苞内，佛焰包形大、开张呈马蹄形，自然花期3～8月。

（二）种类与品种

常见栽培的有白梗马蹄莲、红梗马蹄莲和青梗马蹄莲。

（三）对环境的要求

原产非洲南部，常生于河流旁或沼泽地中。性喜温暖气候，不耐寒，不耐高温，喜潮湿，不耐干旱。喜疏松肥沃、腐殖质丰富的黏壤土。

（四）育苗技术

1. 播种繁殖　播种基质用泥炭土与沙按1：1的比例，经过高温消毒后，装于播种盆中。10月中旬至11月下旬播种，经过1个月0～5℃的自然低温，种子逐渐萌动；然后移至15～20℃的条件下，约2周，种子发芽率可达80％以上。当幼苗长至4～5厘米高时，应及时分植。移植时切勿损伤根系，移植时间以早春2～3月为佳。

2. 分株繁殖　利用根茎上未萌发的隐芽，将根茎分段切开后，刺激隐芽萌发成新的植株。分株繁殖时间一般在10月。

（五）栽培技术要点

1. 上盆定植　盆栽马蹄莲可用泥炭3份、园土2份、粗沙1份混合，添加适量有机肥。

2. 肥水管理　生长期间要经常保持盆土湿润，通常向叶面、地面洒水，以增加空气湿度。每半月追施液肥1次。开花前宜施以磷肥为主的肥料，以控制茎叶生长，促进花芽分化，保证花的质量。施肥时切勿使肥水流入叶柄内，以免引起腐烂。5月下旬大热后植株开始枯黄，应渐停浇水，适度遮阴，预防积水。

3. 温光管理　冬季需要充足的日照，光照不足着花少；夏季阳光过于强烈时，适当进行遮阴。待霜降移入温室，室温保持10℃以上。

4. 病虫害防治　主要病害是软腐病，主要虫害是红蜘蛛。

十四、大岩桐

学名：*Sinningia speciosa*

别名：落雪泥

（一）形态特征

苦苣苔科大岩桐属多年生草本。块茎扁球形，地上茎极短，全株密被白色茸毛；叶肥厚而大；花顶生或腋生，花冠钟状，花色丰富，花期 4～11 月。

（二）种类与品种

常见品种有威廉皇帝、挑战等单瓣种和芝加哥重瓣、巨早、重瓣锦缎等重瓣种。

（三）对环境的要求

喜温暖、潮湿，忌阳光直射。有一定的抗炎热能力，但夏季宜保持凉爽。喜肥沃疏松的微酸性土壤。

（四）育苗技术

1. 分球繁殖　选经过休眠的 2～3 年生老球茎，于秋季或冬季先埋于土中浇透水并保持室温 22℃进行催芽。当芽长到 0.5 厘米左右时，将球掘起，用利刀将球茎切成 2～4 块，每块上须带有 1 个芽，切口涂草木灰防止腐烂。每块栽植 1 盆，即形成 1 个新植株。

2. 扦插繁殖　选取优良单株，剪取健壮的叶片，留叶柄 1 厘米，斜插入干净的河沙或珍珠岩与蛭石混合基质中，叶面的 1/3 插在河沙中，适当遮阴，保持一定的湿度，在 22℃左右的气温下，15 天便可生根，小苗移栽入小盆。

还可以用芽插繁殖，在春季种球萌发新芽长达 4～6 厘米时进行，将萌发出来的多余新芽从基部瓣下，插于沙床中，并保持一定的湿度，经过一段时间的培育，翌年 6～7 月开花。大岩桐块茎上常萌发出嫩枝，扦插时剪取 2～3 厘米长，插入细沙或膨胀珍珠岩基质中，注意遮阴，维持室温 18～20℃，15 天即可发根。

3. 播种繁殖 春、秋两季均可。播种前,先用将种子浸泡24小时,以促使其提早发芽。用浅盆或木箱装入腐叶土、菜园土和细沙混合的培养土,将土平整后,均匀地撒上种子,盆底润水后,上面盖玻璃。在 18~20℃ 的湿度条件下,约 10 天后出苗。出苗后,让其逐渐见阳光。当幼苗长出 3~4 片真叶时,分栽于小盆。苗期应适当遮阴,保持较高的湿度。每隔 10 天左右施一次稀薄的饼肥水,一般播种后 6 个月可开花。

(五)栽培技术要点

1. 上盆定植 盆栽大岩桐常用 1 份珍珠岩、1 份河沙和 3 份泥炭土加少量腐熟、晒干的细碎家禽粪便配制,覆土厚度以块茎顶部微露出土面为宜。

2. 肥水管理 大岩桐较喜肥,从叶片伸展后到开花前,每隔 10~15 天应施稀薄的饼肥水 1 次;当花芽形成时,需增施 1 次骨粉或过磷酸钙。生长期要求空气湿度大,平时保持盆土湿润,浇水施肥不要浇在叶面,否则,易引起叶片腐烂。冬季休眠期盆土宜保持稍干燥些,花期要注意避免雨淋。

3. 温光管理 大岩桐生长适温在 1~10 月为 18~22℃,10月至翌年 1 月为 10~12℃。块茎在 5℃ 左右的温度可以安全过冬。若温度低于 8℃、空气湿度又大,会引起块茎腐烂。大岩桐不耐寒。在冬季,植株的叶片会逐渐枯死而进入休眠期,此时可把地下块茎挖出,贮藏于阴凉(温度不低于 8℃)干燥的沙中越冬,待到翌年春暖时,再用新土栽植。

生长期间要注意避免强烈的日光照射,也不可过于干燥,否则极易引起叶片枯萎。

4. 株形整理 定植发芽后每株只需选留 1 个大而健壮的嫩芽,其余自基部摘除。花谢后如不留种,宜剪去花茎,有利继续开花和块茎生长发育。

5. 病虫害防治 幼苗期易发生猝倒病,常见叶枯性线虫病,注意播种和移栽土壤的消毒。生长期常有尺蠖咬食嫩芽，可人工捕杀。

十五、花毛茛

学名：*Ranunculus asiaticus*

别名：芹菜花、波斯毛茛

（一）形态特征

毛茛科花毛茛属多年生草本。块根纺锤形，茎单生，叶似芹菜叶；花单生或数朵顶生，花期4～5月。

（二）种类与品种

栽培品种很多，有重瓣、半重瓣，花色丰富，有白、黄、红、水红、大红、橙、紫和褐等多种颜色。

（三）对环境的要求

喜凉爽及半阴环境，忌炎热，既怕湿又怕旱，宜种植于排水良好、肥沃疏松的中性或偏碱性土壤。

（四）育苗技术

1. 分株繁殖 9～10月将块根带根茎瓣开，以3～4根为一株栽植，覆土不宜过深，埋入块根即可。

2. 播种繁殖 秋季露地播种，以腐叶土、壤土、河沙各1份，经混匀、过筛、高温消毒作为播种基质备用。种子适宜的发芽温度是10～15℃，不宜超过20℃，约20天便可发芽。播种苗于入冬前应分栽上小盆，入低温室继续养护，翌春3月下旬出室地栽或换大盆定植，入夏前即可开花。

（五）栽培技术要点

1. 上盆定植 当幼苗长出4～5片真叶时，分苗移栽上盆，栽植用土要求富含腐殖质、疏松肥沃、通透性能强的沙质培养土，可用腐叶土、壤土、河沙各1份混匀配制。起苗时，尽量多带宿土，减少对根系的伤害。每盆栽花苗3～5株，移苗后及时浇水，并加盖遮阳网以利缓苗，成活后在全光照下养护。

2. 肥水管理　生长旺盛期应经常浇水，保持土壤湿润，不能积水，否则易导致黄叶。花前应薄肥勤施，花后再施肥 1 次。每周向叶面喷施 0.05％尿素和磷酸二氢钾混合液 1 次，促进生长。

3. 温光管理　夏季高温季节，植株进入休眠，可将块根挖起，与沙混合后，放通风干燥处贮藏，至秋季栽培。生长期如果高温高湿，容易引起植株徒长、黄叶和茎基病腐。

4. 花期控制　要想花毛茛春节期间开花，可于上年 8 月中旬将花毛茛块根用清水浸泡 12 小时后，从根颈处分割块根，埋在苗床的湿细沙里，经过十多天芽眼即可萌发新芽。每块必须带有芽眼 3～4 个才能发新芽，待苗长出 3～4 片叶子时，再移栽于口径 16 厘米的花盆中，浇透水置于半阴的环境下正常管理。保持在 10～20℃，最高不超过 30℃，每隔 1 周追 1 次肥，最好用有机肥与无机肥交替施肥，促使花蕾分化。

5. 病虫害防治　主要病害有茎腐病、根腐病，可用 50％多菌灵可湿性粉剂 800～1 000 倍液或 75％百菌清 500 倍液。主要虫害有根蛆、潜叶蝇，用 40％氧化乐果乳油 1 000 倍液喷杀。

十六、大丽花

学名：*Dahlia pinnata*

别名：大理花、天竺牡丹、东洋菊

（一）形态特征

菊科大丽花属多年生草本。纺锤状肉质块根，全株光滑；头状花序，具长柄，花色丰富，花期夏季至秋季。

（二）种类与品种

大丽花栽培品种繁多，盆栽宜选用株高 30～60 厘米的品种。

（三）对环境的要求

原产墨西哥高原地带。喜温暖、湿润和阳光充足环境，大丽花对水分比较敏感，不耐干旱又怕积水。

（四）育苗技术

1. 分根繁殖　此法最为常用。预先埋根进行催芽，待根颈上的不定芽萌发后再分割栽植，每块必须带有部分不定芽。

2. 扦插繁殖　一般于早春进行，夏秋亦可，以 3～4 月在温室或温床内扦插成活率最高。扦插基质以沙质壤土加少量腐叶土或泥炭为宜，插穗取自经催芽的块根，待新芽基部一对叶片展开时，即可从基部剥取扦插。也可留新芽基部一节以上取，以后随生长再取腋芽处之嫩芽。春插苗经夏秋充分生长，当年即可开花。

（五）栽培技术要点

1. 上盆定植　盆栽大丽花定植用土，一般以菜园土（50%）、腐叶土或泥炭土（20%）、沙土（20%）和有机肥（10%）配制的培养土为宜。选用口径大的浅盆，同时把盆底的排水孔尽量凿大，下面垫上一层碎瓦片作排水层。盆栽土壤不宜重复应用，否则块根易退化和感染病虫害。

2. 肥水管理　浇水要掌握"干透浇透"的原则。大丽花肉质块根，浇水过多根部易腐烂，缺水，叶片边缘枯焦甚至基部叶片脱落。一般生长前期的小苗阶段，需水分有限，保持土壤稍湿润为度；生长后期，枝叶茂盛，消耗水分较多，适当增加浇水量。

大丽花是一种喜肥花卉，从幼苗开始一般每 10～15 天追施 1 次稀薄液肥；现蕾后每 7～10 天施 1 次，到花蕾透色时即应停浇肥水。施肥量的多少要根据植株生长情况而定。凡叶片色浅而瘠薄的，为缺肥现象；叶片边缘发焦或叶尖发黄，为肥料过量；叶片厚而色深浓绿，则是施肥合适的表现。施肥的浓度要逐渐加大，才能使茎干越长越粗壮。

3. 温光管理　大丽花的生长适温为 10～25℃，夏季温度高于 30℃，则生长不正常，开花少。冬季温度低于 0℃，易发生冻害。块茎贮藏以 3～5℃为宜。

大丽花应放在阳光充足的地方，长期放置在荫蔽处则生长不良，根系衰弱，叶薄茎细，花小色淡，甚至有的不能开花。每日光照要求在 6 小时以上，这样植株苗壮，花朵硕大而丰满。

4. 株形整理　要根据品种进行株形整理以提高观赏价值。一般大型品种采用独本整形，中型品种采用四本整形。独本整形即保留顶芽，除去全部侧芽，使营养集中，形成植株低矮、大花型的独本大丽花。四本整形是将苗摘心，保留基部两节，使之形成 4 个侧枝，每个侧均留顶芽，可成四干四花的盆栽大丽花。在最后一次摘心并定枝后，开始绑竹，每枝条一支竹片，同时把过多的侧枝摘除，以便通风。当花蕾长到花生米大小，每枝留 2 个花蕾，其他花蕾摘除。

5. 病虫害防治　病虫害有白粉病、花腐病、蚜虫、红蜘蛛等。病害可用 50％托布津可湿性粉剂 1 000 倍液防治，虫害用 40％乐果乳剂 1 000 倍液喷施。

十七、六出花

学名：*Alstroemeria* spp.

别名：智利百合、秘鲁百合、水仙百合

(一) 形态特征

石蒜科六出花属多年生草本。根肉质，块茎；茎直立，不分枝；伞形花序，花小而多，喇叭形，花期 6～8 月。

(二) 种类与品种

盆栽六出花的品种有英卡·科利克兴、小伊伦尔、达沃斯、卢纳、托卢卡、黄梦等。

(三) 对环境的要求

原产南美。喜温暖湿润和阳光充足环境，夏季需凉爽，怕炎热，耐半阴，不耐寒。

(四) 育苗技术

1. 播种繁殖　以春、秋播为好，播种基质用草炭土与沙按

1∶1（体积比）的比例，发芽适温 16～18℃，14～28 天发芽。当幼苗长至 4～5 厘米高时移栽。一般秋播六出花，翌年夏季开花，春播苗秋季开花。

2. 分株繁殖　常在秋季进行，待成年植株花后，地上部茎叶枯萎，进入休眠状态时，将地下块茎小心挖出，尽量少伤块茎，分切后盆栽，每个块茎上需保留 2～3 个芽。夏秋季可开花。

3. 组织培养繁殖　常用顶芽作外植体，经常规消毒灭菌后，接种到添加 6-苄氨基腺嘌呤 5 毫克/升和萘乙酸 1 毫克/升的 MS 培养基上，经 2 个月的培养成不定芽，再转移到添加萘乙酸 1 毫升的 1/2MS 培养基上，由不定芽形成块茎。

（五）栽培技术要点

1. 上盆定植　盆栽土用腐叶土或泥炭土、培养土和粗沙的混合土，并混入适量腐熟有机肥做基肥，pH 调整为 6.5 左右。10 月中旬盆栽定植，常用 12～15 厘米盆，栽植深度 3～5 厘米，30 天后长出叶芽。

2. 肥水管理　在 2 月下旬至 6 月上旬是六出花生长旺盛期，开花前施用 1 次硝酸钾或尿素等氮肥，促其营养生长；进入花期，每隔 2～3 周追施 1 次氮磷钾（3∶1∶3）复合肥，也可每周 1 次用 0.2％磷酸二氢钾追肥。叶面喷施浓度为 0.1％～0.2％的螯合铁盐、硫酸镁的水溶液，可有效改善叶片黄化现象。植株半休眠期减少施肥次数。

六出花在旺盛的生长季节应有充足的水分供应和较高的空气湿度，相对湿度控制在 80％～85％较为适宜。炎热夏季和冬季应注意控制水分，保持干燥，待块茎重新萌芽后，再恢复供水。

3. 温光管理　新栽植株在定植后 1～2 个月，白天温度不超过 25℃，晚间温度在 7～10℃为宜，如超过 12℃，易使茎干软弱。生长季节温度维持在 8～15℃；夏季最好使土温保持在 20℃左右。当温度升高至 25℃以上时，叶节疏、茎叶软；温度升高至 35℃以上时，植株处于半休眠状态。植株最适宜的花芽分化温度为 20～22℃。

六出花是强阳性植物，生长季节应有充足光照，其最适日照时数为 13～14 小时。冬季及早春自然日照时间短，在保护地栽培时应补充光照。每天补充光照 4～5 小时，直到自然光照达到 13 小时左右即可停止补光。早春及秋季延长光照时间可刺激植株再生长，可增加新芽数并促进花芽分化，提早花期，提高成花率。

4. 株形管理 入冬后，新芽生长迅速，茎叶密生，影响基部花芽生长，需疏叶，去除细小的叶芽，保留粗壮的花芽，达到株矮、花多的目的。

5. 病虫害防治 常有根腐病危害，可用 65％代森锌可湿性粉剂 600 倍液喷洒。虫害有蚜虫危害花枝，用 40％乐果乳油 2 000 倍液喷杀。

十八、番红花

学名：*Crocus sativus*

别名：藏红花、西红花

（一）形态特征

鸢尾科番红花属多年生草本。球茎扁圆球形，花茎甚短，花顶生，淡蓝色、红紫色或白色，有香味，花期 10～11 月，花朵日开夜闭。

（二）对环境的要求

原产欧洲南部。喜冷凉湿润和半阴环境，较耐寒，宜排水良好、腐殖质丰富的沙壤土。

（三）育苗技术

以球茎繁殖为。成熟球茎有多个主、侧芽，花后从叶丛基部膨大形成新球茎。每年 8～9 月将新球茎挖出栽种，当年可开花。种子繁殖需栽培 3～4 年才能开花。

（四）栽培技术要点

1. 上盆定植 盆栽土壤要施足基肥，覆土 5～8 厘米，宜腐殖质丰富的沙壤土作基质。定植选用 12 厘米以上的鳞茎作为种球，保证植株能正常开花。

2. 肥水管理 番红花生长进入旺盛阶段，每隔 10 天喷 0.2％磷酸二氢钾 1 次，连喷 2～3 次。入冬前要灌水防冻，翌年 4 月再灌水，满足生长需要。

生长期及时除草，雨后注意排水，秋旱时要松土浇水，保持土壤湿润以利生根。10 月开花，花后追肥 1 次，有利于球茎发育。

3. 温光管理 番红花适温为 2～19℃，在中国北方－18℃温度下采取防寒措施即可安全越冬，南方高温 25℃情况下适当遮阴，就能延长番红花的生长时间，利于番红花的球茎增重。

4. 病虫害防治 菌核病危害球茎和幼苗，贮藏球茎必须剔除受伤或有病球茎，以防球茎变质及病菌的感染和蔓延。可用 50％托布津可湿粉剂 500 倍液喷洒防治。

第四节 木本花卉

一、牡丹

学名：*Paeonia suffruticosa*

别名：洛阳花、富贵花、花王、木芍药

（一）形态特征

毛茛科芍药属落叶灌木。叶互生，2 回 3 出羽状叶；花单生于当年枝顶，花色花型多样，自然花期 4～5 月。

（二）种类与品种

牡丹的栽培品种很多。盆栽牡丹，要选择适应性强，花型较好的早、中花品种。根据土质、气候、栽培条件的不同，各地已形成了当地的特色品种。比如菏泽现在栽培的牡丹品种主要是紫金荷、玉玺映月、蓝月、花二乔、妙龄、粉蓝盘、景玉等，而洛阳现在栽培的主要是墨魁、二乔、姚黄、魏紫等。

（三）对环境的要求 ·

牡丹喜阳光，耐寒，可耐−30℃的低温，喜凉爽环境而忌高温闷热，要求疏松、肥沃、排水良好的中性土壤或沙质土壤。有一定抗旱能力，不耐潮湿，忌黏重土壤和积水的低洼处。

（四）育苗技术

1. 分株繁殖　可在秋季 10 月前后进行。将大丛牡丹掘出，用利刀将其分割成每丛带有 5～7 芽的新株，直接定植即可。

2. 扦插繁殖　扦插时间是根据牡丹"春开花、夏长叶、秋生根、冬休眠"的生物学特性，在 8 月中旬至 9 月底扦插。扦插基质可选用黄沙、砻糠灰、蛭石等。在扦插前 3～5 天，用 500～800 倍的高锰酸钾液喷洒扦插基质进行消毒。插穗选择生长健壮的当年生枝条，根茎萌生的为好。截成 10 厘米长的茎段（带 3～4 个芽苞），用 1‰的吲哚丁酸、吲哚乙酸或萘乙酸浸泡 3 分钟立即扦插，20～30 天生根。当须根有 5～7 条、长 3～5 厘米时可移栽。扦插牡丹第三年开花。

3. 播种繁殖　在 7 月下旬到 8 月上中旬采收牡丹种子，即采即播。牡丹适宜采用高床宽窄行播种，床宽 60～70 厘米，每床 2 行，每平方米播种量 120～150 克。牡丹播种不可过深，以 3～4 厘米为宜，俗称"种子入土，深不过五"（5 厘米）。再轻轻将土壤踏实，浇透水。冬季要覆上干草、马粪或树叶，或用地膜盖好，以保墒、保温、防寒，翌年牡丹萌动出土。牡丹小苗 1～2 年后即可作根砧或移栽，实生牡丹一般 3～5 年即可以开花。

（五）栽培技术要点

1. 上盆定植　盆土宜用沙土和饼肥的混合土，或用充分腐熟的厩肥、园土、粗沙以 1∶1∶1 的比例混匀的培养土。牡丹因根须较长，植株较大，盆栽则应选大型的、透水性好的瓦盆，盆深要求在 30 厘米以上，最好用深度为 60～70 厘米的瓦缸。盆底要铺粗沙，以利排水，条件允许可将盆埋于地下养护。盆栽前要把牡丹根晾晒一下，使其变软，以免栽时折伤根系。9 月中下旬上盆，为避免"秋发"，可适当带叶栽种。

2. 肥水管理 盆栽牡丹通常每年施3次肥，即开花前半个月喷洒1次以磷肥为主的肥水，促其花开大开好；花后半个月施有机液肥；入秋后，以基肥为主，促翌年春季生长。另外，要注意中耕除草，以利根系生长和吸收营养。

盆栽牡丹水分较难掌握，一般以保持湿润为度。夏季每天傍晚浇水1次，冬季不干不浇。如栽培土壤中水分过多，其肉质根部容易腐烂。遇到连续下雨的天气时，要及时排水，切不可让其根部积水，雨季来临前必须做好防涝准备。

3. 温光管理 牡丹生长适温在16~20℃，开花适温为17~20℃，低于16℃不开花。花前必须经过1~10℃的低温处理2~3个月。夏季高温时，植物呈半休眠状态。

牡丹喜光照充足的环境。在自然状态下，保证每天接受4小时的直射日阳光即可。夏季适当遮阴，否则会因受热落叶，影响以后开花，冬季里让植株接受尽可能多的阳光照射，保持环境适当通风条件有利于牡丹生长。

4. 株形整理 牡丹修剪整形一般可在花谢之后进行。将残花、过多和过密的新芽摘去，截短过长的枝条，使每株保留5~8个充实饱满、分布均匀的枝条，每个枝条保留2个外侧花芽，其余的应全部摘除。

春季应及时剔除从根颈部长出的萌蘖条，使养分集中在枝干上，促进生长和开花。牡丹枝条脆弱，极易折断，花开时需用细竹竿支撑，支柱可涂成绿色，以增加美感。

5. 花期控制 洛阳、菏泽等地从明清两代开始，春节期间就下广（州）催花以满足人们需求。

牡丹冬季催花栽培最关键的因子是温度。一般在进入温室前需进行3周左右的低温（0~3℃）处理；进温室后要逐渐升高温度，开始温度控制在5~10℃，2周后待幼叶有一定伸展，再升高温度到15~20℃，以利花蕾迅速增大，50~60天花叶就能同放。温室空气相对湿度控制在 80％左右为好。为解决温室光照不足，可进行加光处理，一般花蕾期每天加光 3 小时，用日光灯从黄昏开始；显蕾展叶期每天加光 5 小时；展叶至开花期每天加光 7 小时，日平均照度为 4 000～5 330 勒克斯。

牡丹的催花栽培，应注意以下事项：①在高低温转换过程中，应逐步进行，不可使温度骤然升降；②采用低温冷藏时，注意加强光照和透气性，盆土保持"不干不浇，干透浇透"的原则，以免引起枝叶和根系的霉烂；③如发现早于预定花期开花的植株，可用低温冷藏法来控制花期，做到促控结合，灵活掌握；④牡丹的催花栽培，除了特别的处理措施，还需以正常的管理措施为基础，才能达到促成栽培的目的。

6. 病虫害防治 牡丹常见病害有红斑病（叶斑病）、褐斑病和锈病等，可用 70％甲基托布津 1 000 倍液或 65％代森锌 500 倍液连喷 2～3 次。常见虫害为柑橘粉蚧，可用 50％的氧化乐果乳油 1 000 倍液喷洒。此外，还有牡丹炭疽病、牡丹轮斑病、牡丹叶枯病、牡丹枝枯病、牡丹根结线虫病等。

二、梅花

学名：*Prunus mume*

别名：干枝梅、红梅、春梅

（一）形态特征

蔷薇科李属落叶小乔木。树干灰褐色，小枝细长，绿色；叶椭圆或卵形，多在早春先叶开放，有芳香，花瓣 5 枚，也有重瓣品种，多为白色至水红色。

（二）种类与品种

盆栽梅花常见有红梅、白梅、绿萼梅、品字梅、早梅、细梅、杏梅、毛梅、照水梅、光梅、香梅等。

（三）对环境的要求

梅花性喜温暖稍湿润，较耐寒，冬季或早春能耐－15℃低温，在黄河以南地区可露地栽培。较耐旱，怕水涝，忌大风，宜在阳光充足、通风良好处生长。对土壤要求不严，耐瘠薄，在黏性、偏碱、偏酸中都能生长。

（四）育苗技术

1. 嫁接繁殖　作为梅花嫁接的砧木，南方多用梅或毛桃，北方有山桃、山杏及杏。通常用切接、劈接、舌接、腹接或靠接，于春季砧木萌动后进行；腹接和靠接还可秋天进行；芽接多于 6～9 月进行。由于梅花木质部硬，嫁接刀要快，枝接切口要光、平、直，坡度较大，形成层对齐，用塑料薄膜扎紧。

2. 扦插繁殖　于落叶后的 11 月进行。选幼龄母株上当年生壮枝，长 10 厘米作插穗，插前用 500 毫克/升吲哚丁酸浸 5～10 秒钟，深度为插穗的 2/3，插后浇透水，冬季用塑料棚保温 10～20℃。

还可嫩枝扦插。黄河流域以 5 月中旬，长江流域 4 月下旬至 5 月上旬，插穗选当年生带踵枝，长 10～15 厘米，用 ABT1 生根粉浸半小时，间歇喷雾。以官粉型、垂枝型成活率高，朱砂、春后、江梅型较低。

3. 压条繁殖　早春将 1～2 年生、根际萌发的枝条用利刃环剥大部分，埋入土深 3～4 厘米中，秋后割离再行分栽。

4. 播种繁殖　6 月收获种子，清洗后秋播或层积处理后春播。

（五）栽培技术要点

1. 上盆定植　盆栽可用腐叶土 3 份、园土 3 份、河沙 2 份、腐熟的厩肥 2 份均匀混合，以表土疏松、底土稍黏的微酸性土为最好。一般先将梅花种在瓦盆中，待植株将开花观赏时，再套上雅致、美观的花盆，如瓷盆、紫砂盆。

2. 肥水管理　每年春季花谢后可换盆 1 次，剔除老根，添加新土并施入适量的腐熟豆饼作底肥。从春末至夏初在新叶逐渐展出时，每隔 10～15 天追施稀薄液体肥料 1 次。在"扣水"或新梢停止生长后（6～7月），适当控制施肥次数和浓度，可帮助促进花芽分化。秋季孕蕾期间停施氮肥，增施少量速效磷肥。冬末至春初，当梅花花蕾开始明显生长至透色前，每隔5天追施稀薄磷钾液肥1次，促进梅花开花和提高花的质量。在冬季落叶后，停止施肥，并防冻越冬。

生长期保持盆土湿润偏干状态，浇水掌握"见干见湿"的原则。春、秋季隔天浇水1次，冬季则干透浇透。注意雨季盆内无积水。夏季每天下午浇水1次，但在6～7月时，要对梅花"扣水"2～3次，即减少浇水，待梅花叶片微卷、枝条略显萎蔫状时，再恢复浇水，促进梅花进行正常的花芽分化。

3. 温光管理　梅花的花芽分化必须经过低温阶段以完成春化过程，越冬温度不宜低于$-10℃$。在北方栽培需要保护越冬，盆栽宜在温室时培养。

梅花喜光照充足的栽培环境，荫蔽的条件下，开花不良。盆栽梅花必须每天接受4～6小时的日光照射，在花期特别是花芽开始膨大后，每天接受6～8小时的日光直射，更有利于开花。一旦开花后放在无日光直射的光亮之处可以延长花期。

4. 株形整理　盆栽梅花上盆后要进行重剪，为制作盆景打基础。通常以梅桩作景，嫁接各种姿态的梅花。第一次修剪整形的最佳时间是花谢80%以上、萌芽前进行，去除枯枝、病虫弱枝、交叉重叠枝、徒长枝、过密枝等，每根枝条仅留基部3～5芽，每盆约留20个芽为宜，保证疏密有致、长短适宜、层次清晰的优美树形。春季枝条发芽后，将过密的、方位不理想的芽及时抹去，以免消耗养分；当枝条生长到一定长度时摘心。入秋落叶后将有花芽的短枝适当剪短，控制长度为20～30厘米。还可作各种造型。

5. 花期控制　梅花适合于促控栽培，现已做到在春节、五一、七一、国庆、元旦等节日开花。要使它在元旦、春节开花，因已接近其自然花期，更容易做到。要注意缓慢增温，保证湿度，光照充足。花蕾露色后，移到低温处，这样可维持10~20 天不开花；若给予 15~20℃的条件，7 天左右即可开花。为了延长梅花观赏时间，宜将其室温调节至 10℃左右。如要在五一节开花，可以将花芽丰盛的盆梅置于略高于冰点的冷室中，延至翌年 4 月上中旬逐渐移出室外。若要提前至国庆节开花，则要在抽梢长 30 厘米后及时"扣水"，重施追肥，并摘除全部叶片，再依次给予低温和增温处理，以促其新形成的花芽提前于国庆节前夕吐蕊。

6. 病虫害防治　梅花病害种类很多，最常见的有白粉病、缩叶病、炭疽病、褐斑病等。可喷 65%代森锌 400~600 倍液或托布津、多菌灵、百菌清防治；在栽培中常见金毛虫、红腹缢管蚜侵袭梅花，主要以幼虫为害，可每周喷施 50%晶体敌百虫1 000倍液或 50%杀螟松乳油 1 000 倍液。

三、杜鹃

学名：*Rhododendron simsii*

别名：映山红、红杜鹃、红踯躅、山踯躅、山石榴

(一) 形态特征

杜鹃科杜鹃属常绿、半常绿或落叶灌木。叶互生，两面具毛；花 2~5 朵簇生于枝梢，花冠喇叭状，花色有红色，粉红、白、黄等，花型有单瓣、重瓣，花期一般 4~6 月。

(二) 种类与品种

杜鹃分落叶和常绿两大类，落叶类叶小，常绿类叶片硕大。杜鹃种类繁多，生产上按开花期分，可分为春鹃、夏鹃和春夏鹃3 种。常见的栽培品种有映山红、万里红、大红袍、海棠红、皱边银红等、仙女舞、红珊瑚等。

(三) 对环境的要求

杜鹃性喜凉爽、湿润、温暖、通风的半阴环境，要求酸性土壤，pH5.5~6.5，通气透水含有丰富的腐殖质。在碱性土中生长得不好，甚至不生长。

(四)育苗技术

1. 扦插繁殖 春鹃、夏鹃一般在 6 月上旬中旬进行,选取当年成熟、粗壮、节间短的新梢,长 3～5 厘米,在分叉点上剪下,然后摘去下部叶片,留顶叶 2～3 片;叶片过大的,每叶剪去 1/3,以减少水分蒸发。插入装有山泥或黄沙的盆内,深度为插穗的 1/3,浇足水。保持 25～30℃室温和较高的空气湿度,注意遮阴,1 个月后即可生根。第二年春天上盆,花盆选 6 厘米左右的小盆,若盆大土多,湿度高,反而不利生长。第三年开花。

2. 压条繁殖 杜鹃一般采用高压法。在梅雨季节,选取生长旺盛的老枝,在分枝点 8 厘米左右处,进行环割、剥皮,以伤及木质部为度。用拌湿的山泥或青苔围于伤处,外包扎塑料薄膜,保持基质湿润。一般 2～3 个月即可生根;生根后,就可将其剪下进行盆栽,注意遮阴,即可成活。

3. 播种繁殖 常绿杜鹃最好随采随播,落叶杜鹃种子可贮存至翌年春播。常用盆播法,培养土用微酸性黑山泥。将种子掺和少量泥沙,以求播种分布均匀。播种后,覆盖一薄层细土,用浸水法供水。然后盆面上盖一块玻璃或塑料薄膜,保持温度18～20℃,约 15 天发芽,培育 5～6 个月后移植。1 年后即可移栽,4 年后开花。小苗幼嫩,生长缓慢,应避免阳光照射,防止冷热骤变,并经常注意水分的补给,并可酌量淡肥水。

(五)栽培技术要点

1. 盆土准备 栽培杜鹃花的花盆,可以选用瓦盆、紫砂盆或瓷釉盆,以瓦盆为好。盆大小,应与根系、植株大小相配。一般 1～2 年生幼苗,以 10 厘米盆为栽盆;以后随着植株的生长逐渐换盆,以适应植株生长的需要。

盆栽常用的土壤有黑山土、黄山土、腐叶土等。常用腐叶土、沙土、园土按 7∶2∶1 的比例混合,再掺入饼肥、厩肥等,拌匀后作为培养土。这些土壤在应用时,都应暴晒数日,碾碎,除去石子、树枝、草根等杂物,然后用细筛分出粗细,分别使用。

2. 上盆与换盆　上盆是植株第一次单独栽入盆中。以 9～10 月为最适宜，也可于 3 月花蕾尚未萌动前进行。从山野挖来的杜鹃花苗，先要将根系和枝叶作 1 次修剪，剪去部分老根，多留须根，适当调整枝叶，然后上盆。植株刚上盆，需经 7～10 天的伏盆阶段，使根系功能恢复。上盆后，应放置于半阴处避免强阳光直晒造成植株萎蔫。

盆栽杜鹃不需年年换盆，当根系布满盆内，浇水不易渗出时再换盆。一般杜鹃植株 2～3 年换盆 1 次，大型植株可 3～5 年换盆 1 次，特大植株只要长势不出现衰退，也可多年不换。对于进入盛花的植株，宜在花后进行换盆。对于树体衰弱的植株，需待长势恢复后，方可进行换盆。

3. 肥水管理

（1）浇水　杜鹃花根系纤细，既怕干，又怕涝，在生长期和开花期需水较多，以土壤湿润为宜。

下面以江南一带情况为例说明盆栽杜鹃水分周年管理。冬季，杜鹃花处于休眠时期，需水量很少，可 4～5 天浇水 1 次，但在加温的温室 2～3 天即须浇水 1 次。2 月下旬，温度逐渐升高，花芽开始膨大，叶芽萌动，需水量增加，可根据室温高低，适当增加浇水次数。3～6 月是杜鹃花开花、萌发新梢时期，生长旺盛，需水量大；每天浇水 1 次，有时在傍晚，还要酌量补水。梅雨季节，应及时排除盆中积水。7～8 月晴热高燥天气，干了就浇，水量要足，并在中午及傍晚进行叶面喷水，经常喷洒地面，增加湿度。9～10 月天气转凉，秋高气爽，干燥少雨，除正常浇水外，仍须叶面喷水；后期温度下降可以逐步减少。浇水时间，应随季节而变化。冬季早、晚温度较低，不宜浇水，要到午后气温升高，方可浇水。夏季，宜在早、晚凉爽时浇水。春秋两季，除中午温度高和早上露水未干时不能浇水外，其他时间均可进行，但要定时。

浇水时，要将水壶嘴靠近盆壁面，最好应在盆面放几块瓦片，以防止浇水冲动盆面泥土。浇水要根据盆土干湿，灵活进行；不干不浇，浇则浇透。

（2）施肥　杜鹃花喜肥又忌浓肥，施肥前应控水，施肥后浇大水。合理施肥是养好杜鹃的关键。应掌握薄肥勤施的原则，根据各个生长期施肥：①一般幼苗不施肥，4个月后可施充分腐熟的稀薄液肥，翌年春天定植后多施磷钾肥。2～3年生幼株增施磷肥，促进花多、花大、色艳；老株多施氮肥，促枝叶更新。②开花期应停止施肥，否则落花长叶，达不到观赏要求。花谢后，每间隔10天左右，应及时施入以氮为主、氮钾结合的肥料2～3次，以促进新枝叶生长。③4～5月为发育盛期，宜施磷钾肥，每5天施1次。④从8月起，新生枝条木质化，此时杜鹃孕蕾的关键时期，应每半个月追1次以磷为主，磷氮结合的薄肥，2～3次为宜。初冬应施有机肥，进入休眠期后，即停止施肥。

4. 温光管理　盆栽杜鹃生长适温为12～25℃，气温超过35℃，生长受到抑制，植株处于半休眠状态；0℃以下，会使叶色变黄或变红，并引起大量落叶甚至受冻死亡。在北方，所有的品种，冬季都需进入温室；华南、华中气候温暖，可常年在室外栽培；而江南一带塑料棚可使杜鹃花安全越冬。杜鹃花受干冻容易受害，所以冬季要注意盆土湿度，有强冷空气袭击时，要提前浇足水分。

在春、秋、冬三季要求充足光照，夏季强光高温时，应遮阳，同时保持环境湿度，夏季要防晒遮阴，冬季应注意保暖防寒。光照过强，嫩叶易被灼伤，新叶老叶焦边。

5. 株形整理　杜鹃花植株低矮，萌发力较强，枝条密集，重叠横生枝较多，不利通风透光，同时影响观赏，每年要通过修剪进行控制和调整。修剪一般在春季花后和10月后休眠期进行。

（1）摘心　生长期间，当新枝长到一定高度，将顶芽摘除，如枝条过长，也可带一小段新梢摘去，目的是控制高度和促使萌生侧枝。摘心后，往往在顶端叶腋间萌发出多个侧枝，侧枝长到一定高度又可摘心，萌发出次级分枝，使生长连续不断，冠幅逐级增大。栽培中常用此法，加快成型。

（2）剥蕾 为控制植株开花过多，减少养分消耗，以及促使萌发新梢。当花蕾长到一定大小时，一手捏紧枝条顶端，一手捏住花蕾尖头，向一边掰下，这样可以不伤顶端枝叶。剥蕾多少，要看树体的生长情况。

（3）抹芽 对茎干和枝条上萌生的不定芽，应随时抹掉。嫁接苗，更要及时剥去基部萌芽，保证接穗生长正常。

（4）疏枝 杜鹃花进入休眠后，将那些不必要的枝条，如弱枝、病枝、枯枝、交叉枝、重叠枝、过密枝、萌蘖枝、徒长枝，从基部剪除，以保证植株正常健壮。

（5）短剪 只剪除枝条的一部分，如节间过长的枝条、高出树冠之上的窜枝和可以利用的徒长枝。短剪的长度，应按需要而定，因其枝上都能萌发出许多不定芽，还要结合抹芽，保留理想的分枝。

6. 花期控制 杜鹃在秋季进行花芽分化。为使其在元旦左右开花，可将杜鹃移至温室培养，控制室温 $20 \sim 25℃$，并经常在枝叶上喷水，以保持80%左右的相对湿度，这样45天左右就可开出繁茂的花朵。

为使延迟开花，可将形成花蕾的杜鹃放入冷室，保持温度 $1 \sim 3℃$。若长时间保存，冷室内应有灯光，盆干时浇水。需开花前 $15 \sim 20$ 天取出，放在阴凉背风处培养，植株上要经常喷水，$4 \sim 5$ 天后再见阳光，追施薄肥。

7. 病虫害防治 杜鹃花生长在阴湿环境，受病虫感染机会较多，可用50%多菌灵可湿性粉剂 $500 \sim 800$ 倍液可防治褐斑病；70%甲基托布津1 000倍液可防治叶斑病；用矾肥水浇施可防治缺铁性黄化病。常见害虫有红蜘蛛、军配虫、袋蛾、尺蠖等害虫。少发时，都可用人工捕捉；多发时，可用乐果或敌百虫

1 500倍液、杀螟松1 000倍液防治。

四、山茶

学名：*Camellia japonica*

别名：茶花、耐冬

(一)形态特征

山茶科山茶属常绿灌木至小乔木。叶互生，革质，椭圆形；花单生或2～3朵着生于枝梢顶端或叶腋间，有单瓣、半重瓣和重瓣，花有红、粉红、紫红、白或双色等色，早春开花。

(二)种类与品种

目前常见栽培的山茶品种有宫粉、五彩、九曲、大白荷、小白荷、丽春茶、佛顶茶、贵妃茶等，还有金花茶、南山茶、茶梅等种。其中南山茶有近百个品种，主要有恨天高、大玛瑙、早牡丹、银粉牡丹、迎春红、大理蝶翅、独心蝶翅、赛牡丹等。

(三)对环境的要求

喜温暖湿润及半阴的环境，不耐烈日暴晒，过冷、酷热、干燥、多风均不适宜，在生长期间要求有较高的空气相对湿度。需疏松肥沃、腐殖质丰富、排水良好的酸性土壤，pH5.0～6.5为宜，忌碱性或黏性较重、排水不良的土壤。对立地条件的要求，以南山茶为最严格，茶花次之，茶梅适应性最强。

(四)育苗技术

1. 扦插繁殖 一年四季均可扦插，一般多在夏季和秋季进行。栽培基质可选用河沙、蛭石、珍珠岩等，插穗选择当年生半木质化嫩枝，插穗长度6～10厘米，先端留2个叶片，基部带踵，随剪随插，插入床土3厘米左右，浅插有利于生根。采用ABT生根粉或浓度为1 000～4 000毫克/升的萘乙酸或吲哚丁酸溶液处理插穗基部，有促进愈伤组织形成和根的生长的效果。扦插后要及时喷水、遮阴，保持温度为25～30℃，相对湿度为85%～95%，60～100天生根，进入苗期正常培育，加强肥水管理。采用全光雾插、营养雾插等先进技术，可提高育苗质量。扦插的山茶花苗，第三年开始开花。

2. 嫁接繁殖　对一些扦插不容易生根的品种，多采用靠接法，通常在 5～6 月期间进行，砧木用实生苗或扦插苗。接穗以 3 年生、长 30～40 厘米的枝条为宜。靠接时在接穗的茎部与砧木的根颈部，各削去 4～5 厘米的切口，然后将二者结合。嫁接后 100～120 天，砧木和接穗可完全愈合，即可与母本剪离移栽。

3. 播种繁殖　多在繁殖培育砧木和新品种时应用。种子成熟后要采后立即播种，山茶种子在干燥条件下极易丧失发芽力。在 20℃左右温度下，20～30 天即可发芽，从播种到开花需 5～6 年时间。

4. 压条繁殖　采用高枝压条法，通常 5～10 月进行。选健壮的 1 年生枝条，作环状剥皮，宽 1 厘米，伤口可用塑料袋填腐叶土包扎，保持湿润，2 个月后生根，剪下上盆。此法成活率高，但繁殖系数低。

（五）栽培技术要点

1. 上盆定植　盆栽茶花以选用瓦盆为好，盆大小要与苗的大小相配。通常用以山泥或松针腐叶，或红壤土 6 份、腐叶土 3 份、细沙 1 份混合配制的培养土，忌用碱性土。上盆时间宜在 11 月或早春 2～3 月萌芽前进行。盆底应垫碎瓦片，然后填入部分粗土，将苗植入盆中，根要舒展，再用细土填塞根部，用手按实。盆土装至盆高的八成即可，每盆 1 株。第一次浇水要透，以盆底流出水为宜，并注意经常保持湿润。盆栽换盆不必每年进行，一般 2～3 年 1 次，5 年生以上的大树可 5～6 年换盆 1 次。若换盆过勤，则损伤根系，影响生长。

2. 肥水管理　山茶根细而脆弱，对肥料要求比较严格。新上盆的山茶栽后半年一般不施浇根肥，只给叶面喷肥，1～2 份沤肥液加清水 8～9 份，化肥 0.1%～0.2%，每 5～7 天喷 1 次，以养叶促根。待植株长出新枝新时，并基本老化后，表明新发的根系生长成熟，吸水、吸肥功能健全，才可追施浇根淡薄肥，每周1次。3～4月，茶花大多数已开完花，树体养分大量消耗，这时应追施以氮肥为主的花后肥，取沤肥液2份，加少量尿素，加清水8份浇根，以恢复树势，促发新根多长新芽，每3～5天施1次。5～6月追施以磷肥为主的孕蕾肥，以满足植株孕蕾的需要。在沤肥液中，加入适量过磷酸钙或钙镁磷肥。取沤肥液2份，加水8份，每3～5天施1次，或每3～5天喷施1次0.2%磷酸二氢钾，可使花蕾多而大。7～8月追施以磷为主的保蕾肥，施肥浓度应淡些，以增强植株抗烈日高温能力，傍晚结合浇水施肥。在沤肥液里加入适量磷肥和氯化钾，取肥液1份，加水9份，每3～5天施1次。10～11月是茶花的第二个生长高峰期，花蕾迅速膨大，开始开花。追肥以磷钾为主，可取饼肥含液肥1份，加水9份，浇根追施，每3～5天浇1次，春节前后茶花进入盛花期，追施后劲肥，使迟开的花与早开的花一样。以磷钾为主，每周施1次。

春季生长新的枝叶时，土壤湿度应大一些，及时浇水、喷水；进入花芽分化时，土壤应以偏干为宜。夏秋高温时，应在早晚各浇1次水，同时还应对叶面、地面多次喷水，以保持环境湿润，安全度过盛夏。

3. 温光管理　山茶最适宜的生长温度为18～25℃，高于30～35℃，生长缓慢或呈半休眠状态。在2℃时即可开始开花，叶芽一般在7℃以上开始缓慢萌动，在15～18℃萌发较快；在20～25℃新梢生长迅速，至30℃则新梢停止生长。山茶略耐寒，一般品种能耐　10℃的低温，盆栽冬季夜间温度不宜低－3℃，白天温度可稍高，但不可超过10℃。

山茶怕烈日直射。夏季移出室外在荫棚或树阴旁养护，对叶面或地面要多次喷水，增加空气湿度。山茶的正常生长需要的日照时间为10小时左右，如长期光照不足、光合作用减少，生长不良。

4. 株形整理　山茶花在生长过程中，发现有病枝、枯枝、倒垂枝、内膛枝、徒长枝，以及密弱小枝、根蘖枝，都应及时修剪，以利于整株的通风和透光，减少病虫害。盆栽幼苗，生长笔直向上，没有分枝，可将上端过长部分剪去一段，促使主干生长分枝；或将枝条用铁丝自下而上绑扎后，慢慢进行弯曲造型增加树型美观。

8 月份左右，当花蕾长得如黄豆大时要进行疏蕾。一般以保持每枝 1～2 个花蕾为宜，内向蕾、畸形蕾以及枝条间过密的花蕾，可以摘去。保留的花蕾，要注意大、中、小结合，布局均匀，以使将来开花时，陆续开花，延长了开花期，提高了盆栽山茶花的观赏效果。

5. 病虫害防治　山茶易患灰霉病、炭疽病、煤烟病等，除了清除病枝、病叶集中烧掉外，可用 50％代森铵水剂 1 000 倍液喷洒防灰霉病；喷 50％苯来特可湿性粉剂 1 000 倍液防炭疽病。常见虫害有红蜘蛛、介壳虫、茶细蛾、日本蓟马等，应及时防治。

五、桂花

学名：*Osmanthus fragrans*

别名：木犀、金粟、月桂

（一）形态特征

木犀科木犀属常绿阔叶乔木。单叶对生，阔披针形至卵状长椭圆形；花色乳白、淡黄至橙红色，3～9 朵腋生呈聚伞状，花期 9～11 月，芳香。

（二）种类与品种

园艺品种较多，通常依花色和花期的不同可分为金桂、银桂、丹桂、四季桂，常见品种有柳叶桂、九龙桂、大叶佛顶珠、日香桂等。

（三）对环境的要求

桂花喜温暖湿润的气候，耐高温，不耐干旱、瘠薄。

（四）育苗技术

1. 播种繁殖 仅用于金桂和四季桂的一些品种。3月下旬至4月下旬种子成熟，采收后湿沙藏8个月，秋播或翌年春播。

2. 嫁接繁殖 砧木可用女贞、小叶女贞、小蜡或桂花实生苗等，嫁接方法多用靠接或切接，靠接成活率高，且能较快形成大苗。

3. 压条繁殖 在春季进行，将近地面的枝条刻伤或直接压入近地表的土中，或用高压法，生根成活后，切离母株，培养成独立的株。

4. 扦插繁殖 多在6月中旬至8月下旬进行。选生长健壮的营养枝为插穗，长约10厘米，插入土中1/2（1～2个节）左右，插后遮阳，保持土壤和空气湿度，比较容易成活。

（五）栽培技术要点

1. 上盆定植 桂花适生于疏松肥沃、排水良好的微酸性沙壤土，不耐碱性土壤。盆栽桂花，应配制营养丰富。疏松、偏酸性的培养土，可用腐叶土2份、园土3份、沙土3份、腐熟的饼肥2份，将其混合均匀，于春季萌芽前上盆或换盆，每盆1株。

2. 肥水管理 桂花施肥原则要“宁淡勿浓，宁少勿多”。盆栽时施入腐熟的有机肥作基肥，根据不同的生长，在抽梢时应施1～2次以氮为主的肥料；花芽分化期（5月底开始）至开花前，则应施入2～3次以磷为主的肥料；7～8月，追施磷钾肥为主的薄肥1～2次，保证花芽分化和孕蕾需要。花后施肥，补充营养，化肥浓度不能过大，尿素为0.5%，过磷酸钾0.2%，均匀施入盆土中，间施矾肥水。冬季应追施饼类及过磷酸钙的混合肥，以保证翌年新梢生长的需要。

桂花喜湿润环境。平时适当适当浇水，保持盆土湿润；7～8月往叶枝喷水，降温浇尘；越冬控制浇水，盆土不可过湿，否则会导致落叶，窒息而死。

3. 温光管理 盆栽桂花在北方冬季应入低温温室，在室内注意通风透光，少浇水。春季气温稳定在 10℃ 以上时，移出温室，露天摆放。出房后，可适当增加水量。夏季温度不可高于 30℃，越冬温度不宜低于 5～10℃，否则会影响生长和开花。

4. 株形整理 修剪应在花后进行。为了保持树形的完整和美观，可将重叠枝、病弱枝剪除；用短截的方法控制发枝量和发枝的位置，以使花枝分布均匀；对老龄植株可实行强剪，使之更新复壮；在生长季节可用摘心、捻梢等措施，控制植株的生长势，促使其粗壮充实，多生花芽。

5. 盆栽桂花不开花的原因 盆栽桂花不开花的原因，一是光照不足。桂花喜光，营养生长期光照不足则生长发育衰退，养分积累少，因而不能开花。其次是缺肥。桂花的生长、开花量较大，需要消耗大量的养分。如果盆土瘠薄或肥力不足，也会影响植株的生长与开花。三是盆土过湿。桂花忌过湿和积水，湿涝会引起烂根而导致生长不良和不开花。此外，在偏碱性的土壤中生长的桂花，常常因长势不良而影响开花。桂花不耐烟尘和污染，受污染后叶片会变小，容易脱落，并出现只长叶、不开花的现象。

6. 花期控制 花前 1 个月搬入温室养护，保持适当高温，经常向叶面喷水，半月后移出温室，降温，保持 18℃ 低温，可在国庆节开花。

7. 病虫害防治 桂花主要病害有褐斑病、赤斑病、枯斑病、炭疽病、线虫病等，虫害有女贞尺蛾、紫光罗纹蛾、红蜡蚧等为害。防治女贞尺蛾可采用诱杀成虫、喷洒敌百虫 1 000 倍液等方法。

六、茉莉

学名：*Jasminum sambac*

别名：茉莉花、抹历

(一) 形态特征

木犀科茉莉属常绿小灌木。幼枝无毛，小枝有棱角；花着生于当年生新枝上，聚伞花序顶生或腋生，花数朵，白色，浓香。花期较长，从初夏至晚秋。

(二) 种类与品种

茉莉花的栽培品种较多，常见有单瓣茉莉、双瓣茉莉、多瓣茉莉 3 种。

(三) 对环境的要求

喜光，耐半阴，怕荫蔽；喜温暖潮湿，怕旱、怕涝，在瘠薄、重黏、碱性土壤生长不良，pH5.5～6.5 为宜。

(四) 育苗技术

4～8 月都可进行茉莉扦插繁殖，嫩枝或硬枝均可。扦插基质，可用敲碎细筛过的耕作土，拌入 40% 的砻糠灰或细沙砾；也可用栽植茉莉的培养土。选取健壮、无病虫害的枝条，剪成 10～15 厘米的枝段，每段上有 3～5 个饱满腋芽，顶端保留 2～4 叶片，按 5～6 厘米的株距插入土中，深度以插穗长度的 1/3 为宜。扦插床设在有荫棚处，插后，立即浇透水，以后每天在叶面喷水 2～3 次，约 1 个月，插穗萌芽生根。插穗必须随剪随插，不可存放太久，否则，会造成插穗大量失水，不能成活。

(五) 栽培技术要点

1. 上盆定植　盆栽用土可用山泥或园土加入 10% 的砻糠灰；或用 4 份塘泥、2 份河沙、4 份堆肥混合而成。栽植时，盆底宜放适量骨粉、豆饼作基肥。一般选用素烧泥盆，而釉盆、瓷盆，透水透气性差，对茉莉花根系的生长不利，多不采用。茉莉苗木上盆时间，应着各地的气候情况而定，一般应在日平均气温稳定在 10℃ 以上时进行。茉莉盆栽经过 2～3 年的生长，应及时翻盆换土。翻盆时间，可选择在茉莉开始萌芽抽枝时。

茉莉上盆、翻盆的方法和其他木本花卉相似，在此不再重述。

2. 肥水管理

（1）浇水　茉莉喜湿润、怕积水、喜透气的习性，浇水掌握盆土"不干不浇，土干即浇"的原则。根据叶片判断盆土干湿：叶片疲软，叶尖下垂，表明盆土过干，需要浇水；叶片正常，反映盆土不缺水，可暂不浇水。在开花前一星期控制水分，减少浇水，使盆土略偏干燥，控制其枝叶生长，让养料和水分集中供给花枝，这是促使茉莉多开花的关键。这种方法叫作"干树促花"。

下面以江浙地区为例介绍茉莉浇水规律。4月后，茉莉花根系开始活动，可3～5天浇水1次。随着茉莉的枝叶在不断生长，气温逐渐提高，浇水量也要随之增加。5月下旬至6月上旬，是春花开放期，气温较高，这时可1～2天浇水1次。6月中旬至8月下旬，正是"三伏"暑热天气，气温最高，茉莉花也处于开花旺期，需水量很大。这一时期，不仅要每天浇水，而且要浇足浇透，甚至要上午、下午各浇水1次。浇水时，还要注意在叶面洒水。只有这样，才能延长开花期，使香气更加浓郁。但这时期常有阵雨，如盆内积水，应及时倒掉。9月后气温逐渐下降，浇水减少；11月下旬至第二年3月上旬，是茉莉防寒越冬时期，必须严格控制水分；否则，浇水过多，土温下降，不利植株安全越冬。一般可5～10天左右浇水1次，以盆土经常保持有适度的湿润即可。一般来说，当盆土表层发白，用手指触摸土层，有"硬"的感觉时，才需浇水，用水量只要室外浇水量的1/4。

（2）施肥　茉莉开花次数多，需肥量大。比较适用的肥料有豆饼、花生饼、菜籽饼、畜禽粪便、鱼粉、骨粉等，但必须经过发酵后方可使用。以薄肥勤施为原则。施肥应注意以下几点：①4月中旬后，可每隔2～3天施1次腐熟的液肥，液肥与水按2∶8配成，促其生长；②在孕蕾和第一批春花始放时，增加追施1次氮磷液肥；③第一批花即将开尽时，为补充植株体内养分不足，及时恢复树势，施用液肥浓度要适当加大，肥与水的比例为 3：8；④第一批花以后至第二批花前（夏花），每隔 4～5 天浇 1 次稀薄液肥；第二批花开放后，施肥要求和第一批花开放后相同；⑤第三批花后，气温逐渐降低，施肥次数也随之逐渐减少。一般 1 周左右施 1 次，减少含氮量较高的人畜粪尿、饼肥等的比重，增施磷、钾肥料，如草木灰、骨粉等；⑥霜降后移入室内，一般不需施肥。

施肥的时间，一般在将近傍晚前施肥为合适，与浇水结合进行，如傍晚施肥，应在第二天早晨，及时浇水，这有利肥料被植株充分吸收。

3. 温光管理　茉莉喜温暖，怕寒冷。在夏季高温高湿时，茉莉生长最快，生长最适温度为 25～35℃，开花的最适宜温度是 32～37℃。当温度在 20℃ 以上时即开始孕蕾并陆续开花；温度达 30℃ 时，即进入盛花期，孕蕾快，开花多而香。气温低于 10℃，植株开始进入休眠期，应移入温室内，温度保持在 5℃ 以上即可安全越冬。

茉莉喜阳光怕阴暗，尤其适于在直射强光照和长日照下生长，日晒时间愈长，强度愈高，其生长发育越好，此时开花质量好，花朵大，数量多，花香浓。反之植株会发生徒长，开花少而香味差。

4. 株形整理　在长江下游的江浙一带，在 4 月上旬前后，日平均气温已达 10℃ 左右，将茉莉植株进行一次普遍摘叶。具体做法是：待盆土干爽后，除了在植株上保留的 2～3 个枝条，上端各留下 2 片健壮老叶外，将其余叶片全部摘去。摘叶时，不要损伤叶腋内的幼芽，如损伤 1 个芽，就要损失 1 根枝条，少开许多花；盆土潮湿时不可摘叶，否则对茉莉根系生长不利。

对于不长花蕾，只长“对叶”的枝条，要摘除其顶部。摘除的长度，为枝条长度的一半。大体上，有 4～5 对叶的摘 1 对，有 3 对叶的摘去 1 对。在花下的两片叶片叶腋内，没有长芽，把枝条的上端，包括不长芽的两片叶片一起剪去，这样可刺激枝条下端腋内的幼芽长枝、育蕾，增加开花数量。

在摘叶、摘心的同时，进行修枝，剪除枯枝、病虫枝、衰老枝和瘦弱枝，使养分集中；对枝条进行适当的剪截，加以造型，可提高其观赏价值。

5. 病虫害防治　盆栽茉莉的病虫害种类很多，而主要病害有褐斑病、白绢病，可用 50%托布津 800～1 000 倍液防治；主要虫害有叶野螟、霜天蛾、红蜘蛛、介壳虫等，可喷 90%敌百虫 1 000 倍液。

七、月季

学名：*Rosa chinensis*

别名：月月红、长春花

(一)形态特征

蔷薇科蔷薇属常绿或落叶小灌木。小枝绿色，散生皮刺；小叶 3～5 枚，光滑；花生于枝顶，花色丰富，花期 4～10 月。

(二)种类与品种

月季种类很多，作为盆栽，主要是杂种香水月季（HT 系）、壮花月季（Gr 系）、微型月季（Min 系）、丰花月季（F/FI 系）等种类。

(三)对环境的要求

月季适应性强，喜光，耐寒、耐旱，不择土壤，以疏松肥沃、微酸性的壤土为佳。一般气温在 22～25℃生长最快，夏季30℃以上高温对开花不利。冬季气温低于 5℃即进入休眠。

(四)育苗技术

1. 扦插繁殖　扦插一年四季均可进行。多在春季、初夏、早秋进行（气温在 15℃以上）绿枝扦插，冬季硬枝扦插则可在温室内进行。剪取 10～15 厘米的枝条，去除下部叶片，保留上部 2 小叶，以细沙或蛭石为基质。为了提高成活率，扦插时如用800～1 000 毫克/升吲哚丁酸溶液处理插条下端，注意保湿和控制温度，1个月后生根可移植上盆。

2. 嫁接繁殖　根据嫁接的月季品种，选择适宜的砧木，目前国内常用的砧木有野蔷薇、粉团蔷薇、白玉堂等。休眠期常采用枝接，嫁接时间：南方12月至翌年2月，北方春季叶芽萌动前。生长季节常采用以T字形、门字形等芽接。

（五）栽培技术要点

1. 盆土准备　要求盆土必须肥沃，富含养料，疏松，以满足月季的生长和发育。盆土以4份园土、3份腐叶土、2份厩肥、1份草木灰配成。

2. 上盆、翻盆与换盆　新育成的小苗或地栽裸根苗上盆，宜用素沙壤土栽植一段时间，待根系生长壮实再用加肥培养土并垫上底肥上盆栽培。小苗培育成活即应及时上盆，以防徒长变弱。地栽大棵上盆必须在入冬落叶之后或早春发芽之前的休眠期进行，否则影响正常生长发育，树势减弱，需要很长时间才能复壮。上盆时用土要求湿润松散，上盆后暂不浇透水，注意遮阴避风，这样不仅可促进断伤根须迅速愈合，并易复壮旺长。

翻盆一般为1～3年1次，最佳时机选择在月季冬眠结束开始萌芽长叶之前，一般为2月下旬至4月初。翻盆时把月季从盆中脱出。用利刀把泥团周围的老根及根系削去一部分，约1/2；选比原盆大一号的花盆，下部放2～3厘米厚的基肥，再添加培养土栽植，浇足水放于半阴处，1周后转入正常管理。换盆仍用原规格的花盆，植株处理、时间、栽后管理与翻盆相同。

3. 肥水管理　月季开花次数多，需要供给充足的养分和水分，才能保证旺盛的长势。盆栽月季生长期应适时浇水，经常保持盆土湿润。高温干燥季节，向叶面及周围环境喷水，降温增加湿度；冬季休眠期控水，但也不能盆土干透。

施肥应根据不同品种的喜肥习性和生长发育各个阶段的需要，以及气温、光照和长势强弱，适时适量施用基肥或追肥。可扒开土面2～3厘米，埋入一些腐熟有机肥，最好在1～2月月季休眠时进行。开花期应每隔 10 天追施 1 次稀薄液肥，可使植株花繁叶茂。

4. 温光管理 夏季超过 30℃应适当喷水降温和遮阴。对于耐寒力不太强的月季，在冬季在基部堆土即可安全越冬。月季喜光照充足，在花朵盛开期间放于半阴半阳处可延长花朵开放时间。

5. 株形整理 月季栽培中最重要的是修剪。为保持树姿优美，集中养分以供开花之用，除了一般的生长期需修剪外，在冬季更需修剪。

（1）冬季修剪 一般剪去植株高度的 1/3 左右强修剪，剪除弱枝、病枝、枯枝、重叠枝、交叉枝、过密枝、徒长枝等，以利通风透光和株形匀称。每株只留 3～6 枝主干，根据植株原来生长情况，一般在距地面 50 厘米左右，选留植株去年发出的新枝，在枝条外侧健壮芽上方 1 厘米的部位用枝剪修剪。

（2）花后修剪 及时剪除月季残花，花后在花下第三片复叶以下剪掉，以促发壮实新枝，及早现蕾开花。因该剪口下的第一芽是饱满的，日后该芽首先抽枝长蕾，约 45 天，可开第二次花。弱短枝先剪、强剪；健壮枝后剪、短剪，以促弱抑强，促其开花整齐。长枝条修剪长度不宜超过 1/2，避免腋芽萌发迟缓。此外，每茬留花不宜过多，盆栽月季以 3～5 朵为宜。留花过多，养分过于分散，花小且影响下茬花。

盆栽月季如果植株大，枝头多，可采取对部分枝头摘心，部分枝头留蕾的控制措施，做到留蕾枝头与摘心枝条的分布在植株上错落有致，实现开花交替，此起彼落。

6. 病虫害防治 花盆放置场地要经常用 15％生石灰水或多菌灵、高锰酸钾水溶液喷洒杀菌。7～8 月雨季高温时是黑斑病和白粉病的高发期，可用 0.3～0.5 波美度的石硫合剂喷洒，或多菌灵、甲基托布津等杀菌药剂喷洒。虫害主要有刺蛾、金龟子、叶蜂、蚜虫、叶螨（红蜘蛛）等。

月季的盆栽管理，可概括为盆土疏松，盆径适当，干湿适中，薄肥勤施，摘花修枝，防治病虫，常放室外，松土除草，剥除砧芽，每年翻盆。

八、栀子花

学名：*Gardenia jasminoides*

别名：白蟾花、黄栀子、山栀、栀子

（一）形态特征

茜草科栀子属常绿灌木。树干灰色、光滑，幼枝绿色、具细毛，自根部分枝，叶全缘，革质，有光泽；花单生于枝端或叶腋，白色，浓香，花期6～8月。

（二）种类与品种

栀子花常见的栽培品种有大叶栀子、狭叶栀子和水栀子，变种有单瓣雀舌花、斑叶雀舌花和掌叶雀舌花。

（三）对环境的要求

原产中国长江以南各省。喜温暖、湿润、好阳光，但又怕阳光直射；喜空气湿度高和通风良好，要求疏松、肥沃、排水良好的酸性土壤，不耐寒，生长适宜温度为18～22℃，其最佳生长温度为23～28℃；对低温反应敏感，冬季在5℃左右就能安全越冬；受−8～−10℃的低温冻害，则叶片脱落，嫩枝冻死，故在华北地区只能作温室栽培。

（四）育苗技术

1. 扦插繁殖 在大量生产繁殖时，南方多在6～8月露地温床扦插繁殖，北方10～11月室内扦插。选取当年生或2年生生长健壮的枝条，插穗长8～10厘米，带有2个叶片，按长宽各5厘米的距离，进行等距成行扦插，扦插深度一般为2～3厘米。为了促进插穗生根，提高成活率，扦插前将插穗的下端在40～100毫克/升吲哚乙酸或萘乙酸的溶液中浸24小时，然后再插。保持在25～30℃、80%以上湿度条件下，经过3～5周即能

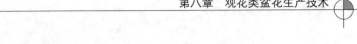

生根。

成活的插穗，先上 10 厘米小盆。上盆时，要注意保持根系的完整和舒展。每天浇水，盆土不能过干或过湿，生长 1 年后，再施入一些稀薄的液肥，长到 20 厘米高，结合整形，可进行掐尖定干，定成 3 枝、4 枝都可，第二年就能开花。

2. 压条繁殖 常用的是高压法。在母株上选取 2 年生已木质化的健壮枝条，作环状剥皮，用竹筒或塑料袋内装满浸湿的青苔、草炭或腐殖土，套在枝条的外围，绑好。在注意经常酌量浇水，保持湿润，在正常情况下，1 个月左右就能生根。生根后，即可切离母株上盆，成为一棵新植株。

3. 分株繁殖 选取生长健壮、枝条密生的植株，脱盆后，从根部割离一部分植株，然后上盆，即成为一棵新植株。分株，一般在深秋或早春植株休眠状态时进行。千万不能在生长季节进行分株。

（五）栽培技术要点

盆栽栀子花，主要是掌握好土壤、浇水、越冬、度夏、施肥等各个环节。

1. 上盆定植 可直接采用森林中的腐叶土，或用 4 份腐叶土、4 份园土、2 份沙土混合配制培养土，每千克培养土拌入1～2 克硫黄粉。在培养土中，适当掺进一些已经腐熟的有机肥作为基肥。

生产上用瓦盆，商品出售时，釉盆、瓷盆最好作为套盆，起到装饰的作用。栀子花在苗期先上 10 厘米小盆，以后随着植株的生长发育，再逐步换盆。上盆时，植株的栽埋最好保持原有的深度，不宜过深，因栽深对栀子花的植株生长不利。换盆后要充分浇水，浇足浇透，然后放置在遮阴的地方，等到根系、枝叶恢复正常生长时，才能搬到半光照的地方进行管理。

2. 肥水管理 盆栽栀子花的浇水，一般随季节的不同、温度的高低、盆土的干湿程度、植株的生长还是休眠，来确定浇水的次数和数量。在上盆时浇透水，以后浇水应掌握"见干见湿，浇则浇透"原则，严防浇"半截水"或盆中积水。

为了增加空气的湿度，不定期地对栀子花的叶面，进行喷水清洗。浇水时，一般在早晚进行。一般在花蕾形成之后，要适当控制浇水，既要防止缺水，又不能浇水过多，以免引起落蕾。

栀子花喜肥，应增施基肥，勤施追肥。盆栽在换盆时应施入有机肥作基肥。一般在每年 4 月以后，盆花移到室外，植株开始生长发育时，就要施用追肥。施肥时，坚持"薄肥勤施"的原则，通常每隔 1～2 周施 1 次稀薄饼肥水。在现蕾到开花期间，追施 2～3 次速效性磷肥，如 0.5% 过磷酸钙溶液等，以促进花蕾的发育和开花。在生长期应每隔半个月浇 1 次 0.2% 硫酸亚铁水（矾肥水），最好与其他施肥相间进行，促进枝叶繁茂、花香浓郁。冬季停止施肥。

对由于施肥浓度大烧根造成落叶的栀子花，要立即换盆。先除去根部外层的土，再换上新的培养土。

3. 温光管理 栀子花越冬时，温室内温度以 8～10℃为宜。夏季来临时，应移置半光照或遮阳养护，以免太阳光灼伤叶缘和新叶。

4. 病虫害防治 栀子花本身抗性较强，病虫害不多，常见的有叶部的斑枯病、黄化病。可用 70% 甲基托布津可湿性粉剂 1 000 倍液、25% 多菌灵可湿性剂 250～300 倍液防治。黄化病是因缺铁而引起的生理病害，可浇施 0.5%～1% 硫酸亚铁水溶液（黑矾水）抑制病情的发生。栀子花易发生小灰蝶、柿绵蚧等虫害。初花期喷 50% 杀螟松 1 000 倍液防治。

九、扶桑

学名：*Hibiscus rosa-sinensis*

别名：佛桑、朱槿

（一）形态特征

锦葵科木槿属常绿灌木或小乔木。茎直立，多分枝。叶互生，花有单瓣、重瓣之分，花色丰富。夏秋开花。

（二）种类与品种

我国现在栽培的扶桑品种分属 24 个种 15 个变种。常见品种有：喇叭型品系，如旭日东升、晨晖映雪、粉喇叭；牡丹型品系，如朱槿牡丹、醉西施、御衣黄、粉牡丹；吊灯型品系，如红灯笼、花灯笼；炮仗型品系，如落地炮；蝴蝶型品系，如黄粉蝶等。

（三）对环境的要求

扶桑喜光，喜暖，在夏季不需要遮阳；不耐寒，对寒冷很敏感，长江流域以北冬季在温室栽培。在高湿度的自然气候中，生长迅速，叶片舒展；对于土壤要求不严，偏酸性土壤，忌盐碱土。

（四）育苗技术

扶桑的繁殖以扦插为主。在长江下游地带，温室扦插可在3～4 月结合早春修剪进行，室外宜于 5～6 月雨季前扦插。插床土宜用排水良好、通气性强的沙土或蛭石、珍珠岩等，厚度可在15 厘米左右。插穗可选 1 年生或当年生的枝条，长度 6～12 厘米，将插条下部叶片剪去，留 2～3 片叶片，插条最好带有顶芽，切忌选过老枝条或过嫩枝条作插条，因过老枝条不易生根，过嫩枝条则易腐烂。插条基部用快刀削平，切口应在节下基部，切好后要及时扦插。插条扦插深度为 3～4 厘米，株距为 5 厘米左右。插好后应喷透水，用塑料薄膜覆盖，使棚内温度保持在 20～22℃，最高温度控制在 25℃，相对湿度保持在 90％以上。以后每天浇水 1 次，温度过高时遮阳。约经 20 天插条生根，40 天左右即可上盆。

（五）栽培技术要点

1. 上盆定植　盆栽扶桑一般用瓦盆为好，盆的大小可根据植株年龄和长势而定（表8-2）。盆土可用沙质壤土4份与腐叶土1份混合成，中性至偏酸性。经过1～3年的生长，扶桑需要进行翻盆换土。上盆和翻盆换土的方法同其他木本花卉一样。换盆时，盆土要加施基肥。翻盆换土的时间，宜在早春4月盆花移出温室之时。6年生以上的植株，必须控制根须发展，每隔2～3年需进行翻盆，但不必换盆。

表8-2 植株年龄与用盆规格

植株年龄	花盆种类	
	口内径（厘米）	内高（厘米）
2～3月生植株	12	9
1年生植株	20	14
2～3年生植株	32	22
5～6年生植株	40	25
6年生以上	56	36

2. 肥水管理 扶桑生长期间，春秋季每天下午浇水1次，夏季早、晚各1次水，注意叶面喷水，以增加空气湿度。如遇暴雨或连续阴雨，及时侧盆排水，以免植株烂根。通常土质发硬，盆土表面发白时，要多浇水，浇足水；盆土表面湿润时，可不浇水。

根据扶桑生长不同阶段的需要，以及气温、光照等情况，施入不同成分的肥料。在早春翻盆时，可施基肥；生长期10～15天浇一次稀薄液肥，施肥量相当于日常浇清水量的1/2，最好在盆土呈湿润状态的条件下施肥。适当增施磷肥，可使花蕾多而充实，化人色艳，浓度不宜过高，以免落蕾。

3. 温光管理 在长江流域，霜降前后（10月下旬）必须将盆花移入温室，为使其继续开花，则室内温度以保持20℃左右，过高则徒长，过低则落叶。如冬季不使其开花，则保持室温12～15℃即可，温度不低于5℃，也不得高于15℃，否则得不到充分休眠，影响来年生长与开花。当气温稳定在 10℃ 以上时，移于室外向阳处。

4. 株形整理 扶桑枝条萌发力很强，当幼苗长到 20 厘米高时，进行第一次摘心，促使下部腋芽萌发，选留生长相仿，分布均匀的新枝 3～4 个，其余抹去，以使养分集中在所留枝条的生长。对于生长多年的植株，应施行弱修剪，剪去生长过密的重叠枝条和上部过长枝条。对生长已经成型，长势已经衰弱的植株进行 1 次重修剪，从植株上部剪去全株的 1/3，各侧枝基部保留 2～3 个芽，再把萌蘖枝、枯枝、弱枝、病枝自基部紧贴枝处全部剪去。修剪整枝宜在早春出室前换盆时进行，不能在秋冬季进行。

5. 病虫害防治 扶桑抗逆性较强，一般病虫害发生较少，主要害虫有介壳虫、蚜虫等，病害有煤烟病（也称黑霉病），可喷洒 50% 多菌灵可湿性粉剂 500 倍液或 50% 托布津可湿性粉剂 500 倍液。

十、含笑

学名：*Michelia figo*

别名：寒霄、香蕉花、含笑花

（一）形态特征

木兰科含笑属常绿灌木。树干灰褐色，嫩枝、芽、花芽、叶梗和叶柄都密生锈褐色柔毛；叶椭圆状卵形，有光泽；花单生于叶腋，花淡黄色，具浓香，花期 4～5 月。

（二）种类与品种

含笑的栽培品种、变种有白皮含笑、黑皮含笑和小叶含笑。

（三）对环境的要求

含笑喜半阴、温暖、多湿气候，不耐烈日暴晒；喜湿润、肥沃的微酸性土壤，中性土壤也能适应，不耐盐碱；有一定耐寒力，不耐干旱和瘠薄。

（四）育苗技术

1. 扦插繁殖　扦插在花后 6 月进行，可分床插和盆插。扦插基质用泥炭、蛭石、沙土混合而成。选择组织充实、生长健壮的半木质化枝条作为插穗，枝条过嫩容易腐烂，枝条过老生根缓慢。剪去基部叶片，保留枝条上部 3～4 枚叶片，插穗的长度在 10 厘米左右，下端的切口位置应在近节处，插入基质的深度约 3 厘米。株距与行距为 6 厘米×10 厘米，插后压实，及时喷 1 次透水，设遮阳棚，保持插床的温度 20～25℃，相对湿度 90% 左右，约 35 天即可生根。在生产上常用吲哚乙酸、吲哚丁酸、萘乙酸及 2,4-D 等植物生长素 50～100 毫克/升处理插穗基部 5～6 小时，扦插生根较快较多。

2. 高空压条繁殖　在气候湿润的雨季，选择生长健壮的 1～2 年生枝条，将基部进行环状剥皮；用塑料袋内部填满培养土，或浸湿的青苔包裹在刻伤处，两端扎紧，经常保持湿润，2 个月左右即可生根，9 月底或第二年春天，可与母株剪离，单独栽入盆内。

3. 嫁接繁殖　嫁接在 3 月中下旬进行。多用于全年温暖地区，如广东即用此法。以黄兰实生苗为砧木，选取发育良好的枝条作接穗，每个接穗上要带有 2 个叶芽，不能带有花芽。采用劈接或腹接法，接后 20～30 天伤口即可愈合。

4. 播种繁殖　种子采收后，需进行沙藏越冬，到第二年春种子裂口后播入花盆，当幼苗长出 4 叶真叶时，带土移栽入小花盆内培养，经 4～5 年后才开花。

（五）栽培技术要点

含笑的栽培过程，关键是管理，具体可分上盆、换盆、施肥、浇水、遮阳、松土、除草、整形修剪、越冬、催花、病虫害防治等。

1. 上盆与换盆　盆栽土壤可用腐叶土 4 份、园土 3 份、堆肥 2 份、沙土 1 份配成，并考虑酸性要求，增加硫酸亚铁（矾肥）作肥料。

新培育的含笑苗木，一般在第二年春天进行上盆。每隔2～
3年，需要换盆1次，以利植株的生长发育。换盆的时间，一般
在开花以后，以5～6月为最适宜。无论是上盆或换盆，新的瓦
盆，需事先浸泡1～2天后使用；如用旧盆，需要洗刷干净，以
免携带病菌及有毒物质。填土以原有深度为准，不宜过深，也不
宜过浅。盆土以表面距离盆沿（盆口）3～4厘米，以免浇水时
盆水外溢。栽好后，用喷壶浇透水1次，再将盆放在室内或遮阳
处，进行日常管理。

2. 肥水管理

（1）浇水　含笑喜湿润，不耐干燥。生长发育期需水较多，
特别是在花蕾形成前或花谢之后，都应结合施肥浇足水。含笑的
根为肉质根，浇水应掌握"见干见湿"原则。春秋季应每隔1～
2天浇水1次，夏季可每天早晚各浇1次，冬季进入休眠期，可
每隔5～7天浇1次，以保持土壤偏干为好。春、夏、秋季遇到
高温、干燥、晴热天气，除及时浇水外，还要向叶面、植株周围
喷水2～3次，以保持环境湿润，降低温度。

（2）施肥　入夏后的生长期应施氮磷结合的液肥，每10天
浇1次，浇2～3次即可；7～8月是含笑花芽形成期，多施磷钾
肥；秋季10月前后生长缓慢，少施肥料；冬季可不施肥料。

3. 温光管理　在江南，盆栽含笑在室外可以安全过冬；而
江北及北方地区，天气寒冷，盆栽含笑必须移入温室过冬，冬季
温度以6～12℃为宜，低于5℃易受冻，超过15℃易徒长。

含笑喜光照，但忌烈日直射。含笑在初春、晚秋和冬季应给
予充分光照，使植株枝叶生长健壮，花多味香。夏季适当遮阳，
荫蔽度在50%左右即可。

4. 松土除草　松土的深度，不可过深，以能使表土疏松为
原则。一般在靠近含笑根颈部位宜浅些，而在盆的边缘部位可以
稍深一些，以免损伤根系，影响植株的正常生长。松土的同时，

还可拔除杂草，拣去枯枝干叶，避免杂草滋生，消耗盆土中的水分和养分。

5. 株形整理 开花以后，需要对植株进行适当的修剪，将过密、过弱、徒长以及紊乱的枝条，全部剪去，剪口要求平滑、倾斜，剪口附近的枝条方向朝外，以达到外形美观、长势均衡、有利通风，为第二年花繁叶茂、生长健壮打下良好基础。

6. 花期控制 在 8～9 月，将含笑从荫棚移至室内，稍加遮阳，经常喷水，保持室内空气湿润，每 1～2 天浇水 1 次，每周浇施液肥 1 次，可在国庆节开花。为迎接新春佳节，可于节前 40 天，将盆棵放入中温温室，白天室温 18℃左右；2 周后移入高温温室，白天的温度以不超过 30℃为宜。一般每 2～3 天浇水 1 次，1 周左右施 1 次液肥，其花可于元旦或春节应时开放。

7. 病虫害防治 含笑一般容易发生炭疽病、叶枯病、煤烟病等，可及时剪除病叶，发病前后可喷 0.5%波尔多液或 75%百菌清 600 倍液防治；主要虫害有蚜虫、樟网盾蚧等，可用或 80%敌敌畏及 40%乐果 1 500 倍液喷杀。

十一、龙船花

学名：*Lxora chinensis*

别名：仙丹花、英丹花、山丹、水绣球

（一）形态特征

茜草科龙船花属常绿小灌木。叶对生，几乎无柄；聚伞形花序顶生，花冠红色或橙色，花期夏季，浆果。

（二）对环境的要求

喜高温湿润和散射光充足的环境，耐半阴，怕积水，不耐寒，越冬温度 5℃以上。盆土要求富含腐殖质、疏松、肥沃的酸性土，pH5～6.0 为宜。

（三）育苗技术

1. 播种繁殖 冬季采种，翌年春播，发芽适温 22～24℃，采用室内育苗盘播种，20～25 天发芽，长出 3～4 对真叶时可移苗于 8 厘米小盆。

2. 压条繁殖 春季在枝条离顶端 20 厘米处，环状剥皮，用湿泥炭和薄膜绑扎起来，约 2 个多月可愈合生根。

3. 扦插繁殖 3～10 月均可进行。选当年生枝条，剪成10～15 厘米长的枝段，除去基部叶片插于沙床中，保持土壤湿润，30～50 天可生根。扦插前，使用 0.5％吲哚丁酸溶液浸泡插穗基部 3～5 秒，可缩短生根期。

（四）栽培技术要点

1. 上盆定植 盆栽用土由园土 4 份、腐叶土 4 份、河沙 2 份混合而成，pH 5～5.5 为宜。常用 10～20 厘米口径的盆，根据种苗的大小和栽植株数而定。

2. 肥水管理 生长期每月施追肥 2 次。现蕾前追施以氮、磷为主的腐熟液肥，花期追施 2～3 次磷酸二氢钾，以使花色更艳丽。

龙船花喜湿怕干，保持盆土湿润，水分供给不及时，会产生落叶现象。天气干燥时，要注意喷水增湿。一般春季 4～5 天浇水 1 次，夏季 1～2 天浇 1 次水，秋冬季严格控水。在生长季每 1～2 周浇 1 次矾肥水。

3. 温光管理 龙船花的生长适温为 15～25℃，3～9 月为 24～30℃，9 月至翌年 3 月为 13～18℃，冬季温度不低 5℃，过低易遭受冻害。龙船花耐高温，32℃以上照常生长。冬季我国大部分地区需要入室养护，翌年 4 月上旬出室，需放在半阴处养护半个月以适应环境。

在充足的阳光下，叶片翠绿有光泽，有利于花序形成，开花整齐，花色鲜艳，但夏季强光时适当遮阴。

4. 株形整理 小苗长到 15～20 厘米左右时摘心，以促发分枝。生长初期多次摘心，使株形丰满，多分枝，多开花；也可绑扎拍子及各种支架供枝蔓攀缘。花后对植株应加以修剪，去掉弱枝，促发新梢，使其多次着花。初冬应进行整形修剪，保留健壮枝条，其他枝条剪除。

5. 病虫害防治 龙船花常有叶斑病和炭疽病危害，可用10%抗菌剂401醋酸溶液1 000倍液喷洒。虫害有蚜虫和介壳虫，可用40%氧化乐果乳油1 500倍液喷杀。

十二、叶子花

学名：*Bougainvillea spectabilis*

别名：三角花、毛宝巾、九重葛、簕杜鹃

(一) 形态特征

紫茉莉科宝巾属常绿攀缘状灌木。枝叶密生茸毛，刺腋生；花着生在枝的顶端，苞片3片，形状似叶，色彩丰富，花聚生于苞片内；花期从11月到翌年6月。

(二) 种类与品种

叶子花分花叶和普通2类，苞片则有单瓣、重瓣之分。

(三) 对环境的要求

喜温暖湿润的气候，不耐寒，不耐旱；对土壤条件要求不严。要求充分的光照，不耐阴，属短日照植物，在长日照的条件下不能进行花芽分化。

(四) 育苗技术

通常用扦插法繁殖。5～6月选用1年生半木质化、生长充实的枝条，长10～15厘米，插入细沙插床中，深3～5厘米。经常喷水，保持较高的湿度，温度以保持在20～25℃为佳，20天左右即可生根，30天后即可上盆。扦插苗一般生长2年即可开花。

(五) 栽培技术要点

1. 上盆定植 盆栽叶子花可选用腐殖土4份、园土4份、沙2份，并加入少量腐熟的饼渣作基肥，混合配制成培养土；也可使用晒干塘泥掺些煤饼渣作盆土，于春季进行换土、换盆。叶子花生长速度较快，根系发达，须根甚多，每年需换盆 1 次。

2. 肥水管理 盆栽后在生长期需要大量肥料。4～7 月生长旺期，每隔 7～10 天施液肥 1 次，以促进植株生长健壮，肥料可用 10％～20％腐熟豆饼、菜籽饼水或其他有机肥料。8 月份开始，为了促使花蕾的孕育，施以磷肥为主的肥料，每 10 天施肥 1 次，可用 20％的腐熟鸡鸭鸽粪和鱼杂等液肥。自 10 月开始进入开花期，每隔半个月需要施 1 次以磷肥为主的肥料，肥水浓度为 30％～40％。以后每次开花后都要加施追肥 1 次，这样使叶子花在开花期不断得到养分补充。

叶子花植株生长旺盛，需水量大，特别是夏季需大量浇水。但开花前必须进行控水。从 9 月开始对叶子花的浇水进行控制，每次浇水要等到盆土干燥、枝叶软垂后方可进行，如此反复连续半个月时间，半个月后恢复平时正常浇水。控水期间切忌施肥，以免肥料烧伤根系。这样约 1 个月时间，叶子花即可显蕾开花，而且花开放整齐、繁盛。

3. 温光管理 叶子花生长适温为 15～30℃，夏季温度超过 35℃以上时，应适当遮阴或采取喷水、通风等措施降温；冬季应维持不低于 5℃的环境温度，否则长期 5℃以下的温度时，易受冻落叶。开花需 15℃以上的温度。

叶子花属阳性花卉，生长季节光线不足会导致植株长势衰弱，影响孕蕾及开花，冬季每天光照不少于 8 小时，否则易出现大量落叶。

4. 株形整理 叶子花生长迅速，生长期要注意整形修剪，以促进侧枝生长，多生花枝。修剪次数一般为 1～3 次，不宜过多，否则会影响开花次数。每次开花后，要及时清除残花，以减少养分消耗。花期过后新梢生长以前，要对过密枝条、内膛枝、徒长枝、弱势枝条进行疏剪，保留水平枝不修剪，防止形成徒长枝，影响花芽的形成。

常见的植株造型有花篮型、多塔型、悬崖型。

5. 花期控制　利用黑色塑料棚遮光，每天光照时间控制在 9 小时左右，可在一个半月后现蕾开花。如要使叶子花国庆节开放，可提前将盆放于暗室进行避光处理，因其为短日照花卉。时间在 8 月初左右，将盆栽叶子花置于黑暗的环境中，每天从下午 5 时开始至第二天上午 8 时完全不见光，每天喷水降温，每周增施磷、钾液肥或蹄片肥，这样保持 45～50 天，国庆节可见到绚丽的叶子花。

6. 病虫害防治　叶子花常见的病害有叶斑病、褐斑病，可用 50％的多菌灵可湿性粉剂 500 倍液进行防治叶斑病，70％的代森锰锌可湿性粉剂 400 倍液防治褐斑病。常见介壳虫为害，可用 45％的马拉硫磷乳油 1 000 倍液喷杀。

十三、米兰

学名：*Aglaia odorata*

别名：米仔兰、树兰、米兰花

(一) 形态特征

楝科米仔兰属常绿灌木。奇数羽状复叶，小叶 3～5 枚，互生，叶形倒卵圆形；圆锥花序腋生，花小而繁密，黄色，极芳香。花期长，从夏天开到秋天。

(二) 种类与品种

常见作为观赏栽培的有大叶米兰和小叶米兰两种，生产上盆栽的是小叶米兰。

(三) 对环境的要求

原产华南热带或亚热带林间。喜温暖湿润的气候环境；喜光，略耐阴，不耐寒，对低温敏感，0℃以下的低温就会造成整株死亡。在长江流域及北方寒地，入冬后，必须搬入室内，进行防冻保暖，否则易被冻死。

(四) 育苗技术

1. 扦插繁殖　在 6～8 月，选当年的嫩枝为插穗，长约 10

厘米，每根插穗上端保留叶片 2～3 片，下部叶片全部剪去；在通风的荫棚或树荫下，以山泥或珍珠岩、黄沙土为扦插基质进行扦插，深度约为插穗的 1/3，株间距离在 5 厘米左右。经常喷水，以增加周围环境的湿度，50～60 天即可生根。扦插成活后的幼苗，一般要到第二年清明节后，才分栽上盆。

2. 高空压条繁殖 高压法宜在每年春季和秋季进行，选 1～2 年生壮枝环状剥皮，不可伤及木质部，用湿土或青苔包裹，外用塑料薄膜覆盖，两端扎紧，保持基质湿润偏干即可。高压后 2 个月左右，新根形成，可用利剪剪下来，拆去塑料袋，不要弄碎泥团，分栽在另一花盆里，浇足水，放在半阴半阳或阴处。经过 10 天左右，米兰脱落了一部分黄叶，就可以逐步放到太阳照晒的地方，不久就能长出新叶，继而萌发出花蕾、开花。

（五）栽培技术要点

1. 上盆定植 盆栽的盆可按生产要求而定，瓦盆、紫砂盆、釉盆都可以用。盆土用疏松、肥沃的腐叶土，并拌入少量沙和山泥，也可用泥炭土或堆肥加适量磷肥，土肥的比例为 9∶1。米兰一般 2～3 年翻盆换 1 次。小盆换大盆，只要不将米兰根部泥球捣碎，一年四季都可进行。

2. 肥水管理

（1）浇水 夏秋是生长旺期，也是开花盛期，需水量较多，浇水量可适当增加，早晚各浇水 1 次；进入深秋时，天气逐渐转凉，浇水量逐步减少；入冬休眠期，要少浇水，保持土壤湿润即可。有人认为休眠期生长停止可以不浇水，其实这是不对的，米兰会因此干枯而死。

（2）施肥 米兰好肥，施肥要结合米兰的生长规律。在夏秋生长旺期，应该加强肥水管理。从 5 月上旬起，施入氮为主的稀薄液肥 1～2 次，促使枝叶生长；从 6 月开始，植株进入生长旺期和盛花期，这就必须施用以磷肥为主的液肥，每隔半个月施 1 次，浓度可以适当提高。这样，就会陆续不绝地开花，但应掌握薄肥勤施的原则，不可太浓，以免造成幼蕾脱落。进入休眠期后应停止施肥。在米兰生育期内，半月浇 1 次 0.2％的硫酸亚铁水，保持土壤酸性，使其叶茂花繁。

3. 温光管理 米兰喜温暖畏寒，生长发育的最适温为 20～30℃，冬季温室温度保持在 10℃以上即可。米兰在室内过冬，到清明节以后，即 4 月上中旬，就可以从室内移到室外，俗称"出室"，应避免过早搬出温室，以免"倒春寒"低温对其造成伤害，导致全株枯死。

夏秋季节，应接受充足的光照，以保证开花繁多，香气浓烈。阳光不足时，花香气少，但在烈日暴晒下，花朵易早谢。

4. 株形整理 米兰控制株形很重要，从小苗开始在 15 厘米高的主干以上修剪，以使株姿丰满。多年生米兰植株的下部枝条常衰老枯死，短剪促使主枝下部的不定芽萌发而长出新的侧枝；在生长过密时，对一些不开花的内膛枝、交叉枝等，必须适当修剪，以利通风和透光，从而保持树姿匀称，树势强健，叶茂花繁。

将植株进行弯曲造型，制作成盆景，如扎成宝塔型、悬崖式等，则观赏价值更高。

5. 病虫害防治 米兰病害较少，主要是米兰炭疽病为害，可用高锰酸钾 1 200 倍液、75％百菌清 500～800 倍液喷洒叶片。常见的害虫有蚜虫、红蜘蛛、介壳虫，可用 40％氧化乐果乳油 1 000 倍液喷杀。

十四、木芙蓉

学名：*Hibiscus mutabilis*

别名：芙蓉花、拒霜花、木莲、地芙蓉、华木

（一）形态特征

锦葵科木槿属的落叶灌木或小乔木。茎具星状毛及短柔毛；叶广卵形，呈 3～5 裂，裂片呈三角形；花于枝端叶腋间单生，

9～11月间次第开放。

(二) 种类与品种

常见品种有白芙蓉、粉芙蓉、红芙蓉、黄芙蓉、醉芙蓉等。

(三) 对环境的要求

喜温暖湿润和阳光充足的环境，稍耐半阴，有一定的耐寒性。对土壤要求不严，但在肥沃、湿润、排水良好的沙质土壤中生长最好。

(四) 育苗技术

1. 扦插繁殖 扦插可于开花结束后和叶片枯落时进行。宜选当年生枝条中下部枝段，长15～20厘米，以湿润沙壤土或洁净的河沙为基质，插后要遮阴保湿，约1个月后即能生根，翌年可开花，成活率较高。剪枝和扦插时不要挤压和损伤切口树皮，否则水湿后易腐烂。

2. 分株繁殖 分株多在早春萌芽前进行。分株前先将母株枝条短截成30厘米长，然后从土中挖出，用利刀切成几丛，每丛带2个以上的枝条进行分栽，当年秋季可开花。

3. 播种繁殖 秋后收取充分成熟的木芙蓉种子，在阴凉通风处贮藏至翌年春季进行播种。木芙蓉的种子细小，可与细沙混合后进行撒播，一般25～30天后即可出苗，翌年春季方可移植。

(五) 栽培技术要点

1. 上盆定植 盆栽宜选用较大的瓷盆或素烧盆，盆土要求疏松肥沃、排水透气性良好，可用园土和堆肥土等量混合配制，栽植后置向阳处，保持盆土湿润。

2. 肥水管理 生育期间要经常浇水和松土，花芽分化前追施1次磷钾肥。

3. 温光管理 冬季移到室内越冬，维持0～10℃的温度，以保证其休眠。

4. 株形整理 春季每盆留4～6个壮芽，其余均除去。待枝条长至30厘米左右，将基部2～3片叶以上的枝梢剪去，以促发新枝。花谢后在表土 5～8 厘米处对枝条进行 1 次短截，以促发新枝，并疏剪病虫枝和衰老枝。

5. 病虫害防治　木芙蓉常见的病害有白粉病，虫害有蚜虫、红蜘蛛、盾蚧等。

十五、瑞香

学名：*Daphne odora*

别名：睡香、风流树、蓬莱紫、露甲

（一）形态特征

瑞香科瑞香属常绿灌木。丛生，茎光滑，单叶互生，较稀疏，多集聚枝顶；头状花序顶生，黄白色至紫色，极芳香，花期 3～4 月。

（二）种类与品种

瑞香以金边瑞香为名贵，叶边缘金黄色，花淡紫色，先端白色，基部紫红色，春节开花，香味浓烈。还有白瑞香、黄瑞香、钝叶瑞香等。

（三）对环境的要求

不耐寒，怕高温，遇烈日后潮湿易引起萎蔫死亡。喜肥沃湿润、排水良好的微酸性土壤，忌积水。

（四）育苗技术

1. 扦插繁殖　春、夏、秋三季均可扦插繁殖。剪下 1 年生健壮枝条 8 厘米，留叶 2～3 枚，插于荫棚下素沙苗床中，深度为插条的 1/3～1/2。插后要浇透水，不要过干过湿。插后 1～2 个月即可生根，后移栽上盆，放置在半阴处。

2. 高空压条繁殖　宜在 3～4 月植株萌发新芽时进行。一般经 2 个多月即可生根。秋后剪离母体上盆或另行栽植。

（五）栽培技术要点

1. 上盆定植　目前多用塘泥，也可用腐叶土、山泥或泥炭加适量河沙和腐熟饼肥混合而成。翻盆 1～2 年进行 1 次。瑞香

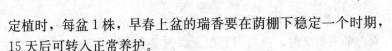

定植时，每盆 1 株，早春上盆的瑞香要在荫棚下稳定一个时期，15 天后可转入正常养护。

2. 肥水管理　生长期应每隔 10～15 天浇 1 次稀薄液肥以氮钾肥为主，开花前后宜各追施 1 次稀薄饼肥水或腐熟的畜禽粪肥水。施肥要选在有阳光的晴天，上午 10 时前为好。夏季休眠后要停施氮肥，只施磷钾肥，可用 0.1% 磷酸二氢钾喷雾，减少水肥供应。

盆土宜半干半湿，不可积水。秋季孕蕾期，要注意盆土不可过干。天晴干燥时可常喷叶面水，做到枝叶常湿，利于生长。

3. 温光管理　气温超过 25℃ 就停止生长，夏季要喷水降温。它不耐寒，在入冬前须移入温室，放在阳光充足的地方，温度保持在 5℃ 以上方可越冬。

金边瑞香喜半阴，忌烈日暴晒。每年 5～9 月都要遮阴降温，保持 50% 的光照，冬春季则应放在有阳光照到的地方。

4. 株形整理　当小苗第一次抽枝发叶长到 5～8 厘米时进行摘心，10 天后发新芽，一个分枝选留 2～3 个壮芽，过多的弱芽应抹掉，待第二次枝叶长到 8 厘米时进行第二次摘心，如此摘心 3～4 次，形成丰满株形。瑞香修剪多在花后进行，一般可将开过花的枝条剪短，以促使分枝多，增加翌年开花数量，徒长枝、重叠枝、过密枝、交叉枝以及影响树型美观的其他枝条也应剪除，以保持优美的造型。

5. 落叶防治　导致瑞香落叶的主要原因有根部温度骤变，或盆内积水，或施肥过量，施用没有发酵腐熟的肥料，造成根系受损。对已落叶的植株，要及时地从花盆中脱出来，用清水冲洗干净，把伤根和烂根全部剪掉，然后用中粒河沙再栽到花盆中去，放置在通风良好的庇荫处。经常用细眼喷壶或喷雾器喷洒植株和花盆，并保持周围环境湿润。约 2 个月后病株已萌发出新根后，再重新移栽到疏松、排水良好、pH 5.5～6.5 的土壤中正常养护。

6. 病虫害防治 瑞香病虫害很少。在盆土过湿或施用未经腐熟的有机肥时，极易引起根腐病的发生，每隔 10～15 天喷洒 1 次 50%多菌灵 800 倍液，或 70%甲基托布津 1 000 倍液等杀菌药剂。

第五节 水生花卉

一、荷花

学名：*Nelumbo nuci fera*

别名：莲花、水芙蓉

（一）形态特征

睡莲科莲属多年生挺水草本植物。根茎肥厚多节，横生于水底泥中；叶盾状圆形，花单生于花梗顶端，叶子和花挺出水面，有单瓣、复瓣、重瓣及重台等花型，花色有红、白、紫、黄等，花期 6～9 月，每日晨开暮闭。

（二）种类与品种

盆栽多选用丰花型，常见品种有玉碗、红塔、山（粉）袖珍、桌上珍、红牡丹、小银球等。

（三）对环境的要求

喜光、喜肥，喜通风良好的环境。

（四）育苗技术

1. 分株繁殖 荷花的繁殖通常以分株为主，缸莲、碗莲则要求翻缸。通常在清明前后分株，也可根据花期要求的不同提前或延迟。先将缸里的泥土倒扣出来，然后截取带有顶芽的根茎，每段 2～3 节，再填土将分好的藕（根茎）在缸内栽好。翻缸时务必注意，小心损伤顶芽。分好的种藕需立即栽植。一时栽不完的应分品种捆扎挂牌，投入水中假植，然后再行栽植。

2. 播种繁殖 4～6 月都可播种。首先对莲子进行人工破壳，将莲子凹的那一头在粗糙水泥地上磨破或用老虎钳口夹破，然后在 20～30℃的温水中浸种，每天换 2 次水，1 周内即可出芽，2 周后盆栽。盆栽时，要保护荷叶或荷柄不要折损，保证荷苗的正常生长，当年 9 月上中旬即现蕾始花。

（五）栽培技术要点

1. 上盆定植　选择外形美观、搬运摆放都方便的陶盆（缸），盆（缸）的口径和高度在 30～90 厘米均可，小盆玲珑奇巧，大盆叶茂花更多。花盆底孔用水泥细心密封，不能漏水。盆土可用农田土或无化工污染的河塘泥，提前 2 周加水浸泡备用。

南方可在 3 月中下旬，北方可推迟到 4 月中旬以后栽植。一般口径在 90～100 厘米的大缸，栽植大型品种的种藕（无论主藕，还是子藕）5 支左右；口径在 17～30 厘米的盆（碗）植碗莲品种的种藕 1～2 支即可；而中型品种的可塑性大，分植于大小不同的容器中均能开花。栽植时顶芽朝下，沿缸边斜插入泥，尾节翘露泥外，一般健壮的种藕可深埋一些，较弱的则浅埋一些。若缸栽 2 支藕，应 2 支相对，首尾相接；若栽 3 支或 3 支以上的，则沿缸边藕头、藕尾等距相接，斜插入泥。栽后 1～2 天不浇水，待泥稍干、藕身固定后才浇少量水，水层保持 10 厘米左右。

2. 肥水管理　荷花喜肥忌浓肥，要薄肥勤施。栽时不要施底肥，立叶出水后，可追施少量饼肥和复合肥。如叶片发黄或淡绿、质薄，就是缺肥，15～20 天追施 1 次，将肥料塞入缸盆中央的泥中，任其慢慢释放；要是叶片浓绿、厚，则表明不缺肥，可不追施。一般一个生长季最多追施 3 次，肥过量，藕易烂，荷叶焦边死亡。

荷花整个生长期都离不开水。夏季是荷花的生长高峰期，缸盆内不能脱水。水位不能淹没立叶，否则荷花遭受灭顶之灾。

3. 温光管理　荷花喜光，生育期需要全光照的环境，在半阴处生长就会表现出强烈的趋光性。荷花是长日照植物，现蕾后，每日光照要不少于 6 小时，否则植株会出现叶色发黄、花蕾

枯萎等现象。

10月下旬至11月初，把盆花搬入室内，保持盆土潮湿，室温在0～8℃，可安全过冬。或者放入水池中，注水以保持水温在0～8℃冰层下贮藏过冬。

4. 花期控制　8～9选用易开花且耐寒性较强的晚花性盆荷莲子播种育苗，分栽后花摆放在温室内，温度应控制在20～30℃。入冬启用平面镜或铝箔围成半圆形的反射面放在花盆北部，把阳光反射到荷叶和水面上，加强光照，可使荷花在元旦至春节期间开放。

5. 病虫害防治　常见的病害有黑斑病、腐烂病等，可用50％多菌灵或75％百菌清500～800倍液进行防治；虫害有斜纹夜蛾、蚜虫等，定期使用稀释500～1 000倍的80％敌敌畏乳油喷雾，效果很好。

二、睡莲

学名： *Nymphaea alba*

别名： 子午莲、水芹花

（一）形态特征

睡莲科睡莲属多年生草本。外形与荷花相似，不同的是睡莲的叶子和花浮在水面上。叶丛生，全缘，近圆形或心脏形；花白、黄、红等色，下午开放，夜晚闭合。花期5～10月。

（二）种类与品种

睡莲按栽培地的温度可分为两大类：耐寒睡莲和热带睡莲。耐寒睡莲叶片较小，全缘，花朵浮于水面。常见栽培品种有红睡莲、白睡莲、黄睡莲、柔毛齿叶睡莲、小白子午莲和重瓣睡莲等；热带睡莲除红、白、粉色花外，尚有蓝色和淡紫色品种。

（三）对环境的要求

原产墨西哥及亚洲东部。喜强光，耐寒性极强，要求通风良好的环境。对土质要求不严，最好腐殖质丰富、肥沃的黏性土壤，pH 6～8，均生长正常。

（四）育苗技术

1. 分株繁殖　于3～4月芽刚萌动时，将根茎掘起，用利刀切成数段，保证根茎上带有2个以上充实的芽眼，然后栽植。种茎选择的好坏，也是栽培成败的关键。要选取生长旺盛健壮、无病毒、无损伤、无腐烂的段块。

2. 播种繁殖　收的成熟种子随即播种，否则种皮薄易干燥，丧失发芽力。浸入25～30℃的水中催芽，每天换水，2周后即可发芽。待幼苗长至3～4厘米时，即可种植于池或缸中，保证足够的水深。

（五）栽培技术要点

1. 上盆定植　盆栽植株选用的盆至少有40厘米×60厘米的内径和深度。每年春分前后结合分株翻盆换泥，在盆底部加入腐熟的豆饼渣或骨粉、蹄片等富含磷、钾元素的肥料作基肥，再放入30厘米以上的肥沃河泥，将带有芽眼的根茎平栽入河泥中，覆土没过顶芽，放入1厘米厚的粗沙与小卵石，然后在盆中或缸中加水。热带睡莲须直立种植，覆土不超过顶芽。

2. 肥水管理　睡莲要求清洁的水质，否则，叶片腐烂。夏季灌水深约15厘米，开花后及时把枯死的叶片、叶柄和花梗剪掉，防止消耗养分并能保持植株美观。

生长期酌情追肥，可在开花期增施几次以磷、钾为主的追肥，不可多施氮肥。

3. 温光管理　盆栽在冬季移入冷室内或深水底部越冬。生长期要给予充足的光照，让其接受全光照。长期置于庇荫处，水面容易生青苔，只长叶不开花。

4. 病虫害防治　睡莲的叶易遭夜盗蛾等食叶害虫的侵害，致使叶面损伤，光合作用降低，势必影响开花，应及时防治。

三、黄菖蒲

学名：*Iris pseudacorus*

别名：黄花鸢尾、水生鸢尾

（一）形态特征

鸢尾科鸢尾属多年生湿生或挺水宿根草本植物。植株高大，根茎短粗；叶基生，长剑形；花茎稍高出于叶，花黄色，花期5～6月。

（二）对环境的要求

适应性强，喜光耐半阴，耐旱也耐湿，沙壤土及黏土都能生长，在水边栽植生长更好。

（三）育苗技术

1. 播种繁殖 6～7月，种子成熟，采后即播。床土用营养土较好，发芽适温18～24℃，播后20～30天发芽。实生苗2～3年开花。

2. 分株繁殖 春、秋季进行较好。将根茎挖出，抖掉泥土，剪除老化根茎和须根，用利刀按4～5厘米长的段切开，每段具2～3个顶生芽为宜，切口上撒草木灰或硫黄粉，阴干后即可栽种。也可将根段暂栽在湿沙中，待萌芽生根后移栽。

（四）栽培技术要点

1. 上盆定植 盆栽土以腐殖土（或泥炭）7份、园土2份、沙子1份，加上少量的饼肥，充分混匀后使用。

2. 肥水管理 栽植不宜过深，以露出叶丛为好，盆土要保持湿润或2～3厘米的浅水。夏季高温期间应向叶面喷水，生长期间应施肥2～3次，以腐熟饼肥或花卉复合肥为主。

3. 温光管理 生长适温15～30℃，温度降至10℃以下停止生长。冬季地上部分枯死，根茎地下越冬，极其耐寒。

4. 病虫害防治 黄菖蒲病虫害不多。锈病可用15％三唑酮可湿性粉剂或1：200倍的波尔多液防治。

四、千屈菜

学名：*Lythrum salicaria*

别名：水枝柳、水柳、对叶莲、败毒草

(一) 形态特征

千屈菜科千屈菜属多年生挺水草本植物。茎四棱形，直立多分枝；叶对生或轮生，披针形；长穗状花序顶生，小花多而密，紫红色，夏秋开花。

(二) 对环境的要求

喜强光、湿润及通风良好的环境。对土壤要求不严，耐盐碱，在土质肥沃的塘泥中生长更好。

(三) 育苗技术

1. 扦插繁殖 扦插应在生长旺期 6～8 月进行，剪取嫩枝长 7～10 厘米，去掉基部 1/3 的叶子，插入装有塘泥的盆中，6～10 天生根，极易成活。

2. 分株繁殖 在早春或深秋将千屈菜母株整丛挖起，抖掉部分泥土，用利刀切取数芽为一丛，另行种植。

3. 播种繁殖 春播于 3～4 月，播前将种子与细土拌匀，然后撒播于苗床，覆土 1 厘米，播后 10～15 天出苗。苗高 10 厘米左右移栽上盆。

(四) 栽培技术要点

千屈菜生命力极强，管理也十分粗放。

1. 上盆定植 盆栽可选用直径 40～60 厘米的无底洞花盆，盆土可选用肥沃的塘泥，或泥炭土、园土按 6∶4 混合。栽种前盆底先施入适量的有机肥，每盆栽 5 株。

2. 肥水管理 春、夏季各施 1 次氮肥或复合肥，秋后追施 1 次有机肥。花穗抽出后保持 5～10 厘米的水深。入冬后将枯枝剪除并倒出盆内积水，同时保持盆土湿润。通常每隔 3～4 年分栽 1 次。

3. 温光管理 千屈菜喜光，在通风良好光照充足的环境下生长良好，花色艳。

4. 株形整理 生长期通过不断摘心打顶促使其矮化分蘖。剪除部分过密过弱枝，及时剪除开败的花穗，促进新花穗萌发。10月下旬千屈菜地上部分逐渐枯萎，用枝剪将地上株丛剪掉越冬。

5. 病虫害防治 一般没有病虫害，在通风不畅时会有红蜘蛛危害，可用50%敌敌畏乳油1 000倍液喷雾杀虫。

五、旱伞草

学名：*Cyperus alternifolius*

别名：伞草、水竹、水棕竹、风车草、水竹

（一）形态特征

莎草科莎草属多年生常绿草本植物。茎直立，丛生；叶顶生，叶状总苞片簇生于茎秆，呈辐射状，形如伞，姿态玲珑潇洒。

（二）对环境的要求

畏寒，怕烈日，极耐阴、耐湿。华东地区露地稍加保护可以越冬。对土壤要求不严，以肥沃稍黏的土质为宜。

（三）育苗技术

1. 分株繁殖 分株全年都可进行。把生长过密的母株从盆中脱出，分切成数丛，分别上盆，随分随种植，极易成活。

2. 扦插繁殖 可分为土插和水插两种。土插于6～7月进行，取茎顶梢3～5厘米，并将轮生的叶短剪一半，以减少水分蒸发，然后插于沙或蛭石，使叶片贴在基质上，浇透水。以后保持基质湿润，20天就能生根长新芽，并萌发出小植株。选开花前的健枝最易生根。水插时，可用洗净的广口瓶装入凉开水，从茎顶伞状苞叶下8厘米处剪下，把每枚苞叶剪去1/2，水温25℃，苞叶腋产生新芽并向上生长，须根伸入水中，20多天就

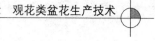

可成苗移栽。夏季水插时，需 2～3 天更换 1 次凉开水，防止插穗被细菌污染而腐烂。

3. 播种繁殖　4 月播种，用撒播法将种子撒入有培养土的盆内，压平、覆薄土，浸足水后，盖上玻璃，保持盆土湿润。10天后，相继发芽，苗高 5 厘米时可移入小盆。

（四）栽培技术要点

1. 上盆定植　春、夏、秋以水养为好，冬季可改为盆栽。水养可选择水仙盆、山石盆、玻璃容器、陶盆、瓷钵均可。将植株栽进盆内，以粗河沙、白石子、雨花石、鹅卵石，任选 1 种固定植株。旱伞草对水质要求高，可用沉淀过的自来水，还可以配些小假山等点缀小件来增色。

盆栽时用一般园土加少量基肥即可，用盆不要太大，以浅盆景盆栽植为好。每两年翻盆换土 1 次。

2. 肥水管理　生长季节要保持土壤湿润，或直接栽入不漏水的盆，保持盆中有 5 厘米左右深的水。生长旺季，每月施肥1～2 次。为控制高度，5 月可浇灌 1 次 400 毫克/升的多效唑，能有效地控制其生长过高。

3. 温光管理　夏、秋季要防强光照，否则叶尖枯萎变焦，影响生长。冬季入室保暖，越冬温度不低于 7℃。

4. 株形整理　发现茎秆或叶尖枯黄，要及时剪去枯焦部分，以保持美观。过老的茎秆也应尽早剪掉，保持叶色鲜绿。

5. 病虫害防治　常发生叶枯病和红蜘蛛危害。叶枯病可用50％托布津 1 000 倍液喷洒，红蜘蛛用 40％乐果乳油 1 500 倍液喷洒。

第九章

观果类盆花生产技术

一、五色椒

学名：*Capsicum frutescens* var. *cerasiforme*

别名：朝天椒、观赏椒

(一) 形态特征

茄科辣椒属多年生草本，常作一年生栽培。茎直立，分枝多，是尖椒的变种。果型和果色多样，浆果。果熟期8~10月。

(二) 种类与品种

现在五色椒的品种很多，果形有指形、圆锥形和球形，果色有白、黄、橙、红、紫等。

(三) 对环境的要求

不耐寒，喜温热、向阳、光照充足、干燥的环境，在潮湿肥沃、疏松的土壤生长良好。

(四) 育苗技术

五色椒采用播种繁殖。3月播种，用温热水把种子浸泡1~2小时，种子充分吸水，播到备好细土的浅花盆中，播后覆盖基质，厚度为种粒的2~3倍。采用"盆浸法"供水，置于室内，常保持盆土湿润。发芽适宜温度为25℃以上，7~10天发芽；待苗长至5~6片真叶时，即可移栽。

(五) 栽培技术要点

1. 上盆定植　在15~25厘米口径的花盆，每盆栽种1株，较大盆可栽2~3株。盆栽可用一般园土加适量有机肥。

2. 肥水管理　开花前及果期要追施2~3次液肥，花期浇水不宜太多，以防落花。坐果期还应追肥 1～2 次，促使果色鲜艳。霜降前果色变红，正是观赏期，可移入室内，并减少浇水。

3. 温光管理　光照充足，有利果实着色。

4. 病虫害防治　常见的病害有疫病，可喷施或浇灌 50％甲霜酮可湿性粉剂 800 倍液，或 64％杀毒矾可湿性粉剂 500 倍液防治；叶脉斑驳病，是由于蚜虫传播的病毒注意防治蚜虫。

二、冬珊瑚

学名：*Solanum pseudocapsccicum*

别名：珊瑚樱、吉庆果、珊瑚子、珊瑚豆

(一) 形态特征

茄科茄属常绿小灌木，多分枝成丛生状，作一二年生栽培。夏秋开花，花小，白色；浆果，深橙红色，圆球形。7～8 月开花，9～12 月为果熟期，可在枝头留存到春节以后。

(二) 对环境的要求

不耐寒，喜温暖，向阳，土壤要求疏松肥沃、排水良好。

(三) 育苗技术

1. 播种繁殖　冬季采收成熟的种子漂洗后晒干，第二年清明前播种，撒播，覆上一层薄土，然后在水盆里浸透水。为保持湿润，花盆口要盖玻璃或塑料薄膜，这样 1 周左右便可发芽，小苗 3～4 片真叶时移植 1 次，6～8 片真叶时定植。移栽后施 1 次薄肥，并放在光照充足处。

2. 扦插繁殖　剪取（或疏剪）长 8～10 厘米、带有顶芽的生长枝条（如有花蕾将其摘除），按常规法扦插，保持苗床或盆土湿润，定期向扦穗的顶芽、顶叶喷洒水雾，气温在 18～28℃，约经 10 天便可成活。冬季就可欣赏到红艳艳的累累果实。

(四) 栽培技术要点

1. 上盆定植　盆土选用沙壤土，或泥炭加 10％珍珠岩，添加适量饼肥或鸡鸭粪，混合消毒备用。

2. 肥水管理　保持盆土湿润，每半月进行 1 次松土施肥，在浇施的有机肥液中应加入 0.2% 的磷酸二氢钾，可促成其多多孕蕾开花。开花期间暂停施肥，同时控制浇水，尽量不要喷水，避免冲淋去花粉，防止落花落果。当其果实长至绿豆大小时，可恢复浇施饼肥水，并增加浇水量，同时给予适当的叶面喷水。从坐果后到果实现色前，应追施 2～3 次速效性磷肥，如浇施 0.2% 的磷酸二氢钾溶液，可从促成其果实增艳。

3. 温光管理　当气温达 30℃ 以上时，可将其移放至通风良好、遮光 40% 左右的大棚或树荫下。

4. 株形管理　当植株达 10 厘米高左右时，进行 1 次摘心，以促进多枝多花多果。盆栽冬珊瑚要控制植株高度，以形成良好的株形。

5. 病虫害防治　夏季高温时易患炭疽病，可用 50% 多菌灵可湿性粉剂 700～800 倍液或 75% 百菌清 500 倍液防治。虫害主要有蚜虫和红蜘蛛，可用 40% 的氧化乐果乳油 2 000 倍液或 50% 敌敌畏乳油 1 500～2 000 倍液喷雾。

三、乳茄

学名：*Solanum mammosum*

别名：黄金果、五指茄

（一）形态特征

茄科茄属灌木型草本，常作一年生栽培。叶片稀疏，全株被蜡黄色扁刺；花紫色；果实呈倒置的梨状，基部有 5 个乳头状突起，果熟时为橙黄色至金黄色。

（二）对环境的要求

原产中美洲热带地区。喜温暖、光线充足、通风良好的环境，不耐寒，怕水涝和干旱。宜肥沃、疏松和排水良好的沙质壤土。冬季温度不得低 12℃。

（三）育苗技术

1. 播种繁殖 浆果成熟后取出种子，干燥贮藏。南方在 3 月份播种，北方在 4 月播种，经常保持盆土湿润。发芽适温20～25℃，播后 7～10 天发芽，苗前期要遮阴，以后逐渐多见阳光，并加强肥水管理。苗高 15 厘米左右即可定植。

2. 扦插繁殖 夏季用顶端嫩枝作插条，长 12～15 厘米，插入沙床，15～20 天可生根，30 天移栽。

（四）栽培技术要点

1. 上盆定植 盆栽宜用盆口直径达 30 厘米以上的大花盆，基质采用锯末、煤渣、塘泥（或农家肥），按 2∶1∶1 比例混合配制。

2. 肥水管理 苗期时保持半干半湿，不要浇水太勤；生长期充分浇水，夏、秋季开花结果时不要缺水。每隔半月施 1 次富含氮、磷、钾的低浓度液态肥。

3. 温光管理 乳茄不耐寒，生长适宜温为 15～25℃，最佳挂果温度为 20～35℃。花期遇高温干燥，花粉不易散开，影响授粉结果。注意浇水和遮阳。

4. 株形管理 当植株长到 30～40 厘米时，适当的摘心 2～3 次，促使其多发侧枝，多挂果。盆栽保留 3～4 个枝杈，抹去多余的腋芽和分枝。坐果后每束保留果实 1～3 个，疏去过多的弱小果、残次果。

5. 病虫害防治 常发生叶斑病、炭疽病为害，用 10% 抗菌剂 401 醋酸溶液 1 000 倍液喷洒；虫害有蚜虫和粉虱，用 2.5% 鱼藤精乳油 1 000 倍液喷杀。

四、佛手

学名：*Citrus medica* var. *sarcodactylis*

别名：佛手柑

（一）形态特征

芸香科佛手属常绿小乔木或灌木。老枝灰绿色，幼枝略带紫

251

红色，有短而硬的刺；柑果卵形或长圆形，黄色，果熟期10～12月。

（二）种类与品种

佛手为栽培品种，在我国栽培历史悠久，主要有广佛手、川佛手、京佛手。佛手是枸橼的变种，目前栽培的有白花、紫花和红花3个品种。

（三）对环境的要求

原产我国、印度和地中海沿岸。喜温暖湿润、阳光充足的环境，不耐严寒、怕冰霜及干旱，耐阴，耐瘠，耐涝。

（四）育苗技术

1. 扦插繁殖　扦插前应选7～8年生健壮的母树，剪去生长旺盛，无病虫害的老健枝条，剪除叶片及顶端嫩梢，截成长17～20厘米的插条。不能从幼树枝条或徒长枝剪取插穗，因这类枝条栽后常常不易结果。

以秋季扦插最好。秋季扦插当年就可长根，第二年春季发芽后生长迅速。苗高7～10厘米时，将丛生的弱苗除去，每株只留壮苗1株。培育1年即可移栽。

2. 嫁接繁殖　在春、秋两季进行，用香橼或柠檬作砧木较好。嫁接方法有：①靠接法。8月至9月上旬进行，砧木选茎部直径2～3厘米，生长健壮的4～5年生植株，在茎基部分枝的下面切去分枝，仅留1个分枝，再在切去分枝部位的一边向下削去一些皮层，然后选上一年春季或秋季发生的枝条作接穗，粗细和砧木相似，长5～7厘米，在接穗下部的一边亦削去下面的部分皮层，再将砧木的切面靠在接穗的切面上，使两面密合，用塑料薄膜缚紧，约1周后即能愈合。愈后剪去接口以上的砧木部分。②切腹接法。在3月上中旬将砧木在地面以上5～7厘米处剪平，用嫁接刀削光，选光滑部分稍带木质处作斜切面，深1～1.5厘米。接穗要留2～3个芽，并将下端削成1～1.5厘米长的楔形，然后将砧木切口一边与接穗切皮对直，紧密地插入砧木之切口内，用塑料薄膜捆扎，一般半月后就愈合并抽芽出长。这时须松土除草，45～60天后开始抽梢，此时须将包扎物除去，否则新梢易弯曲。

（五）栽培技术要点

1. 上盆定植　盆栽佛手在幼苗期，每年立夏出室前进行一次换盆，小苗宜用腐叶土 2 份、细沙土 8 份混合拌匀作为培养土。苗长大后可施加马蹄片少许或用腐叶土 3 份、细沙土 7 份混合配制。移栽后先放在半阴处，10 天之后移到背风向阳处养护。

结果植株的培养土为腐叶土 4 份、沙土 5 份、饼肥 1 份混合配制，并在盆底加施蹄片 50 克作基肥。

2. 肥水管理　换盆 1 个月后开始施肥。第一年苗小应施少量淡肥，可在第二次发枝前后各施 1 次腐熟的饼肥水。第二年生长期间，可每隔 20 天左右施 1 次淡肥，浓度同第一年。

幼苗期浇水不宜过多，以保持盆土适度湿润为好。冬季严格控制浇水，盆土不干不浇。

3. 温光管理　最适生长温度 22～24℃，越冬温度 5℃以上。冬季在室内养护时，应适当通风，增加直射阳光，使之逐步锻炼，以适应外界气候。

4. 株形整理　当主干长到预定高度时进行摘心，促发分枝。分枝萌发后，选留 3～5 个分布均匀、长势相似的枝条作为主枝，可将主干上的其他枝条都剪去。保留的枝条长到 20 厘米时进行摘心，促发新枝。以后每年春季进行 1 次疏枝和修剪，剪去过密枝、纤细枝、病枯枝和徒长枝，以利通风透光，保持优美的树形。

5. 病虫害防治　常见病害有煤烟病，注意排水修剪，使通风透光，及时防治介壳虫。虫害有潜叶蛾、蚜虫等，可用 90％晶体敌百虫 1 000 倍液防治。

五、金橘

学名：*Fortunella margarita*

别名：金枣、洋奶橘、金柑

(一) 形态特征

芸香科金橘属常绿灌木或小乔木。通常无刺，分枝多。叶光亮，绿色，有散生腺点；花两性，整齐，白色，芳香；秋冬季果熟，矩圆形或卵形，金黄色，有香味。

(二) 种类与品种

同属观赏种类的有：金柑、圆金橘、金豆、四季橘、长叶金橘。

(三) 对环境的要求

喜阳光、不耐阴，但也不宜烈日暴晒，在北方春夏季须遮阴。不耐寒，盆栽须进温室防寒。喜湿润，忌积水。适生于疏松肥沃、排水良好的微酸性和中性土壤。

(四) 育苗技术

常用嫁接繁殖。砧木用枸橘、酸橙，可提高抗寒能力。一般3～4月用切接法，芽接6～9月进行，靠接在6月进行。第二年萌芽前移植。

(五) 栽培技术要点

1. 上盆定植　金橘喜肥，盆栽时宜选用腐叶土4份、沙土5份、饼肥1份混合配制的培养土。换盆时，在盆底施入蹄片或腐熟的饼肥作基肥。

2. 肥水管理　新芽萌发开始到开花前，每7～10天施1次腐熟的稀薄酱渣水，每月施一次矾肥水。入夏之后，宜多施一些磷肥，以利孕蕾和结果。结果初期应暂停施肥，待幼果长到约1厘米大小时，可继续每周施1次液肥直至9月底。

干燥季节，需每天向叶面或地面喷水1～2次，增加空气湿度。注意开花期避免喷水，以防烂花，影响结果。雨季应及时倾倒盆内积水，以免烂根。金橘自花期至幼果期对水分的要求较敏感，此时盆土过干，花梗和果柄易产生离层而脱落；浇水过量，盆土透水性能又差，也易引起落花落果。此时盆土保持半干状态为宜。

3. 温光管理　养护时要放置在阳光充足的地方。若光照不足，环境荫蔽，往往会造成枝叶徒长，开花结果较少。冬季室温以不结冰为宜，室温不宜过高，否则植株得不到充分休眠，翌年生长衰弱，易落花落蕾。

4. 株形整理　修剪是使金橘花繁果硕的一项重要技术措施。为使树形优美，多结果，每年树液开始流动之前，春芽尚未萌发时进行一次重修剪，剪去枯枝、病虫枝、过密枝和徒长枝，保留3～4个头年生的健壮的、分布匀称的枝条，每个枝条只留基部2～3个芽，其余的剪掉。这样就可以萌发10余枝充实的春梢。当新梢长到15～20厘米时进行摘心，使株形丰满。此时施1次速效性磷肥，促使花芽分化。开花时应适当疏花，节省养分。着生幼果后，当幼果长到约1厘米大小时可进行疏果，粗壮枝条每枝留2～3个果，弱枝每枝保留1个果。及时剪除秋梢，不使二次结果，以利果形大小、成熟程度一致，提高观赏价值。

5. 病虫害防治　管理得当，金橘病害少见，主要是柑橘凤蝶幼虫为害，可喷50％杀螟松1 000倍液或80％敌敌畏1 000倍液防治，或在枝干上捕杀虫蛹。

六、代代

学名：*Citrus aurantium* var. *amara*

别名：代代花、玳玳、代代橘

（一）形态特征

芸香科柑橘属常绿小乔木。1年开花多次，总状花序，花白色，具浓香。果扁球形，表面有瘤状突起，皮厚，初期为深绿色，秋冬变为黄色，成熟后不脱落，来年春夏变为绿色，可宿存到第三年。

（二）对环境的要求

喜光，喜肥，稍耐寒。需阳光充足、通风良好的环境。对土质要求不严，以排水良好、肥沃、疏松的微酸性沙质土最适。忌积水。

（三）育苗技术

1. 扦插繁殖　代代扦插时间一般在梅雨季节，即 6～7 月。这时气温高、湿度大，易于成活。扦插时选择生长健壮的 2 年生木质化的枝条，剪成 10～12 厘米，将上部叶片剪去一半，下部的叶片全部剪去，在靠近节下约 0.5 厘米处剪成平口，剪口要平滑，剪后立即插入素沙盆，插深 3～4 厘米。插后浇透水，用塑料薄膜袋罩上。以后每天早、晚各喷 1 次水，扦插初期先放背阴处，约半个月后逐渐移到半阴处，在温度保持 20～25℃ 的条件下，1 个月即可生根。生根后除去塑料薄膜袋，根长到 3 厘米左右时移栽上盆。约 3 年精心养护即能开花结果。

2. 嫁接繁殖　可用柑橘类植物的实生苗做砧木，在谷雨到立夏之间或立秋以后进行劈接，用当年生 10 厘米长的枝条作接穗，嫁接苗栽培到第三年即可开花结果。

（四）栽培技术要点

1. 上盆定植　代代需每隔 1 年换盆 1 次，时间宜在早春。最好换用新盆，如用旧盆，必须清水洗净晒干再用。

代代盆栽培养土宜用菜园土（或腐叶土）、黄泥、砻糠灰以 3：1：1 的比例配成，栽前在盆底放些腐熟的菜籽饼或鸡鸭粪作基肥，栽时不要使根直接接触基肥。根系自然舒展，加培养土后将主干周围土压实，使根系和土密切接触，以利发根。栽后应浇透水，置庇荫处养护半个月，再移到阳光下培育。

2. 肥水管理　适量浇水。其平时浇水应注意适量，不能使盆土过干或过湿，夏天天气炎热，应注意适当遮阴，早晚各浇一次水，注意夏天或雨季放在室外受雨淋后要及时排水，不能使花盆内有积水。

合理施肥。生长季节，每隔 10 天施 1 次腐熟的稀薄肥水，每月施矾肥水 1 次，花芽分化期，增施 1 次速效磷肥，以利孕蕾和结果。开花时应停止施肥，以免花叶脱落。

3. 温光管理 应在霜降前将其移入室内或棚室内阳光充足处养护，最低室温不低于 0℃。一般整个冬季浇 3～4 次水即可，并经常用接近室温的温水浇洗叶面，晴天中午应开窗换气。棚室温度不宜过高，若温度过高，植株不能充分休眠，会影响来年生长开花。

4. 株形整理 盆栽时每年春季应翻盆换土 1 次。花期过后要疏果，每枝留果 1 枚，对待长枝要进行修剪，使养分集中供应结果枝形成花芽。每年早春进行 1 次疏枝，主要剪除枯枝、过密枝、纤细枝、徒长枝和病虫枝；隔年结合换盆，对植株进行 1 次较强的修剪整形，一般每株可留 3～5 个健壮枝条，每个枝条上保留 2～3 个芽，其余均剪除，促使重新萌发粗壮的新枝，当新枝长到 15 厘米左右时进行摘心。

5. 病虫害防治 代代的主要病害是叶斑病，可用 50% 退菌特可湿性粉剂 800～1 000 倍液喷雾防治；主要虫害是吹绵蚧，可喷洒 40% 氧化乐果 1 500 倍液，如有煤烟病同时发生，可用清水擦洗或喷洒 25% 多菌灵可湿性粉剂 300 倍液防治，效果较好。

七、南天竹

学名：*Nandina domestica*

别名：南天竺

（一）形态特征

小檗科南天竹属常绿灌木。小圆锥花序顶生，花小，白色；浆果球形，鲜红色，宿存至翌年 2 月。花期 5～6 月，果熟期 10 月至翌年 1 月。

(二) 种类与品种

常见的盆栽南天竹种类有玉果南天竹、狐尾南天竹、五彩南天竹、琴丝南天竹、圆叶南天竹、紫果南天竹等。

(三) 对环境的要求

喜温暖多湿及通风良好的半阴环境，较耐寒。能耐微碱性土壤，适宜在湿润肥沃、排水良好的沙壤土生长。室温在1～10℃即可越冬。

(四) 育苗技术

1. 分株繁殖 春季3月芽萌动时结合移栽或换盆时进行，先抖去宿土，从根基结合薄弱处剪断，每丛带茎干2～3个，需带一部分根系，同时剪去一些较大的羽状复叶，培养1～2年后即可开花结果。

2. 扦插繁殖 在3月上旬或7～8月雨季进行扦插。选用1～2年生枝顶部，长15～20厘米，插在沙床中，1个月生根。

(五) 栽培技术要点

1. 盆土准备 南天竹适宜用微酸性土壤，可按沙质土5份、腐叶土4份、粪土1份的比例调制。

2. 上盆与换盆 将盆底排水小孔用碎瓦片盖好，底部放一层木炭，有利于排水和杀菌。植株带土，按常规法加土栽好植株，浇足水后放在阴凉处，约15天后可见阳光。每隔1～2年换盆1次，通常将植株从盆中扣出，去掉旧的培养土，剪除大部分根系，去掉细弱过矮的枝干定干造型，留3～5株为宜，庇荫管护半个月后正常管理。

3. 肥水管理 浇水应"见干见湿"。夏季除浇水外，还应向叶面喷雾，保持叶面湿润，防止叶尖枯焦。开花时向地面洒水提高空气湿度，以利提高受粉率。要求生长环境的空气相对湿度在50%～70%，空气相对湿度过低时下部叶片黄化、脱落，上部叶片无光泽。冬季植株处于半休眠状态，不要使盆土过湿。

成年植株每年施3次干肥，分别在5月、8月、10月进行，

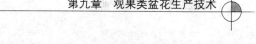

第三次应在移进室内越冬时施肥，肥料可用充分发酵后的饼肥和麻酱渣等。施肥量一般第一、二次宜少，第三次可增加用量。此外，南天竹在生长期内，半个月左右施 1 次含磷多的有机液肥。

4. 温光管理　盆栽南天竹放在半阴、凉爽、湿润处养护好。强光照射下，茎粗短变暗红，幼叶"烧伤"，成叶变红；十分荫蔽的地方则茎细叶长，株丛松散，有损观赏价值，也不利结实。

南天竹适宜生长温度为 20℃ 左右，适宜开花结实温度为24～25℃，冬季移入温室内，一般不低于 0℃。翌年清明节后搬出户外。

5. 株形管理　在生长期内，剪除根部萌生枝条、密生枝条，剪去果穗较长的枝干，留 1～2 枝较低的枝干，以保持株形美观，有利开花结果。盆栽植株观赏几年后，枝叶老化脱落，可整形修剪，一般主茎留 15 厘米左右便可，4 月修剪，秋后可恢复到 1米高，并且树冠丰满。

6. 病虫害防治　南天竹在通风不良的情况下，易被介壳虫和煤污病为害。发生煤污病时，可用清水冲洗。如既有介壳虫又有煤污病时，可喷洒 0.3～0.5 波美度石硫合剂。

八、石榴

学名：*Punica granatum*

别名：安石榴、海榴

(一) 形态特征

石榴科石榴属落叶灌木或小乔木。花两性，有单瓣、重瓣之分。重瓣的多难结实，以观花为主；单瓣的易结实，以观果为主，浆果近球形。花石榴花期 5～10 月，果石榴花期 5～6 月，果期 9～10 月。

(二) 种类与品种

适宜盆栽的石榴品种多种多样，根据用途分果石榴和花石榴两大类。主要品种有胭脂红石榴、麻皮糙、白石榴、天红蛋石榴、鲁峪蛋，此外还有酸石榴、甜石榴等。

（三）对环境的要求

原产伊朗、阿富汗等国家。喜光，耐旱，有一定的耐寒能力，喜湿润肥沃的石灰质土壤。

（四）育苗技术

1. 扦插繁殖 选择生长势健壮、结果早、品质优良的丰产母株，利用其灰白色、健壮的、树膛内部 1～2 年生枝条，于 3 月中旬剪成 20 厘米长的插条，下部剪成斜面，插入沙土中 3/4 为宜，保持湿润，在 20～25℃条件下，15～20 天发芽。

2. 分株繁殖 选择优良品种，将根部发生的较健壮根蘖苗于早春 4 月芽萌动时挖起，另行栽植。

3. 压条繁殖 春、秋季均可进行。不必刻伤，将根际所生根蘖或树干下部有二次枝的枝条压入地面约 20 厘米深的浅沟中，顶梢或侧枝朝上，填土，灌水，踏实，保持湿润。秋季生根后与母体分离，分剪成若干个独立苗。

（五）栽培技术要点

1. 上盆定植 秋季落叶后至翌年春季萌芽前均可栽植或换盆。盆栽选用腐叶土、园土和细沙混合的培养土，并加入适量腐熟的有机肥。栽植时要带土团，地上部分适当短截修剪。

2. 肥水管理 浇水掌握"干透浇透，见干见湿，宁干不湿"的原则。在开花结果期，不能浇水过多，盆土不能过湿，否则枝条徒长，导致落花、落果、裂果现象的发生。雨季要及时排水。盆栽石榴均应施足基肥，然后入冬前再施 1 次腐熟的有机肥。盆栽石榴应按"薄肥勤施"的原则，生长旺盛期每周施 1 次稀肥水，长期追施磷钾肥，保花保果。

3. 温光管理 生长期要求全日照，并且光照越充足，花越多越鲜艳，光照不足时，会只长叶不开花，影响观赏效果。适宜生长温度 15～20℃，冬季温度小宜低于 −18℃，否则会受到冻害。

4. 株形整理　一般石榴可修成独干圆头或平头状；还可修成丛生开张型；也可制作盆景石榴。采用疏剪、短截，剪除干枯枝、徒长枝、交叉枝、病弱枝、密生枝。夏季及时摘心，疏花疏果，达到通风透光、株形优美、花繁叶茂、硕果累累的效果。

5. 病虫害防治　坐果前期防虫，后期防病害。石榴树从 4 月底到 5 月上中旬易发生刺蛾、蚜虫、椿象、介壳虫、斜纹夜蛾等害虫。坐果后，病害主要有白腐病、黑痘病、炭疽病。每半月左右喷 1 次等量式波尔多液 200 倍液，可预防多种病害发生，严重时可喷退菌特、代森锰锌、多菌灵等杀菌剂。

九、朱砂根

学名：*Ardisia crenata*

别名：大罗伞、富贵子

（一）形态特征

紫金牛科朱砂根属矮小灌木。小枝轮生，叶革质互生，伞形花序，花白色或淡红色，浆果球形，鲜红色，花期 6～7 月，果期 10～12 月。

（二）对环境的要求

喜温暖、湿润、荫蔽和通风的环境，要求排水良好的肥沃壤土。适生温度 16～28℃，冬季室内应保持在 5～8℃为佳。

（三）育苗技术

1. 扦插繁殖　常于春末夏初用当年生的枝条进行嫩枝扦插，或于早春用去年生的枝条进行老枝扦插。选取枝条壮实的部位，剪成 5～15 厘米长的一段，每段要带 3 个以上的叶节，切口用生根粉处理，去除下部叶片，插于营养土或河沙、泥炭土中，插后要保持加强遮阴保湿。1 个月后即可生根，70 天后移栽上盆培育。翌年即可开花结果。

2. 播种繁殖　可于 10～12 月选用籽粒饱满、没有病虫害、没有残缺或畸形的种子，撒播在疏松培养土的广口大花盆中，也可按 3 厘米×3 厘米的株行距点播。播后覆土 2 厘米,加盖薄膜保湿。20 天即可发芽,幼苗具 2 片真叶时,可将小苗带土移栽到小花盆中。

(四) 栽培技术要点

1. 上盆定植　盆栽朱砂根宜选用落叶阔叶林下的腐殖土,或用泥炭土 5 份、腐叶土 4 份、再加 1 份细沙,或泥炭、珍珠岩、园土按 1：2：1 混合。小苗上盆时,盆底要垫上 3 厘米厚的粗沙,以防盆土积水。

2. 肥水管理　对于盆栽的植株,除了在上盆时添加有机肥料外,一般每月施 1 次复合肥,花果期适当追施磷钾肥。春季宜少;夏秋生长快,浇水要充足,并向枝叶和地面喷水以增加空气湿度;冬季果实转红,入冬后扣水,保持 65％～70％的水分入室越冬。

3. 温光管理　对冬季的温度的要求很严,当环境温度在 8℃以下停止生长。

对光线适应能力较强,夏季要注意用 1～2 层遮阳网遮阴,忌烈日暴晒。

4. 株形整理　在冬季植株进入休眠或半休眠期,要把瘦弱枝、病虫枝、枯死枝、过密枝等剪掉。要使株形矮壮,可初夏抽梢时加大光照或喷洒矮壮素抑制其生长。

5. 病虫害防治　朱砂根的叶片易生褐斑病,可喷洒 50％多菌灵可湿性粉剂 500 倍液进行防治。

十、枸骨

学名：*Ilex cornuta*

别名：鸟不宿、猫儿刺

(一) 形态特征

冬青科冬青属常绿灌木或小乔木。树皮平滑不裂,枝开展而密生。叶矩圆形,基部两侧各有 1～2 枚大刺齿;核果球形,鲜红色，花期4～5月，果9～10（11）月成熟。

（二）种类与品种

常见的品种有无刺枸骨、小叶枸骨、黄果枸骨、多刺冬青等。

（三）对环境的要求

喜光，稍耐阴，喜温暖、肥沃湿润、排水良好的微酸性土壤，耐寒性不强，对有害气体有较强抗性。生长缓慢，萌蘖力强，耐修剪。

（四）育苗技术

1. 扦插繁殖 一般多在梅雨季节进行。用嫩枝做插穗，插穗用50毫克/升萘乙酸溶液处理2小时后，即可扦插。入盆土深度为插穗长度的2/3，露出芽和叶片于地面，插后浇透水，保持湿润，遮阳、喷雾，25～40天即可生根。9月中旬以后撤除遮阳，让阳光直射，使苗木充分木质化。

2. 播种繁殖 因枸骨种子有隔年发芽习性，故生产上常采用低温湿沙层积至第二年秋天条播，第三年春幼苗出土。

（五）栽培技术要点

1. 上盆定植 盆土宜选用富含腐殖质的微酸性土好，施足基肥。幼苗移植盆栽可在春、秋两季进行，带土移植上盆。

2. 肥水管理 每年5～8月施入尿素3～4次，梅雨季节可施复合肥。水肥供应充足，则生长旺盛。盆土保持湿润即可。

3. 株形整理 无刺枸骨枝条不易枯死，一般可不修剪，盆栽在春季发芽前和生长季节进行1～2次造型修剪。

4. 病虫害防治 枸骨上常有红蜡蚧为害枝干并产生煤污，须注意防治。

十一、火棘

学名：*Pyracantha fortuneana*

别名：火把果、救军粮

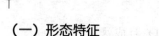

（一）形态特征

蔷薇科火棘属常绿灌木。枝拱形下垂，侧枝短刺状；花白色，复伞房花序，花期3～4月；梨果，近球形，橘红色至深红色，9～10月果熟，可在树上宿存到翌年2月。

（二）种类与品种

常见栽培观赏的有狭叶火棘、细齿火棘。

（三）对环境的要求

喜光照充足、空气湿润、土壤肥沃、排水良好的环境。具有一定的抗寒力，温度可低至0～5℃或更低，耐贫瘠，抗干旱。

（四）育苗技术

1. 种子繁殖　3月上旬，将种子和细沙一起均匀地撒播于冬前准备好的苗床，覆盖细土，厚度以不见种子为宜，覆盖稻草保湿，浇足水。约10天开始出苗，此时去除稻草，并视苗床湿度进行水分管理。用20毫克/升的赤霉素处理能够提高火棘种子的发芽率。

2. 扦插繁殖　春插一般在2月下旬至3月上旬，选取1～2年生的枝条剪成15～20厘米的插条扦插。夏插一般在6月中旬至7月上旬，选取1年生半木质化、带叶嫩枝剪成12～15厘米的插条扦插，下端马耳形，并用ABT生根粉处理，在整理好的插床上开深10厘米小沟，将插穗呈30°斜角摆放于沟边，穗条间距10厘米，上部露出床面2～5厘米，覆土踏实，注意加强水分管理，一般成活率可达90%以上，翌年春季可移栽。

3. 压条繁殖　春季至夏季都可进行。进行压条时，选取接近地面的1～2年生枝条，预先将要埋入土中的枝条部分刻伤至形成层或剥皮，让有机养分积蓄在此处以利生根，然后将枝条刻伤部位埋入土中10～15厘米，1～2年可形成新株，然后与母株切断分离，翌年春季定植。

（五）栽培技术要点

1. 上盆定植　盆栽火棘可用瓦盆、陶盆、塑料盆等，盆体大小与植株相宜。营养土可用 1/2 豆科植物秸秆堆肥土＋1/4 园土＋1/4 沙土配制，营养土中适当加一些 25％氮磷钾有机复合肥。盆栽火棘的定植时间可在晚秋或早春。上盆方法与其他木本花卉相似。

2. 肥水管理 火棘施肥应依据不同的生长发育期进行。移栽定植时要下足基肥，基肥以豆饼、油柏、鸡粪和骨粉等有机肥为主，定植成活 3 个月再施无机复合肥。为促进枝干的生长发育和植株尽早成形，施肥应以氮肥为主；植株成形后，每年在开花前，应适当多施磷、钾肥；开花期间可酌施 0.2％的磷酸二氢钾水溶液，以促进坐果，提高果实质量和产量，冬季停止施肥。

开花期不要浇水过多，保持土壤偏干，有利坐果。在进入冬季休眠前要灌足越冬水。

3. 株形整理 火棘萌芽率高，枝繁叶茂，树形容易散乱，1 年之中需要进行多次修剪。盆栽火棘可整成单干圆头形，干高 30 厘米左右，生长期随时可以进行修剪，进行多次疏枝。对抽生的徒长枝、过密枝、枯枝应及时剪除，保持树形优美，通风透光。

4. 病虫害防治 火棘病虫害较少，如植株幼嫩枝叶上出现蚜虫危害，可用 10％的吡虫啉可湿性粉剂 2 000 倍液喷杀。

十二、苹果

学名：Malus pumila

(一) 形态特征

蔷薇科苹果属落叶乔木。小枝幼时密生茸毛，后变光滑，紫褐色。果为略扁的球形，花期 4～5 月，果期 7～11 月。

(二) 种类与品种

作为盆栽或制作盆景的苹果主要品种有：红富士、国光、新红星及其芽变品系、乙女、金冠、秦冠、鸡冠、冬红果、芭蕾苹果系列等。

(三) 对环境的要求

盆栽苹果的耐寒力很强，喜光，喜微酸性到中性土壤沙质土壤。

(四) 育苗技术

盆栽苹果苗木的繁育，主要采用实生繁殖获得砧木苗木。种子需经过 0～5℃ 层积处理后，在 3～4 月进行播种，当年 9 月即可芽接，第二年春季在接芽上 0.5～1 厘米处剪砧，待接芽长到 20～30 厘米时摘心促发分枝以利整形。

盆栽的苹果都是通过砧木嫁接适合的苹果品种而获得的。枝接就是利用苹果品种的枝条作接穗进行嫁接，室外多在春季进行，室内冬季也可进行。常采用的方法是劈接、切接、腹接、舌接和皮下接。

(五) 栽培技术要点

1. 上盆定植 盆栽苹果对土壤的适应范围较广。可用园土、河沙或炉灰渣、充分腐熟的鸡粪各 1/3，混匀备用。一般选择透气良好的瓦盆，规格为口径 30 厘米、底径 20 厘米、高 30 厘米，底部有排水孔。

2. 肥水管理 盆栽苹果的浇水掌握"见干见湿，浇则浇透"的原则，避免浇半截水。一般情况下，春季较秋季灌水次数多些，雨季要及时排水。萌芽期、花期、果实膨大期要及时补充水分，6 月为促进花芽分化，要适当控水，7～8 月雨季少浇水。

施肥以有机肥为主。从 5 月开始，每 10 天左右追施液肥 1 次，以 200 倍液有机饼肥为主，尿素、硫酸胺等 0.2‰ 的无机液肥为辅。花后果实膨大期需要磷钾肥较多，在根部和叶面追施液肥；盛花期喷 0.3‰ 的硼砂微量元素，能促进花粉管伸长，提高坐果率效果显著。

3. 温光管理 苹果性喜冷凉干燥、日照充足的气候条件。4～10 月生长期的平均气温 12～18℃ 最适于苹果的生长。夏季温度过高，平均气温超过 26℃ 时，花芽分化不良，果实发育快，不耐贮藏。

光照充足，有利于正常生长和结果，有利于提高果实的品质。不同品种对光照的要求有所差异。淮北地区年日照时数在2 000小时以上，基本上能满足苹果生长发育的需要。

4. 株形整理　根据苗木的具体情况可培养成小纺锤形、折叠扇形、开心形（三主枝）、Y形（二主枝）等。纺锤形留有中央主干，其上错落着生主枝4～5个，间距10～15厘米，与中干夹角90°，各主枝上直接培养中小结果枝组；折叠扇形不剪干，先将主干拉弯倒向一侧，使主干延长枝成为主枝，于弓背处刻芽促发新枝充当中干延长枝，再将其拉弯倒向另一侧成主枝，反复折拉，直至整出3～4个主枝；开心形与Y形无中央领导干，于主干上直接留出2～3个主枝。生长季节及时摘心、扭梢、拿枝、曲枝，缓和平衡枝条长势，促使长成相应树形。

5. 花期控制　一般在6月初花芽分化开始时进行，选择主干或主枝光滑处环剥，对盆栽树生长具有很强的抑制作用，促花效果明显。还可进行生长抑制剂处理，对叶面喷0.05%浓度的多效唑溶液，从落花后的3～4周开始，每次间隔1个月，共喷2～3次，可促进花芽形成；干旱处理，在6月上旬花芽分化期控制浇水。

6. 病虫害防治　主要病害有苹果腐烂病和苹果炭疽病，发现病斑喷涂40%福美砷50～100倍液或腐必清乳剂2～5倍液，连续2～3次；虫害主要有红蜘蛛，花前喷0.5波美度石硫合剂，或20%三氯杀螨醇（混加40%氧化乐果）1 000倍液。

十三、万年青

学名：*Rohdea modestum*

别名：冬不凋草、铁扁担、白沙草

（一）形态特征

假叶树科万年青属多年生宿根常绿草本。根状茎较粗短；穗状花序顶生，花小而密集，白绿色，花期 6～8 月。浆果球形，未成熟时绿色，成熟后红色，经冬不落。

（二）种类与品种

有金边万年青、银边万年青、花边万年青，还有大叶、细叶矮生等品种。

（三）对环境的要求

性喜半阴、温暖、湿润、通风良好的环境，不耐旱，稍耐寒；忌阳光直射、忌积水。一般园土均可栽培。

（四）育苗技术

1. 分株繁殖　万年青地下茎萌发率力强，可于春季结合换盆，从原盆中将植株磕出，用利刀将根茎处新萌芽连带部分侧根切下，伤口涂以草木灰，每丛 5～6 个苗，另行栽入盆中，略浇水，放置庇荫处，1～2 天后浇透水即可。

2. 播种繁殖　播种一般在 3～4 月进行。细沙与腐叶土各半拌和的盆土内，撒播，盖玻璃或塑料薄膜，以保持盆土湿度、温度和光照。若温度控制在 20℃，20～30 天即可发芽。待幼苗长至 3～4 片叶子即可分盆栽植。

（五）栽培技术要点

1. 上盆定植　盆栽万年青宜用含腐殖质丰富的沙壤土作培养土，pH6～6.5。每年 3～4 月或 10～11 月换盆 1 次。换盆时，要剔除衰老根茎和宿存枯叶，用加肥的酸性栽培土栽植。

2. 肥水管理　生长期间，每隔 20 天左右施 1 次腐熟的液肥；初夏生长较旺盛，可 10 天左右追施 1 次液肥，追肥中可加对少量 0.5％硫酸铵，这样能促其生长更好，叶色浓绿光亮。在开花旺盛的 6～7 月，每隔 15 天左右施 1 次 0.2％的磷酸二氢水溶液，促进花芽分化，以利于更好地升化结果。

万年青为肉根系，怕积水受涝，多浇水易引起烂根。盆土平时浇适量水即可，保持盆土、空气湿润，如空气干燥，也易发生叶片干尖等不良现象。夏季每天早、晚应向花盆四周地面洒水，以造成湿润的小气候。每周还需用水喷洗叶片 1 次，防止叶片受烟尘污染，以保持茎叶色调鲜绿，四季青翠。

3. 温光管理　夏季生长旺盛，需放置在庇荫处，以免强光照射，否则易造成叶片干尖焦边，影响观赏效果。

万年青需移入室内过冬，放在阳光充足、通风良好的地方，温度保持在 6～18℃。如室温过高，易引起叶片徒长，消耗大量养分，以致翌年生长衰弱，影响正常的开花结果。

4. 病虫害防治　万年青很少感染病虫害。通风不良易发生介壳虫。发生后，可用毛刷刷去或喷 100～200 倍液的 20 号石油乳剂杀除。

十四、无花果

学名：*Ficus carica*

（一）形态特征

桑科榕属落叶小乔木或灌木。叶厚纸质，广卵形，掌状裂；隐花果梨形，熟时紫黄色或黑紫色，花着生于枝条的叶腋，见果不见花，因而得名无花果。

（二）种类与品种

盆栽常见品种有红色种类、黄色种类、新疆早熟无花果、新疆晚熟无花果。

（三）对环境的要求

喜光，喜温暖湿润气候，耐寒性不强，对土壤要求不严，较耐干旱。

（四）育苗技术

1. 扦插繁殖　4 月下旬至 5 月上旬为最佳扦插时期。选用修剪下的 1 年生的粗枝条，将其剪为 12 厘米长的枝段，每段留 2～3 个芽眼。为增大插条与土壤接触面积，利于吸收水分和养分，应将入土一端剪成斜面，上端剪成平面，并用带子封好。选用盆口直径在 40～50 厘米的花盆，装入半盆培养土，扦插时上端芽眼露出土面 4 厘米左右，每盆插 20～30 株。插完后压实土壤浇透水，并在盆面加盖一层地膜，放在阳光充足的地方，20 天后生根、发芽，长出新叶。当新梢长到 20 厘米时再带土移栽于盆径 20 厘米的小花盆中，放在阴凉处 10～15 天后移到阳光充足的地方。

2. 分株繁殖　于 3 月下旬从无花果根部分枝处，用刀带土分出幼苗，栽入备好的花盆中即可。

（五）栽培技术要点

1. 上盆定植　盆栽无花果对土壤的要求不严，从微酸性到微碱性的盆土，无花果都可以适应。

2. 肥水管理　在春梢旺长期，施肥以尿素为主；在夏果速长期，尿素加磷酸二氢钾混合使用；在无花果落叶前期，以磷酸二氢钾为主，主要是为使枝条发育充实，进行花芽分化，同时也能提高盆栽无花果的抗寒能力。

盆内积水后，短时间内就会落叶，严重时会涝死；盆土过干，会影响果实的正常发育，使果皮变粗，使果实变小，品质降低。因此在生长季节要供应充足的水分。

3. 温光管理　无花果生长温度为 −8～20℃，冬季当温度降到 −12℃时，新梢顶部开始受冻害，当温度降到 −20℃以下，植株会受冻死亡。

无花果要求光照充足，但是夏季叶片要避开阳光直射，要稍加遮阳。

4. 株形整理　因无花果发枝力弱，一般不会进行短截，只适当疏除部分枝条即可，尤其对那些枯干枝、病虫枝等应及时去掉。生长季节某些枝条生长过旺时，应及时摘心，以加速枝条充实的过程，使之早成花早结果。盆栽无花果多采用自然开心形和有主干分层形整形，但是主干不要过高，层数以 2～3 层为宜。

5. 病虫害防治　钻心虫与天牛是主要害虫，可从虫道注入 40％氧化乐果乳油或 10％吡虫啉可湿性粉剂 100～300 倍液 5～

10毫升，用黏泥堵住虫孔。

十五、金银木

学名：*Lonicera maackii*

别名：金银忍冬、胯杷果

（一）形态特征

忍冬科忍冬属落叶性小乔木，常丛生成灌木状。叶两面疏生柔毛。花两性，成对腋生，二唇形花冠。浆果球形，亮红色。

（二）对环境的要求

喜光，耐半阴，耐旱，耐寒。喜湿润肥沃及深厚之土壤。生长强健，管理粗放。

（三）育苗技术

1. 播种繁殖 春季播种。先用温水浸种3小时，捞出后拌入2～3倍的湿沙，置于背风向阳处增温催芽，外盖塑料薄膜保湿，经常翻倒，补水保温，种子开始萌动的即可播种。播后20～30天即可出苗，出苗后揭去薄膜及时间苗。当苗高4～5厘米时上盆。

2. 扦插繁殖 10～11月取当年生枝条硬枝扦插，剪成长10左右厘米，插前用50毫克/升生根粉溶液处理10～12小时，插入干净的细河沙中，深度为插条的1/3～1/2。插后浇1次透水。一般封冻前能生根，翌年3～4月萌芽抽枝上盆。

也可在6月中下旬进行嫩枝扦插。剪取插条长15～20厘米，保留顶部2～4片叶，将插条插入干净的细河沙中，深度为其长度的1/3～1/2。插后适当遮阴保湿，约半个月生根，即可移植。

（四）栽培技术要点

1. 上盆定植 盆土要用肥沃、疏松、排水良好的腐殖土或田园土，混入15％有机肥。以春季3月上盆最适宜，植株要用1～2年生的苗木，带宿土，并勿碰伤细根。每2年要翻盆1次，换去一半旧土，并剪去部分多余的老根，这样可有利于开花

271

结果。

2. 肥水管理 初夏开花前施 1 次稀薄腐熟的饼肥水，花后再施 1 次磷肥，以促进结果。冬季宜施腐熟禽粪及骨粉作基肥。

金银木稍耐旱，在微潮偏干的土壤环境中生长良好，在开花结果之前保持盆土湿润，不能缺水。

3. 温光管理 金银木性喜强光，每天接受日光直射不宜少于 4 小时，其在疏荫的环境中生长良好。

4. 株形整理 金银木的修剪应在秋季落叶后进行，剪除杂乱的过密枝、交叉枝以及弱枝、病虫枝、徒长枝，并注意调整枝条的分布，以保持树形的美观。

5. 病虫害防治 金银木病虫害较少，初夏主要有蚜虫，可用 6％吡虫啉乳油 3 000～4 000 倍液防治；有时也有桑刺尺蛾发生，可喷施含量为 16 000IU/毫克的 Bt 可湿性粉剂 500～700 倍液。

第十章

观叶类盆花生产技术

一、羽衣甘蓝

学名：*Brassica oleracea* var. *acephala* f. *tricolor*

别名：叶牡丹、花菜、牡丹菜

（一）形态特征

十字花科甘蓝属二年生草本花卉。叶基生，叶色极为丰富，花期 4 月。观叶为主，观赏期冬、春季。

（二）种类与品种

园艺品种形态多样，按叶的形态分皱叶、不皱叶及深裂叶品种；按颜色，边缘叶有翠绿、深绿、灰绿、黄绿等色，中心叶则有纯白、淡黄、肉色、玫瑰红、紫红等色品种。

（三）对环境的要求

原产欧洲。喜冷凉，较耐寒，忌高温多湿；喜阳光充足；喜疏松肥沃的沙质土壤，生长期间必须保持充足的肥料才能生长良好。

（四）育苗技术

播种繁殖。羽衣甘蓝的育苗可采用营养钵育苗及苗床育苗两种方式。北方一般早春 1～4 月在温室播种育苗，南方一般于秋季 8 月播于露地苗床。播种基质以疏松的沙壤土为宜，种子比较小，覆土以不见种子为度。发芽适温 20～25℃，4～6 天可发芽。幼苗 2～3 片叶时分苗，5～6 片叶时定植。播种后 3 个月即可观赏。

（五）栽培技术要点

1. 上盆定植 花盆选用 14 厘米以上的花盆，可用泥炭 5

份、园土 3 份、珍珠岩 2 份，加入 10％有机肥混合而成盆土。

2. 肥水管理 羽衣甘蓝为需肥、需水的植物，生长期间要多追肥，保证肥料的供应。保持盆土湿润，叶子稍出现萎蔫时应及时浇水补充。

3. 温光管理 羽衣甘蓝变色期在 10 月底至 11 月初，气温低，叶片更美，生长环境需阳光充足。只有经过低温的羽衣甘蓝才能结球良好，于翌年 4 月抽薹开花。

4. 病虫害防治 生长期易受菜青虫、蚜虫为害，要及时喷药防治。

二、彩叶草

学名：*Coleus blumei*

别名：锦紫草、五彩苏、老来少、五色草

（一）形态特征

唇形科鞘蕊花属多年生草本植物。叶色、叶形多变，叶色具有红、黄、棕、紫、蓝、绿等多种色彩。

（二）种类与品种

园艺育种的杂交品种一般只作一年生栽培。主要有以下叶型品种：大叶型、彩叶型、皱边型、黄绿叶型等。

（三）对环境的要求

适应性强。生长适温 15～25℃，冬季温度不低于 10℃；喜充足阳光，忌烈日暴晒，光照充足能使叶色鲜艳。

（四）育苗技术

1. 播种繁殖 播种用土为泥炭土 1 份、细沙 1 份的混合土，撒播即可。彩叶草的种子为好光性种子，播后不覆土，发芽适温 20～25℃，8～10 天发芽。出苗后间苗 1～2 次，再分苗上盆。

2. 扦插繁殖 扦插一年四季均可进行。取粗壮的侧枝，保留 1～2 片叶，插入素沙土中，庇荫，保持温度 15℃以上 2 周后即可生根。也可水插，插穗选取生长充实的枝条中上部 2～3 节，去掉下部叶片，置于水中，待有白色水根长至 5～10 毫米时即可栽入盆中。

（五）栽培技术要点

1. 上盆定植　播种苗长出 1 对真叶时上盆，盆栽宜用腐叶土、园土、河沙按 4：4：2 混合，再加入少量饼肥末配制的培养土。定植可每盆 3～5 株。

2. 肥水管理　生长期间每月施 1～2 次有机液肥，可使其叶肥色美。施肥时，切忌将肥水洒至叶面，以免叶片腐烂。施肥不宜过多，否则会引起徒长，叶片稀疏，而降低观赏价值。

浇水要及时，"见干见湿"，保持土壤湿润。高温及室内空气干燥时，应经常向叶面喷水，保持空气湿度。

3. 温光管理　冬季需保持 15℃以上的温度，才不致使叶片下垂和脱落。

夏季和初秋阳光强烈时应遮阳防暴晒。彩叶草喜光，过荫易导致叶面颜色变浅，植株生长细弱。

4. 株形整理　彩叶草在移栽时淘汰无彩叶苗。幼苗期多次进行摘心，促萌发新枝，扩大株丛，及时剪去无彩叶片及不良小枝，以增强观赏效果。由于花的观赏价值低，花穗开始形成时应摘除，减少营养消耗。

5. 病虫害防治　幼苗期易发生猝倒病，应注意播种土壤的消毒。此外，彩叶草易发生腐烂病、叶斑病，可喷 75％百菌清可湿性粉剂 800 倍液防治。还常有白粉虱、蚜虫、蓟马等为害，应注意防治。

三、椒草

学名：*Peperomia tetraphylla*

别名：豆瓣绿、翡翠椒草

（一）形态特征

胡椒科草胡椒属多年生草本植物。茎圆形，肉质、多汁；叶淡绿色，有黄白色或淡黄色叶缘；穗状花序，灰白色，自叶腋或短枝顶端抽生。

（二）种类与品种

常见的栽培种有：西瓜皮椒草、皱叶椒草、琴叶椒草、圆叶椒草、撒金椒草、蔓生椒草等。

（三）对环境的要求

喜温暖湿润，生长适温 20～28℃，越冬最低温度 12℃。较耐旱，不耐水涝。喜半阴，忌烈日直射。宜排水良好的沙壤土。

（四）育苗技术

椒草常用扦插繁殖。在 4～10 月选健壮的顶端枝条，长 5～8 厘米为插穗，上部保留 1～2 枚叶片，待切口晾干后，插入湿润的沙床中。也可叶插，用刀切取带叶柄的叶片，稍晾干后斜插于沙床上，10～15 天生根。也可春、秋季分株繁殖。

（五）栽培技术要求

1. 上盆定植　盆土可用园土、腐叶土、泥炭土和河沙、珍珠岩等量混合，并加入适量基肥。每 2～3 年换盆 1 次。

2. 肥水管理　生长季节每月施肥 1 次，可用腐熟的饼肥水或颗粒肥，施肥时避免洒在叶片，以免叶上长斑点。盆土保持湿润，浇水不可太多，水多会引起根、茎腐烂。天气炎热时叶面喷水或淋水，保持较高空气湿度，有利保持叶片清晰的纹样和叶色。

3. 光照管理　椒草品种有绿叶和斑叶之分，它们对光线的要求也有别。一般具有绿叶的椒草品种在微弱的光线下亦能生长良好；斑叶品种需要给予明亮的散射光，否则斑纹消失，大大地降低原有的观赏价值。

4. 病虫害防治　病虫害较少，土壤过湿常发生叶斑病和茎腐病，偶有介壳虫和蛞蝓危害，可用 40％氧化乐果 800～1 000

倍液防治。

四、网纹草

学名：*Fittonia verschaffeltii*

别名：费道花、日本小白菜

（一）形态特征

爵床科网纹草属草本植物。植株矮小，呈匍匐状，叶对生，卵形，翠绿色，叶面密布白色或红色网脉。

（二）种类与品种

常见的网纹草有 3 种：白网纹草、红网纹草、小叶白草。

（三）对环境的要求

喜温暖湿润和散射光，忌直射阳光，耐阴性强。对温度敏感，生长适温 20～32℃，越冬最低温 15℃。

（四）育苗技术

1. 扦插繁殖 在适宜温度条件下，全年可以扦插繁殖，以 5～9 月温度稍高时扦插效果最好。选生长健壮的枝条，长 8～12 厘米，4～5 个茎节，保留顶叶 2～3 片，插入沙床，半阴处养护，15～20 天可开始生根，1 个月可上盆。

2. 分株繁殖 对茎叶生长比较密集的植株，将匍匐茎在 10 厘米以上带根剪下，可直接盆栽。

（五）栽培技术要点

1. 上盆定植 盆土由腐叶土、塘泥、泥炭和粗沙的混合基质，用大口浅盆栽植。

2. 肥水管理 生长期每 2 周施 1 次稀薄的肥水。施肥时注意肥液勿接触叶面，以免造成肥害。春夏秋保持盆土湿润，不积水，冬季温水浇灌。经常向叶面和盆四周喷水以提高空气湿度。

3. 温光管理 每天应有 4～6 小时散射光，强光会使叶缘发焦、脱落；光照不足，叶片失去光泽，茎干纤细。可用 50% 的遮阳网遮阳，避免烈日直射。

4. 株形整理 当苗具 3～4 对叶片时摘心 1 次，促使多分枝，控制植株高度，达到枝繁叶茂。一般网纹草每年修剪匍匐茎，促使萌发新叶。

5. 病虫害防治 常见病害有叶腐病和根腐病，叶腐病用25％多菌灵可湿性粉剂 1 000 倍液喷洒防治。根腐病用链霉素 1 000 倍液浸泡根部杀菌。虫害有介壳虫、红蜘蛛和蜗牛。

五、银叶菊

学名：*Senecio cineraria*

别名：雪叶菊

（一）形态特征

菊科千里光属多年生草本。植株多分枝，叶 1～2 回羽状分裂，正反面均被银白色柔毛，头状花序单生枝顶，花小、黄色，花期 6～9 月。

（二）对环境的要求

原产南欧地中海沿岸。喜凉爽湿润、阳光充足的气候，较耐寒，不耐酷暑，在长江流域能露地越冬。喜疏松肥沃的沙质壤土或富含有机质的黏质壤土。

（三）育苗技术

1. 播种繁殖 春、秋两季为繁殖适期，7 月下旬至 10 月上旬播种，发芽适温 15～25℃。覆土深度 3～4 毫米，播后 15～20天出苗。幼苗生长较慢，注意勤施水肥。苗期施肥 2～3 次，肥料为浓度 0.05％～0.1％的尿素或稀释 20 倍左右的饼肥水。3～4 片真叶时分苗。用 10 厘米的营养钵，分苗土为 2/3 堆肥土、1/3 腐熟木屑，另外每立方米加 0.5 千克 45％的复合肥。分苗时剔除细弱苗、高脚苗，遮阴 4～5 天，缓苗后全光管理。

2. 扦插繁殖 春、秋季扦插时剪取植株顶端 2～3 节，剪口处可沾生根粉，扦插于排水良好的沙质土壤，进行全光照喷雾，约20 天形成良好根系。需注意的是，在高温高湿时扦插不易成活。

（四）栽培技术要点

1. 上盆定植 6～7 片叶时上盆定植，盆径 14 ～16 厘米。盆土为堆肥土：腐熟木屑＝3：1，另加复合肥每立方米 1 千克。

2. 肥水管理 上盆 2 周后每 10 天左右施肥 1 次，以氮肥为主，冬季间施 1～2 次磷钾肥。肥料用尿素和 45％三元复合肥，浓度 0.1％～0.15％（前期稍淡，旺长期稍浓），或用 0.1％的尿素和磷酸二氢钾喷洒叶面。施肥不要污染叶片，勿施浓肥。

银叶菊有较强的耐旱能力，浇水总体上要适度偏干。旺盛生长期保证充足的肥水供应，但若有徒长趋势，则应适当控水控肥。

3. 温光管理 生长最适宜温度为 20～25℃，较耐寒，冬季宜保证充足的光照，银叶菊苗期可耐−5℃低温，盆花初次进棚或棚架覆膜应在秋冬最低气温降至 0℃前进行。

4. 株形整理 幼苗成长期间可摘心以促进分枝，控制其高度，增大植株蓬径。

5. 病虫害防治 银叶菊病虫害较少，降低湿度可预防病害。

六、吊兰

学名：*Chlorophytum comosum*

别名：挂兰、钓兰、折鹤兰

（一）形态特征

百合科吊兰属宿根草本。地下须根肉质块状，地下茎极短；自株丛基部可抽生出很长的匍匐枝，先端节部能长出小叶丛；花期 3～6 月。

（二）种类与品种

目前吊兰的园艺品种除了纯绿叶之外，还有金心吊兰、金边吊兰、银边吊兰、银心吊兰、大叶吊兰、乳白吊兰、彩叶吊兰等多种。

(三) 对环境的要求

喜温暖湿润的气候条件，不耐寒也不耐暑热，在 20～25℃ 的气温下生长最快，也容易抽生匍匐枝，30℃以上生长停止，叶片常常发黄干尖。冬季室温应保持 12℃ 以上，低于 6℃ 就会受冻。要求疏松肥沃而又保水透气的沙性腐殖土，怕水渍。

(四) 育苗技术

1. 扦插繁殖　取长有新芽的匍匐茎 5～10 厘米插入土中，约 1 周即可生根，20 天可移栽上盆，浇透水放阴凉处养护。

2. 分株繁殖　将吊兰株丛切开，使分割开的植株上均留有 3 个茎，然后分别移栽培养。或剪取匍匐枝上的小叶丛，连同一段匍匐枝和节下的气生根一起栽种，即可长成一棵独立的植株，极易成活。

(五) 栽培技术要点

1. 上盆定植　盆栽常用腐叶土或泥炭土、园土和河沙等量混合并加少量基肥作为基质。

2. 肥水管理　肥水不足，吊兰易叶片发黄、焦头、衰老。在生长旺季每隔 7～10 天应追施 1 次液肥，金边、金心等花叶品种，应少施氮肥，以免花叶颜色变淡甚至消失，影响美观。浓度不宜过高，施肥后最好用清水喷洒清洗叶面，否则会出现黄斑。

空气干燥时，叶片容易干尖，须每天向叶面喷水 1～2 次，提高空气湿度。3～9 月生长旺期需水量较大，经常浇水，保持湿润，但不能积水。

3. 温光管理　耐阴力强，怕阳光暴晒，需遮去 50%～70% 的阳光。

4. 株形整理　经常清除盆边黄叶、枯叶。适当将吊兰老叶剪去一些，会促使萌发更多的新叶和小吊兰产生。

5. 病虫害防治　吊兰病虫害较少。主要有生理性病害，叶前端发黄，应加强肥水管理；虫害一般是蚜虫或是叶螨，喷药即可。

七、巴西木

学名：*Dracaena fragrans*

别名：巴西铁树、香龙血树

（一）形态特征

百合科龙血树属常绿乔木。盆栽高 50～150 厘米，叶簇生于茎顶，叶缘呈波状起伏，鲜绿色有光泽；圆锥花序。

（二）种类与品种

常见栽培的巴西木有以下变种：金边巴西木、金心巴西木、银边巴西木和银心巴西木等。

（三）对环境的要求

对环境条件要求不严。喜光照充足，也很耐阴。适于高温多湿环境，忌碱性土壤。

（四）育苗技术

巴西木的繁殖可用扦插法或水培法，以 5～8 月为最宜。将母株的茎干锯成约 8 厘米长的小段，置于室内盛水的浅盆，注意段木上下方向不可颠倒，20 天后可发根发芽，2 个月后可上盆。也可插入粗沙或蛭石。截去茎干的母株在剪口下可有数个隐芽萌发成新枝，当芽高出 15 厘米以上时切下扦插，2～3 周可生根盆栽。

（五）栽培技术要点

1. 上盆定植　盆栽土可选用腐叶土加 20％沙土和少量骨粉均匀混合制成的培养土，或以粗沙、塘泥、煤渣等混合。定植时，以高矮错落的 3 个茎段合栽于一盆，一般茎段长、中、短分别为 100 厘米、70 厘米、50 厘米。还可直接水培栽种浅盆中，经常更换水，保持水质清洁，第二年以后自身养分逐渐消耗，宜转为土壤栽培。

2. 肥水管理　巴西木需肥较少，在夏秋季生长期半月左右追施 1 次以磷、钾为主的稀薄液肥，即可满足生长需要。如欲使其冬季休眠，9月后停止施肥。每天给它喷水2～3次，每周用0.1％的硫酸铵或磷酸二氢钾溶液喷施叶面，可使叶片深绿有光泽。

巴西木喜湿润，耐旱，不耐涝。生长季节要充分及时浇水，休眠期减少浇水。盆内积水，根系易产生霉菌或根腐烂。为增加空气湿度，经常向叶面喷水，有利生长。

3. 温光管理　巴西木最适生长温度为22～28℃，冬季室温不可低于5℃，15℃以上可继续生长，10℃可安全越冬。若温度太低，其叶尖和叶缘会出现黄褐色斑点或斑块。

巴西木喜半阴和散光照射，夏季应避免阳光直射，可用遮阳网遮阳，并注意通风。

4. 病虫害防治　浇水和施肥过量或过于通风干燥，会造成叶尖枯焦，属于生理病害。巴西木易发生叶斑病，可用70％炭疽福美500倍液，或50％多菌灵800倍液喷雾；常见虫害有红蜘蛛、介壳虫、蓟马等。

八、朱蕉

学名：*Cordylie fruticosa*

别名：红叶铁树

(一) 形态特征

百合科朱蕉属常绿灌木。叶在茎顶呈2列旋转聚生，长矩圆形，有绿色或带紫红色、粉红色条纹；圆锥花序，小花黄、白、紫或红色，浆果红色、球形。

(二) 种类与品种

朱蕉的园艺品种有五彩朱蕉、红朱蕉、红边朱蕉、三色朱蕉、亮叶朱蕉、斜纹朱蕉等。

(三) 对环境的要求

喜高温多湿，夏季要求半阴，在完全庇荫处叶片易发黄。不耐寒，冬季低温临界为10℃。忌碱性土壤，不耐旱。

（四）育苗技术

1. 扦插繁殖　6～10月均可进行剪去成熟枝条，切成5～8厘米一段，平卧或直立插于粗沙或蛭石为基质的插床上，保湿，床温30～35℃，2～3周即可生根；如床温25℃，4～6周可生根。新枝长至5～10厘米时盆栽。

2. 分株繁殖　将植株剪去顶芽后，枝干基部将萌发很多分蘖，1年后即可切开分别栽植。

3. 播种繁殖　春季播种发芽容易，发芽适温为24～27℃，播后2周后发芽，栽培管理较简易。

（五）栽培技术要点

1. 上盆定植　盆土要疏松肥沃，可用泥炭、腐叶土加1/4河沙或珍珠岩，也可用泥炭加少量针叶土、河沙及干牛粪，或可用腐叶土2份、沙或锯末1份配制，使之呈微酸性。盆栽朱蕉常用15～25厘米盆。通常在新叶大量生长之前换盆，每2～3年换盆1次。

2. 肥水管理　生长期每1～2周施1次稀薄液肥，保持盆土湿润和高的空气湿度，缺肥新叶变小，空气干燥使叶缘、叶尖发黄。浇水宁湿勿干，缺水易引起落叶，但水分太多或盆内积水，同样会引起落叶或叶尖黄化。茎叶生长期经常喷水，以提高空气湿度。

3. 温光管理　朱蕉原产大洋洲和亚洲热带。朱蕉的生长适温为20～25℃，越冬温度不低于10℃，低温潮湿极易引起烂根。朱蕉对光照的适应能力较强，明亮光照对朱蕉生长最为有利。春、夏、秋三季应遮光50%～70%，冬季不遮光，花叶品种应置于明亮散光处。

4. 株形整理　朱蕉分枝少，主茎越长越高，基部叶片逐渐枯黄脱落，长成独干形，影响观赏。春季将将茎干自盆面向上10厘米处剪截，换土重栽，促其多萌发侧枝，树冠更加美观。

5. 病虫害防治　朱蕉生长强健，病虫少。主要有炭疽病和叶斑病，可用 10％抗菌剂 401 醋酸溶液 1 000 倍液喷洒；有时发生介壳虫危害叶片，用 40％氧化乐果乳油 1 000 倍液喷杀。

九、变叶木

学名：*Codiaeum variegatum* var. *pictum*

别名：洒金榕、变色月桂

(一) 形态特征

大戟科变叶木属多年生常绿灌木。叶形多变，自卵圆形至线形，全缘或分裂，厚革质，有时微皱扭曲，呈螺旋状生长，淡绿或紫色，杂有红、黄、白斑点条纹。总状花序腋生。

(二) 种类与品种

变叶木园艺品种目前有 120 多个，可分成 7 个类型：长叶变叶木、复叶变叶木、角叶变叶木、螺旋叶变叶木、戟叶变叶木、阔叶变叶木和细叶变叶木等。

(三) 对环境的要求

喜高温湿润、日光充足的环境，不耐寒。变叶木属喜光植物，整个生长期均需充足阳光，光照越强叶片的色彩越漂亮。要求富含腐殖质的疏松肥沃、保水良好的黏质土壤。

(四) 育苗技术

以扦插繁殖为主。在春末至早秋植株生长旺盛时，选当年生的枝条进行嫩枝扦插，长 8～10 厘米，每段带 3 个以上叶节，去掉下面叶片，洗去切口乳白色汁液，涂上硫黄粉，稍晾干后插在粗沙或蛭石中，用塑料薄膜覆盖，保持较高的湿度，半阴，保持25℃左右，4～8 周可以生根。

也可用水插。剪插穗浸泡在清水中，每 3～5 天换水 1 次，4～6 周可以生根。

(五) 栽培技术要点

1. 上盆定植　盆栽用土可用塘泥或园土添加适量有机肥作基质。

2. 肥水管理　春、夏、秋三季是变叶木的生长旺盛季节，每 7～10 天施液肥 1 次，氮肥不能太多，否则叶会暗淡不鲜艳，斑条退色。平时浇水以保持盆土湿润为度，高温季节经常叶面喷水降温增湿，空气相对湿度保持在 70％～80％，湿度过低，下部叶片黄化、脱落，上部叶片无光泽。冬季休眠期要控水控肥，但盆土也不能过于干燥。

3. 温光管理　生长适温为 20～30℃，冬季不低于 13℃，温度在 10℃以下时，叶色暗淡，叶片会脱落。

在南方，变叶木可以露地栽培，无需遮光；在北方，春夏秋应遮光 50％，冬季不遮光。室内栽培每天至少 3 小时日照，长期放在荫蔽的环境，叶色斑纹不明显、失去光泽，甚至落叶。

4. 株形整理　在冬季植株进入休眠或半休眠期，要把瘦弱枝、病虫枝、枯死枝、过密枝等剪掉。

5. 病虫害防治　变叶木常见黑霉病、炭疽病危害，可用 50％多菌灵可湿性粉剂 600 倍液喷洒；易受红蜘蛛及介壳虫危害，可喷 40％氧化乐果 1 000 倍液防治。

十、常春藤

学名：*Hedera helix*

别名：长春藤、洋常春藤、洋爬山虎、土鼓藤、木莴

（一）形态特征

五加科常春藤属常绿藤本植物。枝蔓有营养枝和花果枝两种，营养枝上叶具掌状 3～5 浅裂，裂片呈三角形，深绿色有光泽，花果枝上叶呈菱形，花序伞状，花白色。

（二）种类与品种

目前世界上有 25 个以上常春藤盆栽品种，叶形、叶色变化多样，有匍匐生长型，也有直立型。市面上较常见的品种有中华常春藤、日本常春藤、加那利常春藤、革叶常春藤、西洋常春藤，其中西洋常春藤主要变种有枫叶金边常春藤、枫叶绿叶常春

藤、鸡心叶常春藤、银边常春藤、花叶常春藤、花斑常春藤、白边小叶常春藤等。

（三）对环境的要求

喜温暖潮湿、荫蔽的环境，忌阳光直射，较耐寒，抗性强。对土壤和水分的要求不严，以中性和微酸性为最好。

（四）育苗技术

1. 扦插繁殖　除冬季外，其余季节都可以进行扦插，最适宜时期是春秋季。切下具有气生根的半成熟枝条作插穗，插穗的长度通常在 2.5 厘米左右，节下部留 1.5～2 厘米长，节上部留 0.5～1 厘米。基部插穗和顶部插穗应分开，以求整盆插穗的生长一致。插穗扦插前可先用生根剂加杀菌剂浸泡 15 分钟，以促进插穗生根及保护插穗免受微生物的侵袭。插在粗沙、蛭石为基质的苗床，或直接插于珍珠岩加泥炭比例为 2∶8 基质的商品容器中，一个容器中采用多枝并插，成活后即可成为商品，省去了换盆的人工。插后要遮阴、保湿、增加空气湿度，3～4 周即可生根。

2. 分株繁殖　匍匐于地的枝条可在节处生根，将带根的枝条与母株断开另行栽植即可。

3. 压条繁殖　营养枝匍匐地面生长，将其压入土中，生根后方法同分株。

（五）栽培技术要点

1. 上盆定植　盆土用泥炭（或腐叶土）加 1/4 河沙（或珍珠岩）和少量厩肥配成。

2. 肥水管理　常春藤对于过量施肥比其他观叶植物要敏感。盆栽在生长期每 2～3 周追 1 次液肥，或结合浇水施用氮磷钾含量为 20-20-20 或 14-0-14 复合肥料，适当多施含镁等微量元素的肥料，可以增强花叶品种的表现。

浇水遵循"不干不浇，浇则浇透"的原则，不能让盆土过分潮湿，否则易引起烂根落叶。在春秋季节，盆土干得较慢时，以肥代水浇施；夏季浇水比较频繁的季节，浇肥浇水交替进行；冬季室温低，尤其要控制浇水。空气湿度保持在 80％～90％为好，以利于常春藤生长。

3. 温光管理 常春藤最适宜的温度在 18～27℃，冬季控制在 14～18℃，夏季不要超过 32℃。大多品种在低温条件下会有叶色变红或者枯叶落叶发生。夏季根据气温情况喷水或开启湿帘、排风扇降温。

一般光照控制在为 1.6 万～2.7 万勒克斯，夏季保持在 1.9 万勒克斯为好，光照过强，会导致叶片叶色变黄、灼伤。花叶品种的需光量要略高，光照不足，会导致花叶退化成绿叶，植株也会变得纤细，比较容易发生病害。

4. 病虫害防治 病害主要有炭疽病、细菌叶腐病、叶斑病、根腐病、疫病等，合理施肥与浇水，注意通风透光，发病时喷洒 50％多菌灵或 50％托布津 500～600 倍液、65％代森锌 600 倍液防治。虫害以卷叶虫螟、介壳虫和红蜘蛛的危害较为严重。

十一、鹅掌柴

学名：*Schefflera octophylla*

别名：手树、鸭脚木、伞树

（一）形态特征

五加科鹅掌柴属常绿灌木或小乔木。掌状复叶，小叶 5～9 枚，卵状椭圆形，叶革质，浓绿，有光泽；花小，有香气，花期冬春；浆果，球形。

（二）种类与品种

栽培品种有矮生鹅掌柴、黄斑鹅掌柴、花叶鹅掌柴等，同属的栽培种有鹅掌藤、花叶鹅掌柴、台湾鹅掌柴。

（三）对环境的要求

原产华南热带雨林。喜温暖湿润及半阴的环境，生长适温 20～30℃，冬季 12℃可安全过冬，5℃以下叶片脱落。适宜土质深厚肥沃的酸性土中，稍耐瘠薄。

（四）育苗技术

1. 播种繁殖 4月下旬用腐殖土或沙土盆播，覆土深度为种子直径的1～2倍，保持盆土湿润，在20～25℃的温度下2～3周可出苗，苗高5～10厘米时分苗移至小盆中。花叶品种播种后苗木会变绿色，宜用扦插繁殖。

2. 扦插繁殖 春季剪取1年生粗壮的枝条，剪成8～10厘米长，留顶部1～2片叶子，扦插在素沙或蛭石中，用塑料薄膜覆盖，保温保湿，25℃时4～6周生根。

还可水插。选半木质化带叶茎段，长约10厘米，只留上部1～2片时子，温度15℃以上，30天左右形成1～2厘米长的根，移入小盆中栽植。

（五）栽培技术要点

1. 上盆定植 盆土一般用泥炭、腐叶土、河沙（或珍珠岩）各1/3，加少量基肥混合而成。也可用细沙土盆栽。

2. 肥水管理 鹅掌柴喜肥，在4～9月，每1～2周施1次饼肥水或以氮为主的复合肥。斑叶品种则氮肥少施，以免斑块会渐淡，从而失去了原有特征。要保持较高的空气湿度和较多的水分，夏季每天浇水1次，春秋2～4天浇水1次，冬季1～2周浇1次。盆土不能缺水，否则会引起叶片大量脱落。

3. 光照管理 平时应放在半阴环境，夏季防止烈日暴晒，冬季不要遮光。

4. 株形整理 鹅掌柴上盆有2种方法：一种是单株盆栽，苗高15～20厘米时将顶尖摘去，促使分枝，每株留3～4个分枝，用直径15厘米左右的花盆栽植，作为中小盆观叶植物；另一种每盆栽3株，盆的直径25厘米，使3株苗同时向上生长，不分枝，经数月苗高80厘米，冠径50厘米，作为中型观叶植物。

鹅掌柴生长较慢，易萌发徒长枝，平时需经常整形修剪，以维持优美株形。

5. 病虫害防治 主要有叶斑病和炭疽病危害，可用 10％抗菌剂 401 醋酸溶液 1 000 倍液喷洒；虫害主要有介壳虫、红蜘蛛、蓟马和潜叶蛾等危害，用 40％氧化乐果乳油 1 000 倍液喷杀。

十二、露兜树

学名：*Pandanus utilis*

（一）形态特征

露兜树科露兜树属多年生常绿灌木。叶簇生茎顶，带状，叶片深绿色，边缘有细锯齿；雄花序穗状花序，聚花果，椭圆形。

（二）种类与品种

常见栽培的露兜树有禾叶露兜、金道露兜树、红刺林投、斑缘露兜树。

（三）对环境的要求

喜高温多湿，喜光，稍耐阴。耐旱性强，喜疏松肥沃、排水良好土壤。

（四）育苗技术

4～5 月植株基部萌生的蘖芽，其叶长 15 厘米时切取蘖芽，插于微潮的粗沙插床上，保持较高的空气湿度，床温 25℃左右，4～6 周可以生根。亦可以在春季换盆时将根的蘖芽切下来，单独栽植成新株。也有用苔藓包扎插条基部，用塑料薄膜条捆好，经常保持湿润和较高的温度，生根后去掉苔藓再盆栽。

（五）栽培技术要点

1. 上盆定植 盆栽用疏松、透水性好的培养土，可用泥炭土或腐叶土加 1/3 左右珍珠岩和少量基肥配成。盆栽时花盆下部填上 1/3 碎瓦片，以利排水和透气。

2. 肥水管理 生长季节每 15～20 天施 1 次液体肥料。生长期要有充足的水分供应，数日不浇水下部叶片枯黄。冬季有一定的湿润，少浇水。

3. 温光管理 生长适温 23～32℃，越冬温度 10℃以上。温室栽培春、夏、秋三季应遮去 50％的阳光，冬季不遮阴。

4. 病虫害防治 露兜树生长强健，病虫少。

十三、喜林芋

学名：*Philodenron selloum*
别名：羽裂蔓绿绒、喜树蕉、春羽、羽裂喜林芋

（一）形态特征

天南星科喜林芋属多年生常绿草本。茎短，叶片巨大，羽状深裂，浓绿色，有光泽，叶柄坚挺而细长。

（二）种类与品种

喜林芋属是重要的观叶植物，主要的品种有：翡翠喜林芋、琴叶喜林芋、鸟巢喜林芋、绿帝王喜林芋、红帝王喜林芋、绿苹果喜林芋、红苹果喜林芋等。

（三）对环境的要求

原产巴西热带雨林。喜高温、高湿、散射光，耐阴，忌强光直晒。最适生长温度为 18～30℃，气温高于 30℃则生长受到抑制，越冬最低温度 13℃以上。要求沙质土壤。

（四）育苗技术

1. 分株繁殖 生长旺盛植株基部萌发分蘖，待小芽长大出现不定根时切下另行栽植。

2. 扦插繁殖 扦插繁殖一般在 5～9 月，剪取生长健壮且枝干较长的茎干，直接插入干净的河沙中置于半阴处，保持较高的空气湿度，温度以 25℃左右为宜，20～25 天即可生根。

（五）栽培技术要点

1. 上盆定植 盆土可用泥炭土 3 份、河沙或珍珠岩 1 份，另加少量厩肥或饼肥，用筒较深的花盆，直径 25～30 厘米，盆底 1/4 深可填颗粒状碎砖块，在春天开始旺盛生长前换盆或换

土，换盆时将旧土去掉一部分，剪除老根老叶，用新培养土重栽。

2. 肥水管理 喜林芋需水量大，保持盆土湿润，空气湿度70％左右。生长季节每隔2～3周追稀饼肥水加0.2％磷酸二氢钾。进入秋季后，要控制氮肥的施用量，否则不利于越冬，冬季停止施肥。

3. 温光管理 强烈的阳光直射后，叶片极易出现叶尖干枯、叶缘焦边、叶色白化并失去光泽，故春、夏、秋遮光30％～50％；冬季在室内，不遮光，更有利其越冬生长。温度降低15℃以下时，需搬入室内养护，能耐短时间2～5℃低温不致受寒害。

4. 病虫害防治 病虫害较少。常见叶斑病和介壳虫危害，叶斑病用50％多菌灵1 000倍液喷洒防治，介壳虫用50％氧化乐果乳油1 000倍液喷杀。

十四、广东万年青

学名：*Aglaonema modestum*

别名：亮丝草、粗肋草

（一）形态特征

天南星科亮丝草属常绿多年生草本。叶片卵状椭圆形。茎干挺拔，叶痕明显，有节似竹。顶生肉穗花序，佛焰片较小、早落，花小单性。

（二）种类与品种

广东万年青的种类有斑叶万年青、白脉万年青、波叶亮丝草、圆叶亮丝草、花叶亮丝草、光叶亮丝草等，栽培主要品种有白斑亮丝草、美丽亮丝草、三色亮丝草、银帝亮丝草、银后亮丝草、白宽肋亮丝草、白肋亮丝草、银皇帝、冠蒂斯等。

（三）对环境的要求

喜温暖湿润的半阴环境，耐阴性强，畏烈日直射，生长适温20～28℃，相对湿度在70％～90％，是天南星科中最耐寒的种类之一，温度在0℃不结冻不会受害。以疏松、肥沃、排水良好的微酸性土壤为好。

（四）育苗技术

1. 扦插繁殖 在5～6月或9月自茎节下0.6～1厘米处截下，每段3～4节，10～15厘米长，先端保留2片叶子，插入沙中4～5厘米，保持湿润放在荫蔽处。在20～25℃、相对湿度80％左右，15～20天可以生根。生根后数株栽一盆。

2. 分株繁殖 通常在4月中下旬结合换盆进行，将多年生老株从盆中脱出，抖掉外围泥土，把相连的地下根茎剪断，另行栽植。

（五）栽培技术要点

1. 上盆定植 广东万年青对土壤适应性强，用园土、腐土或腐叶土、泥炭、细沙土加入少量厩肥、骨粉混合作为盆栽基质，栽入大小适中的盆内。

广东万年青还可水培，剪取茎段插入水中，生根后继续在水瓶中培养，2～3天换1次水，每隔10天应换1次营养液，可用磷酸二氢钾和硫酸铵各1/2，加水1 000～1 500倍稀释后使用。

2. 肥水管理 生长期每2周结合浇水施1次液体肥料。初夏生长较旺盛，可10天左右追施1次液肥，追肥中可加对少量0.5％硫酸铵，缺氮叶小，生长不良。

经常保持盆土湿润，做到盆土不干不浇，不能积水，否则会烂根；冬季少浇水，盆土微干。

3. 温光管理 冬季温室内温度不低于10℃，在冬季气温降到4℃以下进入休眠状态，如果环境温度接近0℃时，会冻伤而死亡。全年庇荫养护，冬季遮光50％～60％，夏季遮光70％～90％。

4. 病虫害防治 广东万年青炭疽病是严重病害，发现病叶及时烧毁，发病后可用75％百菌清800倍或代森锰锌600倍防治。

十五、花叶万年青

学名：*Dieffenbachia picta*

别名：黛粉叶、银斑万年青

（一）形态特征

天南星科花叶万年青属的多年生常绿草本。茎粗壮多肉质，每节上有残留叶柄，叶大而光亮，深绿色有布满白色或黄色斑块，花单性顶生佛焰花序。

（二）种类与品种

常见花叶万年青的主要品种有白玉黛粉叶（粉黛）、大王黛粉叶、绿玉黛粉叶（密叶黛粉叶）、星点万年青等。

（三）对环境的要求

喜高温高湿、散射光的环境，耐阴，不耐寒，怕干旱，忌强光暴晒。喜富含腐殖质、排水良好的土壤。

（四）育苗技术

花叶万年青常用分株、扦插繁殖，大规模繁殖常采用组织培养。用扦插法易生根。可将盆栽 2 年以上的茎干较长植株，结合整形剪下茎干扦插。剪取茎的顶端长 7～10 厘米，去除部分叶片，减少水分蒸发，用温水浸泡下部或用草木灰、硫黄粉涂敷，插于粗沙或蛭石的插床中。保持较高的空气湿度，温度 25～30℃，3～4 周即可生根。或将植株基部分蘖出小植株，切下插于粗沙保湿，10 多天即可生根。

（五）栽培技术要点

1. 上盆定植　盆栽用土以 2 份腐叶土、1 份园土、1 份河沙加少量腐熟厩肥或饼肥混合而成，或用泥炭或木屑、珍珠岩等量混合。

2. 肥水管理　花叶万年青耐肥力强，施肥要适量。生长季 6～9 月，每月施 1～2 次饼肥水或 1‰以氮为主的复合肥液，入秋后，可增施 2 次磷钾肥。冬季停止施肥。

生长季节充分浇水，盆土要保持湿润，气温高于 25℃ 以上，要经常在叶面喷水，如久不喷水，则叶面粗糙，失去光泽。秋后要控水，做到"见干见湿"；冬季适当干燥，盆土过湿，根部易腐烂，叶片变黄枯萎。夏季保持空气湿度 60%～70%。

3. 温光管理 生长适温 20～30℃，冬季要保持 15℃ 以上温度，长期低于 10℃ 会脱叶枯死。花叶万年青耐阴怕晒。光线过强，叶面变得粗糙，叶缘和叶尖易枯焦，甚至大面积灼伤；光线过弱，会使黄白色斑块的颜色变绿或褪色，以明亮的散射光下生长最好。春秋中午及夏季要遮阴，室内应放在明亮处。

4. 病虫害防治 病害主要有细菌性叶斑病、根腐病、茎腐病和炭疽病，可用 50% 多菌灵可湿性粉剂 500 倍液或 0.5%～1% 波尔多液、70% 托布津 1 500 倍液喷洒。虫害主要是褐软蚧。

十六、花叶芋

学名： *Caladium hortulanum*

别名： 彩叶芋、五彩芋、二色芋、杂和芋

（一）形态特征

天南星科花叶芋属多年生草本。块茎，扁球形；叶基生，箭头状卵形，叶色与花纹丰富而美丽，有绿、红、白、褐色等各色斑纹。佛焰苞，肉穗花序。

（二）种类与品种

栽培主要品种有白叶芋、约翰·彼得、红云、海鸥、车灯、白后、亮白色叶芋、银斑芋、红浪花叶芋、孔雀花叶芋等。

（三）对环境的要求

原产南美热带的巴西及西印度群岛。喜温暖、多湿、半阴环境，不耐寒冷。适当庇荫，光照太强，易灼伤叶片；光线太暗，叶柄变软，徒长，叶色变淡。适于疏松肥沃排水良好的微酸性土壤（pH5.5～6.0）。

（四）育苗技术

1. 分株繁殖　4～5月初将贮藏的块茎取出，将大块茎周围的小块茎剥下，稍晾干后即可分别上盆。也可用消过毒的小刀将大的块茎切成带有1～2个芽眼的小块，切口处涂以木炭粉或草木灰防腐，待切口晾干后上盆。

2. 组织培养繁殖　外植体用幼叶、叶柄和块茎等，采用MS培养基加1毫克/升激动素、2,4-D诱导愈伤组织，用MS培养基加1.5毫克/升激动素和0.1毫克/升萘乙酸，由愈伤组织分化不定芽，再转移到1/2MS培养基加0.5毫克/升萘乙酸生根培养基上。采用组培法，在短时间内可大量繁殖花叶芋种苗。

（五）栽培技术要求

1. 上盆定植　盆土用腐叶土或泥炭2份加沙1份和少量厩肥配成，亦可用腐叶土2份、锯末或牛粪1份、粗沙1份加少量厩肥配成。上盆时将大小不同的块茎分开，大球每盆3～5株，小球5～7株；小型品种用小盆，叶大生长旺盛的品种盆可大一些，覆土以1～2厘米为宜。

无土栽培一般采用1份蛭石与1份珍珠岩混合，配以浓度为0.2%的营养液，氮、磷、钾比例为3∶2∶1。

2. 肥水管理　除海南岛外，我国大多数地区5～10月为生长期，其他时间为休眠期。

春夏生长旺季，一般每隔7～10天施1次稀薄肥水或完全肥料。氮肥过多，叶片上的彩斑就会褪色，影响观赏效果。施肥后要立即浇水、冲淋叶面，否则肥料容易烧伤根系和叶片。秋季是块茎生长发育阶段，增施磷、钾肥，促进块茎生长。

春、秋两季浇水以保持盆土湿润为度。若浇水过多，易引起块茎腐烂；如浇水过少，盆土干燥，易导致叶片凋萎。夏季气温高，水分蒸发快，又正值花叶芋生长旺盛期，除浇水要充足外，每天还需向叶面上喷水和往花盆附近地面上洒水 2～3 次，以利降温增湿。秋末气温降到 15℃以下，叶片开始发黄并逐渐进入休眠期，减少浇水，促使块茎进入休眠。

3. 温光管理 花叶芋喜散射光，烈日暴晒叶片易发生灼伤现象。不同品种间需要的光照条件略有不同，有红色斑块、色泽艳丽的品种，需光照多些，若光照不足，彩斑就会褪色；叶质薄的白色品种需光照少些，强光则易伤叶。一般遮光 50％左右即可。

花叶芋翌年生长的好坏，叶形大小及色彩的艳淡，关键在于冬贮。晚秋气温下降到 15℃时，叶片开始发黄，并逐渐进入休眠状态，这时可以连盆一起贮藏越冬或将块茎贮藏于经过消毒的蛭石或干沙中。贮藏温度保持在 14～18℃为好，温度太高，如超过 30℃，不利其休眠，还影响明年的生长。此外，贮藏还要注意基质的干湿适宜，以经常保持基质略潮为好。

4. 病虫害防治 花叶芋在块茎贮藏期会发生干腐病，可用 50％多菌灵可湿性粉剂 500 倍液浸泡或喷洒防治。生长期易发生叶斑病等，可用杀菌剂如 50％多菌灵可湿性粉剂 1 000 倍液防治。

十七、海芋

学名：*Alocasia macrorrhiza*

别名：山芋、广东狼毒、象耳芋、滴水观音

(一) 形态特征

天南星科海芋属多年生常绿大型草本植物。茎粗壮，皮茶褐色，茎内多黏液，巨大的叶片呈盾形。佛焰苞淡绿色至乳白色。

(二) 种类与品种

常见栽培的种类有：尖尾芋、霸王芋、龟甲芋等。

(三) 对环境的要求

喜高温、潮湿，耐阴，不宜强光照，对土壤要求不严。适合大盆栽培。

(四) 育苗技术

海芋可采用分株、扦插和播种繁殖。海芋常在茎基部分生许多幼苗，待稍大后可挖出盆栽。亦可在春季切割茎干，10 厘米一段作插穗，直接插在盆土中，发芽生根后盆栽。还可采用露地条播或点播，出苗后移植。

(五) 栽培技术要点

1. 上盆定植　用高盆栽植，盆底放入碎瓦片厚度为盆高的 1/3 作排水层，土面覆以水苔，促进新根发生。盆土用腐叶土、泥炭土、细沙按 2∶2∶1 比例混合。

2. 肥水管理　4～10 月生长季，每月施 2～3 次以氮为主的稀薄液肥，缺肥，叶片小而黄。海芋生长迅速，生长季要多浇水，夏季经常向叶面及盆周围喷水，增加空气湿度；冬季休眠期控制浇水，停止施肥。

3. 温光管理　海芋生长适温 20～30℃，越冬最低温度 5～10℃。夏季需要遮去 50%～70% 的阳光。

4. 病虫害防治　生长季病虫害很少，主要是休眠期易得软腐病、白绢病，发病初期喷布甲基托布津和百菌清防治。

十八、合果芋

学名：*Syngonium podophyllum*

别名：白蝴蝶、长柄合果芋、箭叶芋

(一) 形态特征

天南星科合果芋属多年生常绿草本。叶常丛生，有时枝条伸长为藤状，节部有气生根，幼龄植株叶薄呈戟形，成熟植株叶分裂成 5～9 枚裂片，叶上有各种白色斑纹。

(二) 种类与品种

常见的园艺品种有白蝶合果芋、白纹合果芋、绿金合果芋、黄纹合果芋、慈姑叶合果芋和红叶合果芋等。

（三）对环境的要求

性喜高温高湿的环境，不耐寒，生长适温 25～30℃，冬季室温低于 15℃，生长停止，越冬温度不低于 10℃。夏季遮光40%～60%，冬季不遮光，喜半阴环境，以明亮散射光较好。光线过强，叶易灼伤变黄；光线太弱，枝叶徒长细弱，叶色不正。适应性强，生长健壮，以肥沃疏松、排水良好的酸性沙质壤土为宜。合果芋也非常适合无土栽培。

（四）育苗技术

合果芋主要用扦插法繁殖，也可用分株法。扦插在 4～9 月进行，可剪取 2 节以上茎蔓作插条，插于河沙或珍珠岩上，保持基质湿润，1～2 周即可生根；夏季也可用水泡，约 2 周可生根。分株可结合换盆将植株脱出，把株丛切成数丛分别上盆即可。

（五）栽培技术要点

1. 上盆定植　盆土用腐叶土、泥炭加河沙或珍珠岩 1/3 配制而成，还要加少量腐熟的饼肥、骨粉。华南地区常用塘泥 3份，堆肥和沙各 1 份混合作为盆土。盆栽合果芋常用 10～15 厘米盆，吊盆悬挂栽培可用 15～18 厘米盆。

2. 肥水管理　生长期每 1～2 周施 1% 饼肥水 1 次，每月喷1 次 0.2% 的硫酸亚铁溶液。夏秋季节充分浇水，保持盆土湿润，并每天向叶面喷水，维持较高的空气湿度，叶片生长健壮、充实。水分不足或遭受干旱，叶片粗糙变小。

3. 温光管理　合果芋不耐寒，10 月中下旬移入室内向阳处，保持 10℃ 以上温度，使其安全越冬。合果芋对光照的适应性较强，在明亮的散射光处生长良好，夏季应遮光 40%～60%。

4. 株形整理　合果芋生长速度较快，每年都要换盆 1 次，生长过程中还应进行适当修剪，剪去老枝和杂乱枝。合果芋除一般形式的盆栽外，还可利用茎蔓作垂吊或立柱形式的栽培，以形成不同的观赏效果。

5. 病虫害防治　常见有叶斑病和灰霉病等危害，虫害有粉虱和蓟马。

十九、白鹤芋

学名：*Spathiphyilum horibundum*

别名：苞叶芋、白掌、异柄白鹤芋

(一) 形态特征

天南星科苞叶芋属多年生常绿草本。无茎或茎短小；叶长圆形或近披针形，两端渐尖；佛焰呈叶状，近似掌状，高出叶面，白色或绿色；肉穗花序圆柱状，白色。

(二) 种类与品种

常见的同属植物栽培种有多花白鹤芋、佩蒂尼白鹤芋、玛娜洛阿白鹤芋、白旗白鹤芋、矮白鹤芋等。绿（红）巨人是其优良杂交种。

(三) 对环境的要求

性喜温暖、湿润、半阴的环境，忌干燥、高温、阳光直射，很耐阴。生长适温 20～28℃，冬季温度不低于 14℃，温度低于 10℃，植株生长受阻，叶片易受冻害。适宜肥沃、含腐殖质丰富的微酸性土壤。

(四) 育苗技术

1. 分株繁殖 早春结合换盆，在株丛基部将根茎切开，每丛有 3 个以上的芽。生长健壮的植株，2 年可分株一次。

2. 播种繁殖 种子采后即播，在 25℃温度下，20～30 天可发芽。

3. 扦插繁殖 取茎段，每段 3～4 节，插于沙土和细蛇木屑中，2～3 周可发根。

4. 组培繁殖 以幼嫩花序和侧芽为外植体，在 MS 培养基上，诱导愈伤组织、不定芽及生根。

(五) 栽培技术要点

1. 上盆定植 盆栽用土以腐叶土或泥炭土、腐熟锯末、珍珠岩和粗沙的混合而成，加少量骨粉、畜禽粪干或饼肥。常用15～19厘米盆栽培。

2. 肥水管理　白鹤芋较喜肥，生长季节每1～2周施1次复合液肥或有机氮肥。生长期间应经常保持盆土湿润而不积水。夏季要经常喷水，保持高的空气湿度，空气湿度低，新生叶片会变小发黄。

3. 温光管理　喜高温，冬季白天以25℃，夜温14～16℃为好，不低于10℃，否则根系发黑腐烂。

白鹤芋怕强光暴晒，较耐阴，只要有60％左右的散射光即可满足其生长需要。一般夏季需遮光60％～70％，春、秋季遮光30％～40％，冬季在北方不遮光，南方遮光10％～20％为宜。

4. 病虫害防治　常见有叶斑病、褐斑病、茎腐病等危害叶片，注意通风和减少湿度，可用杀菌剂防治。斜纹夜蛾、蚜虫、绿椿象为害嫩心，可用50％马拉松乳油1 500倍液喷杀防治。

二十、龟背竹

学名：*Monstera deliciosa*

别名：蓬莱蕉、电线兰、穿孔喜林芋

（一）形态特征

天南星科龟背竹属常绿藤本植物。半蔓型，幼叶心脏形，长大后叶呈矩圆形，不规则羽状深裂，如龟甲图案；茎上生气生根，可攀附他物向上生长。花状如佛焰，淡黄色。

（二）种类与品种

常见同属观赏种有多孔龟背竹、斑叶龟背竹、斜叶龟背竹（迷你龟背竹）、蔓状龟背竹、星点龟背竹等。

（三）对环境的要求

喜温暖湿润环境，耐阴，切忌强光暴晒和干燥。生长适温20～25℃，冬季低于5℃易发生冻害。以富含腐殖质、排水良好

的微酸性土壤为宜，对北方干燥的环境有适应能力。

（四）育苗技术

1. 扦插繁殖 春、夏、秋三季都可扦插，以春、秋两季最好。将母株上的茎干截取下来，保留下部3～4节茎基，让其节部隐芽萌发，可抽出新茎继续生长。截下的茎段，2～3节一段，自节间切开。带顶叶将茎段直立埋入素沙和泥炭混合基质中，当年即能成形；中上部位截取的茎段，大部分带叶片，埋茎时最好保留一片叶子，让茎段与土面呈30°斜埋入扦插基质中。或将不带叶的茎段与土面呈15°浅埋在基质内，让先端的节与土面相齐，先端的新月形叶痕朝上。埋茎前，应将长气生根剪掉，保留短的气生根，使插穗上部稍露土面，每盆1株，放在温暖及半阴处，经常保持盆土与空气湿润，温度25～30℃，经4～6周就能生根，10周后可望长出新芽。

2. 分株繁殖 多在夏、秋进行，将大型的龟背竹的侧枝整段劈下，带部分气生根，直接栽植于木桶或钵内，成活率高，成型效果快。

（五）栽培技术要点

1. 上盆定植 盆栽龟背竹常用腐叶土（或园土、泥炭）掺入细沙或砻糠灰等量混合作为基质。上盆时施些饼肥作基肥，或盆底放些马蹄片或麻渣等。

2. 肥水管理 龟背竹喜肥，生长季节半个月施一次腐熟的稀饼肥水，施肥时注意不要让肥液沾污叶面。同时，龟背竹的根比较柔嫩，忌施生肥和浓肥，以免烧根。春、秋季2～3天浇水1次，3～5天喷水清洗叶面，保持盆土湿润，但不能积水。夏季要不断向盆四周喷水，提高空气湿度。秋冬季逐渐减少浇水量。

3. 温光管理 10月上中旬搬入温室，放在明亮的室内，室温以保持12～15℃为宜，最低温不能低于5℃，防止冷风吹袭。冬季停止施肥，每周浇1次水，保持盆土略湿润即可。4月中下句出室，放在半阴处养护。

龟背竹是典型的耐阴植物，生长季注意遮阴，忌强光直射，否则易造成叶片枯焦、灼伤，影响观赏价值。

4. 株形整理　生长期间对植株上的分枝可适当修剪，对气生根及时整理，或盘绕在花盆四周，进行各种造型。常见的形式有：①直立式。将匍匐茎剪掉，经常修剪，使植株直立。②垂吊或壁挂式。留 3～5 条茎，任其自由生长，栽入吊兰盆或壁挂盆内，垂吊后藤茎下垂。③柱式蟠扎。用大口径盆，在盆中栽 3 株，盆中间竖一粗竿，扎上棕皮，用蔓生的藤盘扎在柱上，用绳轻缚，让其气生根扎入棕皮内，在盆内和棕柱内浇水、施薄肥，促进生长。④球式蟠扎。盆中用薄竹片扎成球形，将蔓生藤顺球形由下而上蟠扎绑好，扎时叶的朝向要一致，即叶根在上、叶尖向下，整齐排列。

5. 病虫害防治　常见病害有叶斑病、灰斑病、茎枯病等，可喷 0.5％波尔多液或 50％退菌特 1 000 倍液等杀菌剂防治。

二十一、绿萝

学名：*Scindapsus aurens*

别名：石柑子、黄金葛、魔鬼藤

（一）形态特征

天南星科藤芋属常绿藤本植物，具气根。叶面有较厚的角质层，能适应室内干燥环境。茎蔓细长而下垂，叶片心形或卵形，光亮，嫩绿色，常具淡黄色斑块。

（二）种类与品种

园艺变种有花叶绿萝、金葛、玛伯王后。同属的栽培种还有褐斑绿萝，其变种为银星绿萝（星点藤），海南岛还有一种野生种大叶藤芋。

（三）对环境的要求

喜温暖、荫蔽、湿润的环境，不耐寒。要求疏松肥沃、排水良好的土壤。

（四）育苗技术

常用扦插法繁殖。在 6 月进行，剪取长 20～30 厘米的枝条，将基部 1～2 节叶片去掉，插入素沙或蛭石中，深度为插穗的 1/3，淋足水；亦可用培养土直接盆栽，每盆 3～5 根插穗，保持土壤和空气湿润，在 25℃以上和半阴的环境中，20 天左右可生根、发芽，逐渐长成新的植株。或直接插于盛清水的瓶中，每 2～3 天换水 1 次，10 多天可生根成活。

（五）栽培技术要点

1. 上盆定植　盆栽常用腐叶土或泥炭土 70％、红壤土 20％、细沙 10％混合配制而成，加适量饼肥或骨粉，使土壤呈微酸性。每盆栽植 3～5 株。容器可选用悬吊的，也可选一般花盆。通常在直径 25～35 厘米的花盆中央衬一直径 8 厘米左右、高 80～100 厘米的棕柱，让绿萝沿棕柱向上生长，形成图腾柱式盆栽绿萝。

2. 肥水管理　绿萝施肥以氮肥为主，钾肥为辅，在春季生长期前，每 10～15 天施稀薄肥 1 次，可用 0.3％硫酸铵或尿素液；或叶面喷施 0.2％～0.5％尿素，保证生长旺盛，使叶片绿色光亮。

盆土以湿润为度，发现盆土发白时，要浇透水；冬季温度低，植株处于休眠状态应少浇水，保持盆土不干即可。盛夏是绿萝的生长高峰，每天可向绿萝的气根和叶面喷雾数次，既可清洗叶片的尘埃，使叶色碧绿青翠，还能降低叶面温度，增加小环境的空气湿度。

3. 温光管理　生长温度白天 20～28℃，夜间 15～18℃，越冬温度 10℃以上，低于 5℃会落叶。通常春暖后，搬至室外阴处养护，秋季移入室内。

喜散射光，忌阳光直射，较耐阴，以每天接受 4 小时散射光为好。阳光过强会灼伤叶片，过阴会使美丽的斑纹消失，可以

2～4周搬至光线较强的地方恢复一段时间。

4. 株形整理 经长期室内盆栽的植株，其茎干基部的叶片容易脱落，影响观赏效果。多在5～6月进行修剪，去除基部老叶，促使基部茎干上萌发新枝。

柱式盆栽绿萝，要随时捆扎绿萝的茎干于棕柱上，让绿萝沿棕柱向上生长上，不使其顶尖下垂；当苗长出栽培柱30厘米时应剪去其中2～3株的茎梢40厘米，待短截后萌发出新芽新叶时，再剪去其余株的茎梢；基部叶片脱落达30％～50％时，可将植株的一半茎蔓短截1/2，另一半茎蔓短截2/3或3/4，使剪口高低错开，这样剪口下长出的新叶能很快布满棕柱。

5. 病虫害防治 空气干燥，容易引发红蜘蛛危害，可用40％氧化乐果1 500～2 000倍液杀除。

二十二、棕竹

学名：*Rhapis excelsa*

别名：筋头竹、观音竹

（一）形态特征

棕榈科棕竹属常绿丛生灌木。茎叶似竹不分枝，干上有叶鞘，为黑褐色丝毛苞片，纤维网状。叶片掌状似扇形，深裂，叶柄细长。肉穗花序。

（二）种类与品种

常见栽培品种有矮棕竹、细棕竹、粗棕竹、花叶棕竹等。

（三）对环境的要求

喜温暖湿润及通风良好的半阴环境，不耐积水。极耐阴，夏季炎热光照强时，应适当遮阴。要求疏松肥沃的酸性土壤，不耐瘠薄和盐碱，要求较高的土壤湿度和空气温度。

（四）育苗技术

1. 分株繁殖 棕竹多用分株法繁殖。华北地区宜在4月中下旬新芽尚未出生之前，结合换土进行分株。用利刀分切数丛，分切时少伤根，不伤芽，可分成2～4丛，每盆2～4株。分后的盆苗，放在阴凉、温暖和稍潮湿的地方，每日向叶面及周围喷水2～3次，恢复生长后放在向阳处养护。

2. 播种繁殖 播种前种子用30～35℃温水浸2天，种子开始萌动时，播在腐叶土与河沙混合基质中，覆土5厘米，在20～25℃温度下1～2个月即可发芽，当幼苗子叶长达8～10厘米时进行移栽，移时3～5株一丛，以利成活和生长。在北方不易获得种子。

（五）栽培技术要点

1. 上盆定植 盆栽可选用腐叶土（或泥炭土）、园土、河沙或珍珠岩，加上适量的基肥混合配制的培养土。

2. 肥水管理 棕竹需肥不多，在生长期间需每月施2～3次以氮肥为主的稀薄液肥，叶面可喷1‰磷酸二氢钾，秋季少施或停止施肥，并在液肥中加入适量的硫酸亚铁，就可保持叶片青翠浓绿。

经常保持盆土湿润，但不可积水。气温较高时，应向植株及周围洒水，保持一定的空气湿度，空气干燥会引起干尖、黄叶。

3. 温光管理 棕竹喜温暖，畏寒冷，忌烈日。冬季气温在5℃以上，即可越冬。喜荫蔽环境，春、夏、秋三季应遮光50％。光线太强叶子发黄，出现日灼病焦叶和黑斑。冬季少遮或不遮光。

4. 株形整理 棕竹主根是呈水平方向伸展横生在土中，主根的不定芽具有很强的萌发力，向上抽生单株茎干，使株丛成灌木状，花盆要比植株大一些，以适应新株的扩大。植株生长缓慢而低矮，及时修剪枯枝败叶和部分黄叶，保持棕竹株形紧密秀丽、株丛挺拔。

5. 病虫害防治 棕竹常发生叶枯病和锈病，可用65％代森锌可湿性粉剂2 000倍液防治。主要虫害是樟修尾蚜，虫害严重时可喷20％氰戊菊酯4 000倍液。

二十三、蒲葵

学名：*Livistona chinensis*

别名：扇叶葵、葵树、葵竹

（一）形态特征

棕榈科蒲葵属植物。茎干直立，无分枝，茎干外被瓦棱状叶鞘，重叠排列整齐，有少量棕皮纤维；叶大，呈扇形，前半部裂开，后半部合并，叶柄长，两侧有硬刺；花两性，较小，黄绿色；核果紫黑色，被白粉。

（二）对环境的要求

喜高温高湿，喜阳也耐阴。生长适温 25～35℃，越冬最低温 3～5℃。耐肥，不耐旱，能耐短期水涝，喜稍带黏性的壤土。

（三）育苗技术

播种法来繁殖，春至夏季为适期。从健壮母树采集成熟果实，浸水 3～5 天除去种皮，用沙藏层积催芽，种皮破裂后才能播种。播后约 2 年，当苗长至 5～7 片大叶时便可盆栽。

（四）栽培技术要点

1. 上盆定植　蒲葵适应性强，生长强健。盆栽时可用园土、腐叶土、泥炭土加细沙混合而成的培养土作盆土，每 2～3 年翻盆换土 1 次，10 年生以上的植株应栽入木桶。每次上盆，施足基肥，有利于生长。

2. 肥水管理　生长期每月施 2 次液肥，入秋后不必追肥。生长期施用肥料应以氮肥为主。保持土壤湿润，夏季应经常向植株上喷水来增加空气湿度，虽有一定的耐涝能力，也应注意排水防涝。

3. 温光管理　10 月中旬前应移入温室越冬，室温不低于 5℃，才能安全越冬。蒲葵是阳性植物，日照要充足，除夏季外，通常无需遮阴。

4. 病虫害防治　对病虫害抵抗能力强，常见病害有叶枯病、炭疽病、叶斑病等，可用 70％甲基托布津 800 液或 75％百菌清 1 000 倍液喷洒。主要虫害有绿刺蛾、灯蛾，用 800 倍氧化乐果喷洒防治。

二十四、散尾葵

学名：*Chrysalidocarpus lutescens*
别名：黄椰子、紫葵

（一）形态特征

棕榈科散尾葵属的丛生小乔木。茎干光滑，无毛刺，叶平滑细长，羽状小叶及叶柄稍弯曲，亮绿色，细长的叶柄和茎干金黄色，基部分蘖多，株形美。

（二）对环境的要求

性喜温暖湿润，半阴、通风良好的环境，不耐寒。耐阴性强，畏烈日。越冬温度 10℃以上，生长适温 25～30℃。适宜生长在疏松、排水良好的富含腐殖质的微酸性土壤。

（三）育苗技术

1. 分株繁殖 选分蘖多的盆株，去掉部分旧土，用刀或枝剪从基部连接处分割成丛，每丛有苗 2～5 株，放在 25℃以上温度培养。

2. 播种繁殖 当气温达 18℃以上时用浅盆播种，苗长到高 20～30 厘米时，每 3 株栽在一个直径 8～10 厘米的盆中，苗高 50 厘米左右时栽在苗圃地里，适当遮阴，经 1～2 年苗高 80～100 厘米时可上盆出售。

（四）栽培技术要点

1. 上盆定植 散尾葵的盆土用腐叶土、泥炭及河沙或珍珠岩，各 1/3 配成，并加入腐熟的堆厩肥，不能用透气性不好的土壤来栽培。为了促进分蘖，盆栽时应比原来深一些，因为它的蘖芽生长靠近上部。

2. 肥水管理 散尾葵喜肥。5～10 月生长季节，每 1～2 周施 1 次腐熟液肥或复合肥，促进生长。秋冬季可少施肥或不施肥。保持盆土湿润和植株周围的空气湿度，空气相对湿度过低会使叶尖干枯。经常向叶面喷水，保持叶面清洁。北方地区的水内含盐、碱较多，可经常用黑矾调节。

3. 温光管理 散尾葵耐寒力弱，北方 9 月上中旬，长江流域 10 月上旬入室，放在阳光充足处，冬季日温保持 25℃左右，夜温 15℃以上。若温度太低，叶片会泛黄，叶尖干枯，并导致根部受损，影响来年的生长。

4. 株形整理 散尾葵叶尖和叶缘在生长期间出现干焦，主要有空气过于干燥、日照过强、盆土过干、过湿、施肥过浓等原因造成，应分析原因及时调整养护措施。平时定期旋转花盆，经常修剪下部、内部枯叶，将叶尖干枯处、黄叶、过密枝剪除，注意修整冠形保持优美株形。冬季植株进入休眠或半休眠期，要把瘦弱枝、病虫枝、枯死枝、过密枝等剪掉。

5. 病虫害防治 散尾葵叶枯病是由真菌侵染造成的一种常见病害，可用 70％甲基托布津 800 液或 75％百菌清 1 000 倍液喷洒。虫害有红蜘蛛和介壳虫，应定期用 800 倍氧化乐果喷洒防治。

二十五、袖珍椰子

学名：*Chamaedorea elegans*

别名：矮棕、矮生椰子、袖珍椰子葵

（一）形态特征

棕榈科墨西哥棕属的常绿小灌木。茎干直立，不分枝，深绿色，叶羽状全裂，深绿色有光泽。肉穗状花序，浆果橙黄色。

（二）种类与品种

常见同属的栽培种还有夏威夷椰子、大叶矮棕、雪佛里矮棕等。

（三）对环境的要求

喜温暖湿润和半阴的环境，生长适温 20～30℃，13℃进入休眠，越冬最低 10℃。在排水良好、湿润、肥沃的壤土中生长良好。在强日照下叶色枯黄。

（四）育苗技术

1. 播种繁殖　即采即播，以春季播种为好。腐叶土 3 份、山泥土 2 份、腐殖土 2 份、沙土 3 份混合配制播种基质，播前用 35～40℃温水浸泡 36 小时，点播覆土 1.5 厘米，最适发芽温度为 24～26℃，3～6 个月可出苗。幼苗长到 2～3 片真叶，即可上盆。

2. 分株繁殖　可结合换盆，将株丛从自然分离处按几株一丛，用手掰开，另行栽植即可。

（五）栽培技术要点

1. 上盆定植　可用腐叶土、泥炭加 1/4 珍珠岩和少量基肥混合成盆栽培养土。

2. 肥水管理　生长季节每月施 1～2 次稀薄液肥，叶面喷施 0.2％尿素＋0.2％磷酸二氢钾溶液，以促植株生长健壮，叶色浓绿；秋季少施或停止施肥。

浇水宁湿勿干，常年保持盆土湿润；夏秋季除浇水外，还要经常向植株喷水增湿，可保持叶面深绿且有光泽；冬季少浇水，以防温度过低引起烂根、黄叶、坏死等症状。

3. 温光管理　10 月上旬移入室内，夜温应 12～14℃，不能低于 10℃，否则会有冻害。喜荫蔽环境，春、夏、秋三季应遮光 50％，光线太强叶子发黄，出现日灼病焦叶和黑斑，冬季少遮或不遮光。

4. 病虫害防治　袖珍椰子在高温高湿下，易发生褐斑病，可用 800～1 000 倍托布津或百菌清防治；在空气干燥、通风不良时易发生介壳虫。

二十六、软叶刺葵

学名：*Phoenix roebelenii*

别名：针葵、美丽针葵、罗比亲王椰子、罗比亲王海枣

（一）形态特征

棕榈科刺葵属常绿灌木。茎单生，有残存三角形叶柄基部，有长针刺；叶羽状全裂；肉穗状花序生于叶腋间，雌雄异株，果枣红色。

（二）种类与品种

常见的盆栽种类有长叶刺葵、伊拉克蜜枣。

（三）对环境的要求

性喜高温湿润，喜光也耐阴，抗旱力较强。有一定耐寒性，越冬最低温度 8℃以上，15℃以上生长良好，生长适温 25～30℃。喜排水良好的肥沃沙壤土。

（四）育苗技术

开花后人工授粉结果，10～12 月果实成熟，采后即播或翌年 4 月播种。种子播于河沙中，保持基质湿润，20～30℃温度下，2～3 个月可以出苗，当幼苗叶子长到 5～10 厘米时施稀薄液肥，第二年春天分苗到小盆中。

（五）栽培技术要点

1. 上盆定植 盆土用腐叶土、泥炭加 1/4 河沙（珍珠岩）混合而成，可加少量堆厩肥或饼肥，黏重的土壤栽后生长不好。盆用沿口较深的花盆或木桶，2～3 年换盆 1 次，换土每年 1 次，在生长萌芽前进行。

2. 肥水管理 生长时期每 1～2 周施 1 次饼肥水。软叶刺葵抗干旱能力较强，数日内浇不上水不会干死，但基部叶片会变黄干枯。生长季保持土壤湿润，特别夏季，生长旺盛，每天需浇水 2 次，要防积水，以免根腐。冬季则控制浇水。

3. 温光管理 冬春季温度不宜太高，否则出房后植株新叶易发生日灼病，叶片变成黄褐色，失去观赏价值。保持 5℃以上就可安全越冬。盛夏 6～9 月光照强烈时应予遮阴，保持 60％的透光率，其他季节应给予充足的光照。

4. 病虫害防治 软叶刺葵在通风不良环境下容易得叶斑病、煤污病等，可定期喷洒一些广谱杀菌剂，如 70％甲基托布津 1 000 倍液或 50％多菌灵 500 倍液等杀菌剂等。如发生黄化病，可连续 2～3 次喷洒 300 倍的硫酸亚铁溶液。

二十七、鸟巢蕨

学名：*Nettopteris antiqua*

别名：巢蕨、山苏花、王冠蕨

（一）形态特征

铁角蕨科巢蕨属多年生阴生草本观叶植物。株形似漏斗状或鸟巢状，附生于热带雨林的树干或岩石上。叶簇生，阔披针形，辐射状排列于根状茎顶部，亮绿色，有光。

（二）种类与品种

常见有皱叶鸟巢蕨、狭基鸟巢蕨、短叶鸟巢蕨等。

（三）对环境的要求

喜温暖、潮湿、明亮散射光的半阴条件，生长最适温度为 20～22℃，不耐寒，越冬温度 10℃以上。春夏秋遮光 50％以上，冬季遮光 20％～30％。喜排水良好的沙壤土。

（四）育苗技术

1. 孢子繁殖 商品化生产用孢子繁殖。于 3～6 月将细沙和泥炭经高温消毒后装入播种浅盆，压平，均匀撒入成熟的孢子，浸水，保湿，24～30℃，7～10 天即可萌发。3 个月后待其长出几片真叶时，可上盆培育。

2. 分株繁殖 在 4 月中下旬，将成株从基部分切成 4 块，并将叶片剪短 1/3～1/2，使每块带有部分叶片和根茎及根，单独盆栽成新株。

（五）栽培技术要点

1. 上盆定植 选用盆壁及盆底多孔的花盆或多孔的塑料筐，盆底填充 1/3 左右颗粒较大的碎砖块，上面再用腐叶土或泥炭土、蕨根、树皮块等将鸟巢蕨的根栽植在盆中，栽前将基质浸透水，亦有将它单独或成串栽在温室的假树和木段上，保持基质湿润和较高的空气湿度。鸟巢蕨每隔1年需换盆1次。

2. 肥水管理　在生长季节，每1～2周施腐熟液肥1次，促使新叶生长。春夏季节，生长旺盛期需水多，充分浇水外，要经常向叶面喷水，防止叶缘发黄枯焦，空气湿度以70%～80%为宜，但盆内不能积水，否则会烂根。冬季室温低时，需保持盆土稍湿润为好。

3. 温光管理　鸟巢蕨生长适宜温度为22～27℃，冬季要移入温室，温度保持在16℃以上，使其继续生长，最低温度不能低于5℃，茎叶受冻，叶片会出现枯黄现象。

夏季要进行遮阴，避免强阳光直射，这样有利于生长，使叶片富有光泽。

4. 病虫害防治　在高温高湿、通风不良的环境中，叶片易感染炭疽病，可用广谱性杀菌剂防治；线虫危害鸟巢蕨，可导致叶片出现褐色网状斑点，可用克线丹颗粒撒施于盆土表面。

二十八、铁线蕨

学名：*Adiantum capillus-veneris*

别名：铁线草、美人粉

（一）形态特征

铁线蕨科铁线蕨属多年生常绿草本植物。根状茎横走，叶柄黑褐色，细长如丝，挺拔且富有弹性，叶片为2回羽状叶。

（二）种类与品种

常见的栽培品种有花叶铁线蕨，叶片上有白色或乳白斑块。同属的种类有普通铁线蕨、团羽铁线蕨、鞭叶铁线蕨、掌叶铁线蕨、扇叶铁线蕨、荷叶铁线蕨等。

（三）对环境的要求

喜温暖湿润的阴湿环境，生长适温20～30℃，稍耐寒，怕强光和干燥。喜疏松、肥沃和含石灰质的沙质壤土。

（四）育苗技术

1. 分株繁殖　以分株为主。4月上中旬新芽未发芽前，结合换盆进行分株。将植株从盆中脱出，去掉大部分旧培养土，分成2至数丛，剪断相连的根状茎，分别栽植。

2. 孢子繁殖　孢子成熟散落在潮湿土壤上，当小苗长到3～4片叶时挖取上盆。

（五）栽培技术要点

1. 上盆定植　盆土用腐叶土、泥炭土加1/3河沙和少量基肥配成，由于铁线蕨有喜钙习性，可加适量石灰等钙质。

2. 肥水管理　生长期每月施2～3次稀薄液肥，施肥时不要沾污叶面，以免引起烂叶。生长季保持盆土湿润和较高的空气湿度，空气干燥时向植株周围洒水，以免叶片萎缩。冬季减少浇水，停止施肥。

3. 温光管理　10月下旬应入室培养，冬季白天18～22℃，夜温12℃可以正常生长。冬季越冬温度不低于5℃为好。夏季适当遮阴，否则光线太强易造成叶片枯黄甚至死亡。

4. 病虫害防治　常有叶枯病发生，初期可用波尔多液防治，严重时可用70％的甲基托布津1 000～1 500倍液防治。

二十九、文竹

学名：*Asparagus plumosus*

别名：云片松、刺天冬、云竹

（一）形态特征

百合科文竹属多年生常绿藤本观叶植物。茎柔细有节，丛生；叶形枝纤细，鲜绿色，密如羽毛状；3～5月开白色小花；浆果球形，紫黑色。

（二）种类与品种

栽培的变种有矮生文竹、大文竹和细叶文竹。

（三）对环境的要求

原产南非。喜温暖湿润，不耐寒，在散射光下生长良好，喜排水良好、富含腐殖质的土壤。

（四）育苗技术

1. 播种繁殖　文竹用种子播种。种子采后即播，也可晾干后沙藏春播。播时用温水浸种 24 小时，点播在疏松的沙壤土或细沙土，每穴 2 粒种子，覆土厚度为种子直径的 1.5 倍，保持湿润，在 15～20℃下，经 25～40 天即可发芽。当小苗长到 3～5 厘米高时，应分栽到小盆中，每盆 1～3 株，盆直径 7～8 厘米。

2. 分株繁殖　在春季萌发前进行，把丛生的根和茎，用利刀切开，分成数丛另植。

（五）栽培技术要点

1. 上盆定植　盆土用腐殖土、泥炭和细沙加少量厩肥配成，要排水良好，不能用黏土，或用园土、河沙和腐叶土以 1:1:2 比例混合而成，盆底加骨粉或蹄角片。

2. 肥水管理　文竹喜肥，在春、秋季每隔 15～20 天可施 1 次腐熟的稀薄液肥，夏季高温应停肥。

浇水是文竹栽培成败的关键。浇水过多，盆土过湿会烂根；浇水太少，盆土长期干旱，叶尖易发黄。盆土不干不浇，浇必浇透。

3. 温光管理　文竹喜温暖，生长适温 15～25℃，越冬温度 10℃以上可正常生长，0℃以下受寒害。冬季宜向阳，如放在见不到光线的地方，通风不良和寒冷，均会使枝叶枯黄。保持较高的空气湿度，根部不耐水渍。

4. 株形整理　文竹生长较快，及时将过密、枯黄的枝叶剪掉，适时转盆，修正枝叶形状，使相邻老茎高低错落，新生长的新枝层次感明显，保持株形美观。当新生芽长到 2～3 厘米时，摘去梢顶生长点，可促进茎上再生分枝和生长叶片，并能控制其不长蔓，使枝叶平出，株形丰满。

文竹养小不养老，3年生以上文竹贴近土面用剪刀将所有枝条全部剪去，盆土"见干见湿"，数日后便会发出翠绿的枝叶。

5. 叶片变黄的原因 栽培文竹，常遇到叶片变黄影响美观的问题。主要原因是空气干燥、浇水施肥不当、养分不足、越冬管理不善、灰尘及病虫害严重引起。可针对原因，改进栽培措施。

6. 病虫害防治 常见病害有叶枯病，可用50％多菌灵可湿性粉剂500～600倍液，或50％托布津可湿性粉剂1 000倍液进行防治。夏季易发生介壳虫、蚜虫，可用40％氧化乐果1 000倍液喷杀。

三十、一叶兰

学名：*Aspidistra elatior*

别名：蜘蛛抱蛋

（一）形态特征

百合科蜘蛛抱蛋属的多年生常绿草本。根状茎在土中横生，常常露出土面；叶片单生，具长叶柄，中央有槽沟，挺拔而直立，叶色深绿，有光泽。

（二）种类与品种

常见的栽培变型有洒金一叶兰和白纹一叶兰。前者叶面上布满白色星点，后者叶面上分布有乳白色、宽窄不一的纵向条纹。

（三）对环境的要求

喜温暖、湿润、半阴的环境，极耐阴，耐寒，耐湿，忌干燥和阳光直射。要求疏松、肥沃、排水良好的沙壤土。

（四）育苗技术

常用分株法繁殖，四季都可进行，常结合换盆进行。将老株分成数丛，每丛4～5片叶子，剪去老根及枯叶，另行栽植即可。叶片太少会影响新叶的萌生和根茎蔓延生长。

（五）栽培技术要点

1. 上盆定植 用腐叶土 3 份、草炭 1 份混合作为基质，添加少量鸡鸭粪等酸性有机肥料，使 pH 降到 6 左右，保持弱酸性反应，否则叶片会黄化。

2. 肥水管理 每隔 1～2 年换 1 次盆，在盆底放少量碎骨片或饼肥作基肥，春夏季生长期 10～15 天追施 1 次稀薄液肥为好，以保证叶片清秀明亮；冬季控肥控水。生长旺季必须充分浇水，盆土保持湿润，并经常喷水，保持较高的空气湿度，在干燥的空气中叶面常失去光泽而呈枯燥状态。

3. 温光管理 一叶兰适应性强，生长适温为 10～25℃，能够生长温度范围为 7～30℃，越冬温度 5℃以上。属半阴性植物，不能忍受烈日暴晒，但也不能常年庇荫，适宜长期放在室内光线明亮处栽培，夏季应放在荫棚下。

4. 病虫害防治 病害有炭疽病、叶枯病和叶斑病，可用 75％百菌清 1 500 倍或多菌灵 1 000 倍液防治；主要虫害是介壳虫，可用 40％氧化乐果 1 500～2 000 倍液防治。

三十一、南洋杉

学名：*Araucaria cunninghamii*

别名：诺和克南洋杉、小叶南洋杉、塔形南洋杉

（一）形态特征

南洋杉科常绿大乔木。幼树冠尖塔形，适于盆栽观赏。分枝规则水平状，侧生小枝密生，下垂，近羽状排列；叶排列疏松，开展。

（二）种类与品种

常见的栽培品种有银灰南洋杉、智利南洋杉、宽叶南洋杉、细叶南洋杉及异叶南洋杉等。

（三）对环境的要求

喜温暖湿润的环境，不耐寒，忌干旱。冬季需充足阳光，夏

季避免强光暴晒。

（四）育苗技术

1. 播种繁殖　国内南洋杉少结籽，多用进口种子。播种前要先破伤种皮，春秋季播种。

2. 扦插繁殖　扦插较容易，广泛采用。在 6 月进行，选用长 8～12 厘米当年生木质化或半木质化的枝条，必须用顶芽，不能用侧枝，侧枝扦插苗木不直立会横向生长，插于粗沙或蛭石做的插床上，温度 18～25℃，经常保持较高的空气湿度，4～6 个月可以生根。为获得较多顶芽，可将幼树截顶，使顶端抽生出许多直立新梢。

（五）栽培技术要点

1. 上盆定植　可用泥炭土、腐叶土各 3 份及河沙 1 份配制而成，并加少量的厩肥或饼肥。土层的深度掌握在上层生根的芽点刚好露在土面上。

2. 肥水管理　春、夏、秋三季是生长旺期，每月施一次液肥。浇水要适度，过干或过湿都易引起下层叶垂软。高温干旱时节，应常向叶面及周围环境喷水或喷雾，增加空气湿度，保持土壤湿润。

3. 温光管理　通常 5 月上中旬出房，遮阴 30% 左右，9 月下旬入室放在向阳处，冬季越冬温度 10℃ 以上。

4. 株形整理　南洋杉以挺拔直立、层次清晰的株形为美。为避免植株因一侧受光而偏干，半个月转盆 1 次；幼树干性脆弱，为避免弯曲变形，要立支柱，将主干固定；不要轻易将下层轮生枝剪去。盆栽株高控制在 80～180 厘米。一般幼树宜每年或隔年春季换盆 1 次，5 年以上植株每 2～3 年翻盆换土 1 次，并结合喷洒矮壮素，控制南洋杉的高度。

5. 病虫害防治　病害侵染一般用多菌灵、百菌清等喷施预防。虫害有介壳虫危害，用 40% 氧化乐果 1 000 倍液喷杀。

三十二、橡皮树

学名：*Ficus elastica*

别名：印度橡皮树

(一) 形态特征

桑科榕属常绿木本观叶植物。叶片较大，椭圆形，厚革质，有光泽，叶面暗绿色或红绿色背面浅绿色，幼叶内卷，全株有乳汁。花叶品种在绿色叶片上有黄白色的斑块。

(二) 种类与品种

常见的栽培变种和品种有金边橡皮树、花叶橡皮树、白斑橡皮树、金星宽叶橡皮树等。

(三) 对环境的要求

喜温暖湿润和阳光充足的环境，忌阳光直射，耐阴。在肥沃、排水良好的酸性沙质土壤中生长良好。

(四) 育苗技术

1. 扦插繁殖　一般于春末夏初结合修剪进行。5～6月选上年生皮褐色的枝条，3节为一段，剪口在节下0.6～1厘米处，只留最上部一片叶子，剪后立即用草木灰封口，放在室内阴干4～6小时。对所有伤口用硫黄粉或草木灰封口，防止乳汁外溢过多，这是成活的关键。将处理好的插穗插入以用黄泥、蛭石或河沙按1：1比例制成基质，插后浇透水，保持插床有较高的湿度，在18～25℃、半阴条件下，经2～3周即可生根。亦可用水插法。

2. 压条繁殖　在6月中旬进行，选2年生枝条环状剥皮，宽1～1.5厘米，将潮湿的土壤和苔藓以5：1比例填入，用塑料、细绳扎紧，保持基质潮湿，放在阳光充足处，经50～60天即可生根。

(五) 栽培技术要点

1. 上盆定植　盆土用泥炭、腐叶土、河沙、堆厩肥等量配合而成，亦可以用塘泥2份、堆肥和黄沙各1份混合使用。

2. 肥水管理 生长旺季肥水要充足，10～15 天施 1 次饼肥水或复合肥。平时保持盆土湿润，高温季节早、晚各浇 1 次水，并向枝叶喷水；入秋后减少浇水，停止施肥。

3. 温光管理 生长适温为 25～30℃，3℃叶片变黄脱落，气温超过 35℃以上，应放在凉爽通风处。10 月下旬入室，冬季保持温度 10℃以上，盆土要求微湿；春季出房以 4 月中下旬为宜，出房后防止冷风吹袭和雨淋。

光照充足，夏季需要适当遮阴，如长期阴凉及通风不良，易发生黄叶、落叶现象。

4. 株形整理 在幼苗长到 50～80 厘米时实行截顶，以促进分枝，然后选出 3～5 个枝条，每年对侧枝短剪 1 次，剪时注意剪口芽的方向，以培养完整、圆浑丰满的树形需要。

5. 病虫害防治 橡皮树常见炭疽病、灰斑病，6～9 月每月喷 1 次 1‰波尔多液或 0.3 波美度的石硫合剂或 0.5‰高锰酸钾预防；虫害有介壳虫和蓟马危害。

三十三、猪笼草

学名： *Nepenthes mirabilis*

别名： 猪仔笼、猴水瓶、猴子埕

（一）形态特征

猪笼草科猪笼草属常绿多年生藤本或草本食虫植物。普通叶，互生，为椭圆形或长椭圆形；捕虫叶顶端异化成袋状或瓶状，淡绿色，有褐色或红褐色斑纹，上有锈红色的活动盖，一旦昆虫入内盖就落下，被消化吸收。

（二）种类与品种

常见的猪笼草栽培种类有褐色猪笼草、细囊猪笼草和开普敦猪笼草。

（三）对环境的要求

大多数猪笼草要求环境的湿度和温度都较高，并具有明亮的散射光，偏酸性且低营养的土壤。

(四) 育苗技术

1. 扦插繁殖　一般在 5～6 月，取中部健壮枝条以 2～3 节为插穗，用苔藓包扎，保湿插入湿水苔之中或沙盆中，20 天左右可生根，当新芽长出 1～2 片叶时便可上盆栽植。

2. 压条繁殖　选取粗壮的软枝，将其所需长度的茎段用利刀割一 V 字形切口，然后将其埋入另一盆湿水苔或植料中，压实后淋透水，必要时还可用砖块或石块将茎段压住，以防其从植料中抬起。压条的伤口约 1 个月生根，待新芽长出约 4 厘米时便可从母株切断分离而成为另一盆植株。

(五) 栽培技术要点

1. 上盆定植　猪笼草的栽培基质，以水苔、泥炭、木炭屑、腐叶土和沙配制而成，保证疏松通气。2 年换盆 1 次，填加新的培养土。一段时间后，栽培基质的表面上出现许多黄白色的水垢后，可将表层的栽培基质去掉，重新铺上一层新的栽培基质，以免影响猪笼草生长。

2. 肥水管理　在生长期间每月浇灌 1 次稀薄液肥，猪笼草的根系易受浓肥伤害，不宜施放固态的复合肥，液肥浓度也不宜过浓。

生长期保持盆土湿润，经常喷雾，维持 90% 左右的空气湿度。空气太过干燥，尤其是秋冬季节，叶片容易干枯或叶尖枯萎。浇水宜浇酸性水为好。

3. 温光管理　生长适温为 25～30℃，冬季温度不可低于 20℃，温度过低，会造成植株死亡。生长期要避免温度变化过大。

盛夏要遮阳或放半阴处养护，秋冬季置温室阳光充足处莳养。光照充足，植株粗壮，捕虫袋会增多，色泽更鲜艳；光照不足或过阴，植株会徒长，捕虫袋色泽晦暗，数量少，个体变细。

4. 病虫害防治 猪笼草易得叶斑病,可用10%抗菌剂1 000倍液喷洒植株;根腐病可喷施50%立枯净可湿性粉剂900倍液或50%根腐灵可湿性粉剂800倍液防治。根粉蚧可用40%速扑杀乳油1 000～1 500倍液或25%爱卡士乳油700～800倍液喷雾防治。

三十四、瓶子草

学名:*Sarracenia* spp.

(一)形态特征

瓶子草科瓶子草属多年生食虫草本。叶基生,瓶状、喇叭状或管状,常多片或莲座状丛生;瓶状叶有一捕虫囊,吸引昆虫进入,分泌消化液将昆虫分解、吸收。花单生,从黄色到粉红色不等,因品种而定,4～5月开放。

(二)种类与品种

目前在市场上常见种主要有紫花瓶子草、白叶瓶子草、黄花瓶子草、大瓶子草等。

(三)对环境的要求

瓶子草属植物多原生于沼泽地和贫瘠的湿地中,喜欢强酸性的植料,要求有良好的保水性能。喜温暖,忌酷热。要求较高的湿度,适宜在半阴、避风的环境中生长。

(四)育苗技术

1. 播种繁殖 播种前需低温冷藏(4～5℃)1～2个月,并需保持种子潮湿。播种适宜温度15～30℃,种子直接撒于洁净的基质表面,表面不盖土或覆盖1～3毫米高的细泥炭以帮助固定根系。保持高湿度和明亮的光线,1个月左右发芽,3～5年才能长到成株。

2. 分株繁殖 瓶子草会长侧芽,当长到足够大时,从母株上分离,单独栽培。

3. 扦插繁殖 可叶插或者根茎段扦插。把叶子剪半,从母株上剥下，斜插于洁净的基质上。或者将根茎切成 2.5 厘米一段，切口涂抹杀菌剂，平放于洁净的基质上，再在上面铺上湿水苔，保持高湿度和明亮的光线，约 2 个月可长芽。

4. 组织培养繁殖 以瓶子草的嫩芽茎尖为外植体，接种到 1/3MS 培养基上诱导增殖不定芽，在 1/4MS 培养基壮苗、生根。2 个月可获得幼小植株。

（五）栽培技术要点

1. 上盆定植 盆栽用细河沙、泥炭土或腐叶土、苔藓或活水苔混合用栽培基质。

2. 肥水管理 在生长旺季每隔 20 天浇 1 次稀释液肥，也可直接将肥液灌入捕虫囊中让其吸收。到了冬季休眠期，施肥可暂停，直至来年春暖、植株重现生机时恢复施肥。

夏秋季节，每天 1～2 次浇水和喷雾，以制造高湿的环境，尤其是炎热的盛夏。冬季是大多数瓶子草的休眠期，此时可节制浇水，以保持植料湿润即可。

3. 温光管理 所有瓶子草的种类和品种均有耐轻霜的能力，冬季如无严寒，无需移入温室而可露地越冬。瓶子草喜欢阳光，阳光充足，捕虫叶色泽艳红，以每天有 6～8 小时的阳光照射时所产生的效果最好。

4. 病虫害防治 病害主要是由于水苔腐烂引致的根腐病，应及时换盆，用新植料再植。常见的虫害有红蜘蛛和蚜虫，一经发现可用氧化乐果或三氯杀螨醇 1 000 倍液喷杀。

三十五、观赏竹类

竹类主要产于热带地区，全世界约有 50 余属 1 200 多种。我国现栽植的竹有 25 属 250 余种，主要有刚竹属、苦竹属、方竹属、赤竹属、箬竹属、短穗竹属、刺竹属、矮竹属、茶秆竹属、牡竹属、慈竹属、拐棍竹属、玉山竹属、箭竹属、大节竹属、箪节竹属等。

（一）形态特征

竹类属单子叶植物的禾本科竹亚科。通常为多年生，直立，富有木质纤维，与一般草本不同，呈乔木状或灌木状。竹的形态分根、鞭、笋、箨、秆、枝、叶。竹基生根，向侧面伸出的称鞭，鞭上挺生的称笋，笋外包箨，笋长则箨解名秆，秆上有节，节上生枝长叶。

（二）种类与品种

竹类盆栽常见品种有：单轴散生型，紫竹、方竹、黄金嵌碧玉、碧玉嵌黄金、美竹；合轴丛生型，佛肚竹、凤凰竹（孝顺竹）、凤尾竹、水竹；复轴型，矮竹、箸竹；丛生型，菲黄竹、菲白竹、金镶玉竹等。

（三）对环境条件

喜光，喜温暖，也耐寒，适应性广，易栽。

（四）育苗技术

1. 移竹繁殖 3～4 月或 8～9 月掘起。种于泥盆中，成活后再移栽于浅盆。1～3 年生的竹株所连的竹鞭处于壮龄阶段，芽壮根健，抽鞭发笋力强，只要是枝叶茂盛，分枝较低，无病虫害的小竹株，都可以选做母竹。根据竹鞭和位置的走向，离母竹 30 厘米左右挖土找鞭，按来鞭 20～30 厘米、去鞭 30～40 厘米的长度截断，带土取出，及时栽盆。栽竹时，根据竹蔸大小和带土情况，盆底适当填土，解去母竹包扎，要顺竹蔸形状，使鞭根自然舒展，竹蔸下部要与填土紧密接触，上部略低于盆面，自下而上，分层压紧竹蔸周围，浇足定根水，再盖上一层松土。新栽盆竹要进行遮阳，遇有落根、露鞭或竹蔸摇动，要及时培土填盖。经 1 个月后，逐步增加阳光照射。

2. 分株繁殖 利用竹类分蘖丛生的特性，可进行连续分株育苗。在春季，将 1 年生竹苗整丛挖起，根据竹丛大小和生长好坏，用快锹和剪子从竹苗基部切开，分为 2～3 株一小丛，尽量少伤分蘖芽和根系，剪去 1/2 竹苗枝叶盆栽。

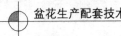

或在早春竹笋未出土前，挖取 2～4 年生、根系健壮、芽眼饱满的竹鞭，带竹蔸或不带竹蔸均可，进行盆栽，效果较好。

竹类一般在 4～5 月发叶，6～8 月出笋，而移竹栽盆，不可过早，亦不可过晚，过早或过晚都会影响栽盆后的成活和正常生长。栽盆应在发叶之前进行，一般在 4 月上中旬较为适宜。

（五）栽培技术要点

1. 上盆定植　盆栽竹适宜选用疏松肥沃、透气排水性良好的微酸性土壤，一般可用山泥或塘泥，亦可泥炭土、园土加细沙，少量基肥混合而成。

2. 肥水管理

（1）浇水　竹类常绿，盆栽根浅，蒸腾快，需水量大。除冬季寒冻时间可减少浇水外，其余季节都要经常浇水，做到浇必浇透，随浇随泄，不积水。每隔 7～10 天浇水后最好能疏松盆面土，减少盆面蒸发。雨后盆面积水，应及时排除。盆竹发笋时节，盆土宜偏干，多晒太阳，促成竹笋生长矮壮。

（2）施肥　竹类施肥，以堆肥、禽粪、动物残体或饼肥等有机肥料为主，有机肥可多施，化肥宜少施。肥料施用以秋末冬初为好，既能提高盆土肥力，又可保持土温，对防冻护鞭，增强抗寒能力有利，对芽眼越冬很有好处。速效肥料如人粪尿宜用水冲稀，直接浇灌在竹蔸附近，以利鞭根吸收。

3. 温光管理　盆栽竹在长江流域及以南地区，一般年份均能安全越冬，但在长江流域以北低寒地区或遇特殊冬寒年份，在 10 月底或 11 月初移入室内越冬。入室后，浇水不宜过多，可 5～6 天浇水 1 次，应掌握干透浇透，冬季室温不低于 1～2℃，就不会受冻害；白天要适当通风，温度不要过高，以保证竹株得到充分休眠，有利翌春笋芽萌发，一般室温保持 5～10℃或以上。翌春清明节前后，气温稳定即可移出室外。

4. 株形整理　散生竹出笋量大而集中，出笋期一般在 3～5 月。丛生竹出笋的时间较长，5～6 月为初期，7～8 月为盛期，

9～10月为末期。初期和盛期出笋的数量多，竹笋粗壮，成竹质量较好，应尽量留养。末期出土的竹数量少，细弱，成竹质量差。出笋期间要经常观察，做好护笋。在竹笋出土盛期以后，要经常检查，遇有退笋，及时挖掘，并去掉一部分小的、弱的、生长过密的竹笋，以留足可供观赏的健壮竹笋即可，使之分布均匀，提高竹株质量和整齐度。

5. 病虫害防治 由于管理比较精细，盆竹一般受病虫危害少。盆竹的主要病害有竹秆锈病、竹煤污病。竹秆锈病可于6～10月用0.5～1波美度石硫合剂或100～150倍稀释液喷秆或涂秆；竹煤污病可用0.2～0.3波美度石硫合剂喷雾，对介壳虫的若虫也有防治作用。对局部发生的食叶害虫，可用敌百虫1 000倍液喷杀，有显著效果。

第十一章

多肉类盆花生产技术

一、芦荟

学名：*Aloe arborescens*

别名：龙角芦荟、狼牙掌

（一）形态特征

百合科芦荟属常绿多年生多肉质草本植物。叶簇生，呈座状或生于茎顶，叶常披针形或短宽，边缘有尖齿状刺；总状花序，小花钟状，橙黄色，花期1～3月，蒴果。

（二）种类与品种

常见的芦荟栽培品种有木芦荟、库拉索芦荟、皂草芦荟、中国芦荟、珍珠芦荟、开普芦荟。

（三）对环境的要求

原产非洲南部地区。喜光也耐半阴，性喜温暖，不耐寒，耐旱及耐瘠薄，更宜栽于疏松、肥沃、喜排水良好的沙质土壤。

（四）育苗技术

1. 分株繁殖 春季4～5月进行。将大型植株周围所长出的有4～6片叶子的新株进行分割，另行栽种。注意不要立刻浇水，若使用微潮土壤则在3天后浇水。

2. 扦插繁殖 在3～4月进行，剪取插条长10～15厘米，去除基部2侧叶，放在阴凉通风处凉1天，然后插入盛有素沙土的浅盆内，深4～6厘米，置半阴处，保持盆土湿润，经20～30

天生根。

（五）栽培技术要点

1. 上盆定植　盆土由腐叶、粗沙、园土配成，比例为 0.5∶2∶2，加入有机肥和过磷酸钙，用量控制在栽培基质体积的 0.2％左右。栽培容器可用中型花盆，直接从母株上分割下来具有 4～6 片较大叶片的健壮小苗，放置 1～2 天，然后定植上盆，以减轻烂根。

2. 肥水管理　生长旺盛阶段每隔 10 天追施 1 次富含磷、钾的稀薄液体肥料。

芦荟也需要水分，但怕积水。在阴雨潮湿的季节或排水不好的情况下很容易叶片萎缩、枝根腐烂以至死亡，最好经常使盆土处于微潮偏干的状态。

3. 温光管理　芦荟怕寒冷，可长期生长在终年无霜的环境中。生长最适宜的温度为 15～35℃，湿度为 45％～85％。越冬温度不得低于 5℃。

初植的芦荟不宜太阳直射，缓苗后逐渐适应阳光。芦荟需要充分的阳光才能健壮生长。

4. 病虫害防治　芦荟需注意防治炭疽病、褐斑病、叶枯病、白绢病等。

二、生石花

学名：*Lithops pseudotruncatella*

别名：石头草

（一）形态特征

番杏科生石花属多年生小型多浆植物。无茎，叶 2 枚，对生，基部联合，肉质。单花自 2 枚叶间抽出，金黄色，蒴果，花期 10～11 月。

（二）种类与品种

常见栽培的有日轮玉、福寿玉、琥珀玉等。

（三）对环境的要求

原产南非极度干旱少雨的沙漠砾石地带。喜阳光，耐高温，但需通风良好，否则容易烂根。忌涝，在含石灰质丰富、排水良好的沙质土生长良好。

（四）育苗技术

1. 播种繁殖　4～5月播种，种子细小，采用室内盆播，在撒播时要注意先将种子与10倍量的干燥细沙混在一起。播种温度18～22℃，播后7～10天发芽，苗仅黄豆大小。出苗后让小苗逐渐见光，管理必须谨慎。实生苗需2～3年才能开花。

2. 分株繁殖　生石花每年春季从中间的缝隙中长出新的肉质叶，将老叶胀破裂开，老叶也随着皱缩而死亡。新叶生长迅速，并从缝隙中长出2～3株幼小新株，分栽幼株即可。

（五）栽培技术要点

1. 上盆定植　盆栽生石花，因其根系很深，故宜用筒子盆。盆土由腐叶土1份、粗沙4份、园土2份（按体积计）配成，最好同时掺入少量骨粉。

当小苗高0.6～0.8厘米时即可进行定植。用棍插坑，深度相当成苗的一半，将苗栽入，用浸水法润透盆土，可在傍晚进行，无需遮阴，第二天植株即可接受日光照射。生石花生长速度非常缓慢，通常不需要每年翻盆。翻盆可在其每年蜕皮结束后，或休眠期结束前进行。

2. 肥水管理　生长旺季可往植株上喷水，但正在开花的植株或有伤口的植株切忌喷水。夏季气温高，生石花逐步进入休眠状态，要节制浇水；在气温较高、相对湿度较大的雨季，基本要停止浇水，使植株充分休眠；秋季气温逐渐降低，昼夜温差也相应加大，生石花慢慢恢复生长，这时适当增加浇水次数和浇水量，能保持较好的长势；冬季浇水要根据室温和采光状况而定，如室温能达到15～28℃，可正常管理，适当多浇些水，如室温只有9℃左右，应基本停止浇水。浇水后夜间保持叶片干燥，最适空气相对湿度为 40%～60%。

它对肥料的要求很少，不必施用基肥，仅在生长旺盛阶段每隔 10 天追肥 1 次即可，秋季开花后暂停施肥。

3. 温光管理 夏季高温时需要遮阴。在 20～25℃的温度范围内，是生长良好的阶段。越冬温度需要保持在 10℃以上，在冬季气温降到 7℃以下也进入休眠状态，如果环境温度接近 4℃时，会因冻伤而死亡。

春、秋两季可放在直射阳光下，以利于生石花进行光合作用积累养分；冬季则放在室内有明亮光线的地方养护。

4. 病虫害防治 生石花主要发生叶斑病、叶腐病等，可用 65%代森锌可湿性粉剂 600 倍液喷洒。虫害有根结线虫、蚂蚁等，可用换土法减少线虫侵害，可用套盆隔水养护防蚂蚁。

三、昙花

学名：*Epiphyllum oxypetalum*

别名：琼花、月下美人

（一）形态特征

仙人掌科昙花属附生仙人掌类多年生常绿多肉植物。叶片已退化，茎稍木质，扁平状，有叉状分枝；花单生于变态枝的边缘，花期 6～9 月，晚间开放，至次日早凋谢。

（二）对环境的要求

我国各地温室广为栽培。喜湿润、温暖及半阴的环境，不耐寒、忌暴晒。要求疏松、肥沃、排水良好的沙质壤土。

（三）育苗技术

昙花常采用扦插繁殖，扦插一般以 6 月扦插成活率最高。剪取 2 年生叶状枝扦插，2～3 节一段剪开，基部削平，于阴处干燥 2～3 天后，插入沙土内，约 30 天可生根。到第二年春天约 30 厘米高时，即可移栽换盆。

（四）栽培技术要点

1. 上盆定植 盆栽用土可以选用 2 份草炭土和 1 份粗沙、1 份炉渣的混合土。

2. 肥水管理 生长期每半月施肥 1 次，初夏现蕾开花期，增施磷肥 1 次。肥水施用合理，肥水过多，过度荫蔽，易造成茎节徒长，影响开花。

3. 温光管理 春、夏季生长适宜温度为白天 21～24℃，夜间 16～18℃。夏天忌烈日直晒，放在庇荫处养护，或放在无直射光的地方栽培。冬季要进入温室，放在向阳处，要求光照充足，越冬温度以保持 10～13℃为宜。

4. 株形整理 昙花茎枝柔软，长到一定高度时要设立支柱，绑扎茎枝，并使造型美观。

5. 花期控制 昙花一般是在晚上开花的，若要白天观赏昙花的开花，可在花蕾形成后 10 厘米左右时，每天上午 7 时把昙花搬入暗室，或用黑布（黑纸也可以）做成遮光罩，罩住整个植株，晚上 7 时将昙花搬出暗室或将遮光罩揭开，使其接受自然光，天黑后用 100～200 瓦电灯于花蕾上方 1 米处照光。这样7～10 天后，当花蕾挺起、膨胀欲开放时去掉遮光罩，昙花就能在上午 7～9 时开花，并可开到下午 4～5 时。

6. 病虫害防治 昙花病虫害较少，常见的有龟蜡蚧，可喷施专杀药剂，如杀扑磷、毒死蜱、蚧必死等。

四、令箭荷花

学名：*Nopalxochia ackermannii*

别名：令箭、红孔雀、孔雀仙人掌

（一）形态特征

仙人掌科令箭荷花属多年生常绿植物。老茎扁平叶状，茎直立，多分枝；花从茎节两侧的刺座中开，花筒细长，喇叭状的大花，花色丰富，春夏季开花。

（二）对环境的要求

原产墨西哥及哥伦比亚地区。喜温暖湿润的环境，忌阳光直射，耐干旱，耐半阴，怕雨淋，要求肥沃、疏松、排水良好的中性或微酸性的沙质壤土。

（三）育苗技术

1. 扦插繁殖　在每年 3～4 月进行为好。剪取 10 厘米长的健康扁平茎作插穗，晾 2～3 天，待伤口干后插入湿润沙土或蛭石内，深度以插穗的 1/3 为度。插后放在半阴处，温度保持在 10～15℃，经常喷水，一般 1 个月即可生根并进行盆栽，次年即可开花。

2. 嫁接繁殖　春、秋季节进行。砧木可选仙人掌，在砧木上用刀切开个楔形口，取 6～8 厘米长的健康令箭荷花茎片作接穗，在接穗两面各削一刀，楔形，露出茎髓，随即插入砧木裂口内，用麻皮绑扎好，放置于阴凉处养护，大约 10 天嫁接部分即可愈合。此时除去麻皮，进行正常养护。

（四）栽培技术要点

1. 上盆定植　可用腐叶土 4 份、园土 3 份、堆肥土 2 份、沙土 1 份混合配制，并放入骨粉作基肥。

2. 肥水管理　令箭荷花喜肥，生长季节每隔 15～20 天施 1 次腐熟的稀薄饼肥水。春节过后，改为 10 天 1 次液肥，并要及时抹去过多的侧芽和从基部萌发的枝芽，减少养分的消耗，保持株形整齐美观。现蕾期增施 1～2 次速效性磷肥，促进花大色艳。每次施肥后都要及时浇水和松土。

换盆后浇 1 次透水，约 1 周后再根据盆土干湿情况开始浇水。生长发育期间，浇水要"见干见湿"，切忌盆内积水，否则易烂根。在花蕾已现而未开放时，只浇七八成水，否则易引起落花落蕾。而开花期既要空气湿度大，又要保持盆土湿润。冬季应保持干燥的环境，适当控制浇水，盆土潮湿和低温最易引起烂根。

3. 温光管理　令箭荷花不耐寒，北方地区可于寒露节前后入室，入室后放阳光充足处。11月至翌年3月温度宜保持在10~15℃，温度过高变态茎易徒长，影响株形匀称；3~6月温度宜保持在13~18℃，温度过低影响孕蕾。生长期最适温度20~25℃，花芽分化的最适温度在10~15℃，冬季温度不能低于5℃。

生长期要保证植株的正常日照，一般每天要在5~6小时，光照不足，不易开花。

4. 株形整理　令箭荷花变态茎柔软，须及时用细竹竿作支柱，最好扎成椭圆形支架，将变态茎整齐均匀地分布在支架上加以捆绑。这样既可防止折断，又利于通风透光，使株形匀称美观。

5. 花期控制　孕蕾期，植株需水量比平时要多一些，此时最好用浇水和喷水方式轮流进行，以保持盆土处于微湿状态，浇水过多，或盆土过干均易引起枯蕾。

温度在15~20℃时，有助于植株孕蕾开花；温度过高，正在分化的花蕾则有逆转成嫩芽的倾向。处于孕蕾期，及时摘除分枝，减少养分消耗。有时植株长得非常繁茂，但却不开花，主要是由于放置地点过分荫蔽或肥水过大，引起植株徒长所致。须节制肥水，注意避免施过量的氮肥，适当多见些阳光，孕蕾期间增施磷、钾肥，有利现蕾开花。冬季转入中温温室越冬。

6. 病虫害防治　常发生茎腐病、褐斑病和根结线虫危害。病害可用50%多菌灵可湿性粉剂1 000倍液喷洒。根结线虫用50%辛硫磷1 000倍液浇根防治。蚜虫、介壳虫和红蜘蛛危害，可用50%杀螟松乳油1 000倍液喷杀。

五、仙人指

学名：*Schumbergera bridgesii*
别名：仙人枝、圣烛节仙人掌

（一）形态特征

仙人掌科仙人指属多年生常绿植物。多分枝，扁平茎节淡绿色；花单生枝顶，花冠整齐，有多种颜色，包括紫色、红色、白色等，花期 2 月。

（二）对环境的要求

原产巴西。喜温暖湿润气候，生长季节应保持土壤湿润。

（三）育苗技术

1. 扦插繁殖 4～5 月取茎节 1～4 节或具分枝的大枝扦插。扦插时伤口不沾水，在日光不直射处晾 2～3 天，使伤口干燥，不易腐烂。扦插基质可用营养土或河沙、泥炭土等基质。插后生根前置阴凉处，少浇水，约 20 天即生根。

2. 嫁接繁殖 常嫁接在其他根系强壮的仙人掌类植物上，常用砧木有仙人掌、叶仙人掌、仙人球、量天尺等。

扦插或嫁接苗一般 2 年即可开花。

（四）栽培技术要点

1. 上盆定植 可用塘泥 5 份、泥炭土 2 份、沙 3 份，再加适量动物粪便或骨粉做基肥。

2. 肥水管理 茎枝开始发新叶时，3～5 天浇 1 次水，以盆土稍湿润而不渍水为好，隔日或向茎叶喷 1 次水。10 天左右施一次肥，最初两次以氮肥为主，以后则施用磷、钾为主的复合肥或营养液，坚持薄肥勤施，直至 6 月底 7 月中停发新叶为止。花蕾形成后，盆土不能过干、过湿，以免花蕾脱落。

3. 温光管理 最适生长温度为 19～32℃，冬季 15℃以上可正常生长，5℃左右可安全越冬。春、秋、冬可多见阳光，夏季 30℃以上需遮阴。

4. 花期控制 仙人指从现蕾至开花时间一般是 65 天左右。可通过控水摘叶的方法提高现蕾。具体方法是：10 天左右不淋水，以后逐渐轻浇洒水（不要淋湿培养土），解除休眠，3～4 天后才可淋透水，加速解除休眠以促花芽形成。为使花期一致，控水后 2 天进行摘叶，即将仙人指每茎节最后一片叶摘除，不能漏摘。一般控水后 45～52 天就能现蕾。如在这期间吐新叶应及时摘除，再控制水分，至现蕾。如植株较弱，可在制水后 10 天追施一次复合肥，以强壮植株。还可通过提高温度，提早现蕾开花。

5. 病虫害防治 一般病害可采用多菌灵、百菌清、甲基托布津等一些药物轮换使用。介壳虫可在 5 月前后的孵化朝用吡虫啉、克螨灵等药物防治。

六、仙人掌

学名：*Opuntia ficus-indica*

（一）形态特征

仙人掌科仙人掌属陆生多年生常绿肉质多浆植物。茎直立，多分枝，基部木质化。叶小，呈针状而早落。花着生在茎节的上部，花色因种而异。花期 4～6 月。

（二）种类与品种

仙人掌的大小及外形千差万别，常见品种有米邦塔、黄毛掌等。

（三）对环境的要求

耐干旱，耐高温，喜阳光直射。耐寒性较差，不耐水湿。对土壤的要求不严，喜排水良好的沙土或沙壤土，切忌大水大肥。

（四）育苗技术

仙人掌常用扦插繁殖，易于生根。一般在夏季生长季节进行。切取 1 片仙人掌茎节，在阴凉处晾 2～3 天，待切口稍干燥后，插入或横放在河沙基质中，保持沙土湿润，稍遮阴，20 天左右即可生根。

（五）栽培技术要点

1. 上盆定植 盆栽用土，可用园土、腐叶土、粗沙按 1：

1∶1的比例配制，并适当掺入石灰少许，也可用腐叶土和粗沙比例为1∶1混合作培养土。

2. 肥水管理　新栽植的仙人掌先不要浇水，每天用喷雾喷几次即可，半个月后才可少量浇水，1个月后新根长出才能正常浇水。冬季气温低，植株进入休眠状态时，要节制浇水。开春后随着气温的升高，植株休眠逐渐解除，浇水可逐步增加。

夏季生长旺盛，每15天左右施1次腐熟的有机液肥；秋季要减少施肥量；冬季不要施肥。

3. 温光管理　植株上盆后置于阳光充足处，尤其是冬季需充足光照。

4. 病虫害防治　仙人掌容易发生腐烂病和介壳虫，腐烂原因大多是由于土壤过湿，应注意预防。

七、仙人球类

学名：*Echinopsis tubiflora*

别名：草球、长盛球

（一）形态特征

仙人球类是仙人掌科植物中呈球状种类的总称，均为多年生常绿肉质多浆植物。其叶退化。肉质茎上具有特殊的刺座，上着生形状、色彩、软硬不同的针刺。有些种类除这些针刺外，还密生各种各样的柔毛。

（二）种类与品种

常见栽培种类有仙人球、星球、蛇龙球、菠萝拳、八卦掌、金琥等。

（三）对环境的要求

仙人球类植物原产热带和亚热带干旱沙漠地区。喜高温、干燥环境，耐干旱，怕雨淋和水涝。喜阳光充足、温暖，冬季需保持在5℃以上温度才能越冬。喜透气、透水性良好，肥力中等的沙质土壤。

（四）育苗技术

1. 分球繁殖　多在夏天进行，将母球上适当大小的子球取下，在阴凉通风处晾 2～3 天，使伤口收干，以免伤口插下后腐烂。待球体稍软，插入沙土中。插后不用浇水，仅喷雾，置于阴凉处，保持沙土微湿润，15 天左右即可生根，20 天左右即可定植于盆内。待生根后再按正常方法浇水养护。

2. 嫁接繁殖　一般在春季进行，多采用平接法，常采用量天尺或花盛球作砧木。量天尺要选用组织充实、髓部柔软的部位。嫁接时，切取仙人球底部直径与砧木直径相似的子球，或球体顶部部分生长区，将底部削平，并尽快将砧木顶部削平，立即将接穗和砧木的两个切口髓心对齐，绑扎固定。7～10 天后，检查顶端接穗部分不变软，即可确认成活。嫁接后，砧木如长出子球或分枝，应及早剪除，促进接穗生长良好。

（五）栽培技术要点

1. 上盆定植　盆栽土采用腐殖土 6 份、沙 4 份、砻糠灰 2 份，加少许骨粉，搅拌均匀就可以种植。也可以直接栽种在河沙上。

2. 肥水管理　春夏季节仙人球生长开始，每半个月施一次氮磷钾混合肥料，注意不要将液施于球体上，以防腐烂。施氮肥不宜过多，以免只长球而不开花，要适当辅以磷肥才能孕蕾开花。秋后停止施肥浇水，促进入休眠状态，以利越冬。

仙人球较耐旱，在养护中要干透浇水，多浇了反而易引起烂根，特别是新上盆的仙人球，因根部受到一定的损伤，土壤太湿易引起腐烂，需待长出新根后，再逐步浇水。

3. 温光管理　春、秋、冬三季放置阳光充足处养护；夏季则应适当遮光，并注意通风。冬季于室内越冬，温度不能低于 5℃。

4. 病虫害防治　在干热环境中易受红蜘蛛危害，危害后的球体有黄褐色锈斑，初发时可喷氧化乐果防治，但斑点尚存，应以防为主，夏季注意降温和通风，并保持一定湿度。

八、虎刺梅

学名：*Euphorbia splendens*

别名：虎刺、铁海棠、麒麟刺、番刺梅

（一）形态特征

大戟科大戟属多刺直立或稍攀缘性小灌木。多分枝，体内有白色浆汁；茎和小枝有棱，密生硬刺。叶生于嫩枝上，聚伞花序生于枝顶端，3～12月花期。

（二）种类与品种

目前有多种花色园艺变种，及大花品种。

（三）对环境的要求

喜温暖、光照充足，不耐寒。如保持15～20℃室温，可终年开花不绝，10℃及以下则落叶转入半休眠状态，翌春继续开花。喜微潮偏干的土壤环境。

（四）育苗技术

主要用扦插繁殖。整个生长期都能扦插，但以5～7月扦插成活率高。可用细沙作为繁殖基质，选粗壮枝条顶部10～15厘米长的茎尖，用清水冲洗切口，并在伤口蘸上木炭粉，经在阴凉处晾干2～3天，伤口处干燥后再插入素沙之中，浇透水。以后少浇，待盆土稍干时再浇。经过4～6周，待插穗顶端有新叶长出时即可进行分栽。

（五）栽培技术要点

1. 上盆定植　对土壤适应性较强，盆土可用泥炭1份、粗沙4份、园土4份配制而成的混合基质。

2. 肥水管理　虎刺梅耐旱，春、秋两季浇水要"见干见湿"。夏季可每天浇水1次，雨季防积水；冬季不干不浇水，盆内不宜长期湿润；花期要控制水分，水分过多易引起落花烂根。施肥浇水时尽量避免把植株弄湿，保持叶片干燥。

虎刺梅可用培养土垫蹄角片作底肥，生长期每隔半月施一次富含磷、钾的稀薄液体肥料，立秋后停止施肥，忌用带油脂的肥料，防根腐烂。

3. 温光管理　虎刺梅最适生长温度为 15～32℃，怕高温闷热，33℃以上时进入休眠状态。忌寒冷霜冻，越冬温度需要保持在 10℃以上，4℃以下也进入休眠状态，0℃时会受冻死亡。

在夏季放在半阴处养护，叶色会更加漂亮；春、秋两季，应给予它直射阳光的照射，以利于它进行光合作用积累养分。在冬季，放在室内有明亮光线的地方养护。

4. 株形整理　虎刺梅花期长，如光照、温度适宜，可全年开放。生长慢，每年只长 10 厘米左右，寿命长，盆栽能活 30 年以上。枝条不易分枝，会长得很长，开花少，姿态凌乱，影响观赏。故每年必须及时修剪、摘尖等，使其多发新枝、多开花。一般枝条在摘尖后，可生出两个新枝。

5. 病虫害防治　主要发生茎枯病和腐烂病，可用 50％克菌丹 800 倍液，每半月喷洒 1 次；虫害有粉虱和介壳虫危害，用 50％杀螟松乳油 1 500 倍液喷杀。

九、龙舌兰

学名：*Agave americana*

别名：万年兰、剑麻、番麻

（一）形态特征

龙舌兰科龙舌兰属多年生肉质草本或亚灌木，茎极短。叶厚坚硬，叶基生，莲座式排列，灰绿色，被白粉，肉质；花葶粗壮，圆锥花序顶生，小花黄绿色，蒴果球形。

（二）种类与品种

常见栽培品种有金边龙舌兰、银边龙舌兰、金心龙舌兰、银心龙舌兰等。

（三）对环境的要求

原产南美。喜温暖干燥和阳光充足环境，稍耐寒，冬季温度不低于 5℃。较耐阴，耐旱力强。要求排水良好、肥沃的沙壤土。

（四）育苗技术

1. 分株繁殖　分株法繁殖为主。在早春 4 月换盆时进行，将母株旁的蘖芽剥下另行栽植即可。

2. 播种繁殖　通过异花授粉才能结果，采种后于 4～5 月播种，约 2 周后发芽，幼苗生长缓慢，成苗后生长迅速，10 年生以上老株才能开花结实。

（五）栽培技术要点

1. 上盆定植　对土壤要求不太严格，通常以腐叶土 1 份、粗沙 4 份、园土 3 份混合，同时掺入基质总体积 0.3％左右的碳酸钙。

2. 肥水管理　对肥料的需求较多，除在定植时施用适量基肥外，生长旺盛阶段每隔 2 周施 1 次稀薄肥水。

龙舌兰喜偏干的土壤环境，平时少浇水，不宜过多，特别是植株休眠阶段盆土以保持稍干燥为宜。

3. 温光管理　适宜生长温度为 15～25℃，冬季冷凉干燥对其生育最有利，越冬温度应保持在 5℃以上。喜光，要常放在外面接受阳光，但对花叶品种在夏日需适当遮阴，以保持色泽鲜嫩。

4. 病虫害防治　常发生叶斑病、炭疽病和灰霉病，可用 50％退菌特可湿性粉剂 1 000 倍液喷洒；有介壳虫危害。

十、虎尾兰

学名：*Sansevieria trifasciata*

别名：千岁兰、虎皮兰、虎尾掌

（一）形态特征

龙舌兰科虎尾兰属植物多年生草本植物。地下具短粗的横生匍匐茎，分枝力强。叶厚革质，有灰绿色的横向波状条纹，形似虎皮。花葶自叶簇中抽出，细弱，顶生穗状花序。

（二）种类与品种

常见的虎尾兰栽培变种有金边虎尾兰、短叶虎尾兰、银短叶虎尾兰等。

（三）对环境的要求

较耐寒，冬季室温只要不低于8℃仍能缓慢生长，生长适宜温度在20～28℃。耐阴性极强，可常年在庇荫处生长。对土壤的要求不严，耐干旱和瘠薄，怕水涝。

（四）育苗技术

1. 叶插繁殖 可在5～8月进行。将成熟的叶片自基部剪下，按6～10厘米一段截开，插入素沙土中，入土深度3厘米左右，插后放在疏阴下，温度保持在18～25℃，20天左右开始生根。当幼株长出2～3片叶时即可上盆。金边虎尾兰用叶插法成活后，金边常易消失，故多采用分株法繁殖。

2. 分株繁殖 春季结合换盆，当叶簇挤满全盆后，以1个叶簇为单位剪断根茎，分开上盆栽种，1年后可萌发出4～5个新叶簇。

（五）栽培技术要点

1. 上盆定植 盆栽虎尾兰可用排水良好的沙质壤土或普通培养土上盆。

2. 肥水管理 生长盛期，每月可施1～2次稀薄液肥。施肥要均衡，长期只施氮肥，叶片上的斑纹就会变暗淡。从11月至第二年3月停止施肥。盆土保持"见干见湿"，忌积水，以免造成腐烂而使叶片以下折倒。

3. 温光管理 不耐严寒，秋末初冬入室，只要室内温度在18℃以上，冬季正常生长不休眠，不低于10℃可安全越冬。不论室内、室外养护，都不宜长期放在庇荫处和强阳光下，否则黄色镶边变窄退色。

4. 病虫害防治 在通风不良或是气温过高的波动情况下，易发生叶斑病，可喷50％多菌灵或甲基托布津800倍液。

十一、落地生根

学名：*Kalanchoe daigremontiana*

别名：花蝴蝶、倒吊莲、叶生根、灯笼花

（一）形态特征

景天科伽蓝菜属多年生肉质草本植物，也可长成亚灌木状。茎直立；叶肥厚，叶片边缘有粗锯齿，缺刻处长出不定芽；聚伞花序，花冠钟形下垂，橙红或紫色，秋末初冬开花。

（二）种类与品种

常见栽培种有宽叶落地生根、棒叶落地生根、花叶落地生根等。

（三）对环境的要求

原产非洲、美洲的热带和亚热带地区。喜阳光充足、温暖湿润的环境，不耐寒，冬季不得低于12℃，耐酷暑，耐贫瘠和盐碱。

（四）育苗技术

落地生根的叶边缘缺刻处会长出形状酷似蝴蝶的不定芽，易脱落，着地后会很快生根成活。

还可以用叶扦插，细沙作为基质，将叶平铺在基质上，土壤不要太潮，待其生根后切开。或将叶切成段，切口阴干后插入基质。用此法易生根，一般在每年4～6月进行。

（五）栽培技术要点

1. 上盆定植 对土壤适应性较强，所用的盆栽土壤可以使用腐叶1份、粗沙4份、园土4份配成的混合基质。

2. 肥水管理 肥料不宜过多，浇水掌握"见干见湿"的原则。每月浇1次稀薄液肥即可，忌过于肥沃，以免植株徒长而影响开花。冬春两季低温时节应该控制浇水，每隔10～15天浇水

1 次即可，<u>盆土过潮</u>对植株的生长有害。

3. 温光管理　生长适温 18～25℃，越冬温度不宜低于 12℃，低于 7℃易受冻害。落地生根喜欢日光充足的环境，在栽培地点要保持通风良好，环境郁蔽落地生根容易徒长。

4. 株形整理　生长期可根据具体情况进行摘心，促使其多分枝。

5. 病虫害防治　落地生根会被白粉病、灰霉病等危害，可常喷施杀菌剂防治。

十二、石莲花

学名：*Graptopetalum paraguayense*

别名：莲花掌、大叶莲花掌、大叶莲花

（一）形态特征

景天科石莲花属多年生肉质草本多浆植物。茎缩短，叶片肥厚多汁，叶丛<u>紧密</u>，<u>直立成莲座状</u>。总状聚伞花序，花冠红色，花期 4～6 月。

（二）种类与品种

常见栽培品种有玉蝶、锦司晃、雪莲、红炎辉、特玉莲、银星、黑王子锦、吉娃莲、锦晃星、乙姬花笠等。

（三）对环境的要求

原产美国西南部和墨西哥一带。喜温暖干燥和阳光充足环境，不耐寒、耐半阴，怕积水，忌烈日。以肥沃、排水良好的沙壤土为宜。

（四）育苗技术

常用扦插繁殖，于春、夏进行，茎插、叶插均可。叶插，取成熟叶片平铺在潮润的沙质土上，叶面朝上，叶背朝下，不必覆土，放置阴凉处，保持空气湿润，10 天左右从叶片基部可长出小叶<u>丛</u>及新根。茎插，取顶部带有叶丛的侧枝，摘去基部几轮叶片，插入沙质培养基中，1 周左右即可生根。根长 2～3 厘米时上盆。

（五）栽培技术要点

1. 上盆定植　盆栽土以排水好的泥炭土或腐叶土加粗沙为好。

2. 肥水管理　生长季节保持土壤"见干见湿"。根据情况每隔15～20天施腐熟稀薄有机液肥1次，以保持叶片青翠碧绿，但施肥过多，也会引起茎叶徒长。冬季应控制浇水，使盆土经常保持干燥，以免腐烂而死亡。

3. 温光管理　冬季温度不低于10℃。长期放荫蔽处的植株易徒长而叶片稀疏，应隔几天拿到室外晒一段时间，以保持其丰满的神态。

4. 株形整理　2～3年生以上的石莲花，植株趋向老化，应培育新苗及时更新。

5. 病虫害防治　有时发生叶斑病和根腐病，用70%甲基托布津可湿性粉剂1 000倍液防治；虫害有介壳虫和粉虱危害，可用40%氧化乐果乳油1 000倍液喷杀。

十三、蟹爪兰

学名：*Zygocactus truncates*

别名：锦上添花、蟹爪、仙人花、蟹足霸王树

（一）形态特征

仙人掌科蟹爪属为多年生常绿植物。具有扁平的节状茎，两端各具尖齿，茎节相连似螃蟹的足。花着生于茎节顶部刺座上，花冠漏斗形，花色丰富，花期12月至翌年2月。

（二）种类与品种

常见栽培品种有黄、白、橙、粉、红、紫、雪青等色，另还有复色品种。

（三）对环境的要求

蟹爪兰为短日照植物。喜温暖湿润和半阴环境，不耐寒，怕

烈日暴晒。适宜肥沃的腐叶土和泥炭土。

(四) 育苗技术

1. 扦插繁殖 全年均可进行,以春、秋季为宜。剪取肥厚变态茎1~2节,放置1~2天,之后插于消毒后的沙床内,3周后生根。

2. 嫁接繁殖 蟹爪兰以嫁接繁殖为好。选用耐寒且生长健壮的仙人掌,砧木用量天尺或虎刺,在5~6月、9~10月进行最好。接穗选健壮、肥厚变态茎2节,下端削成楔形,用嵌接方法,一般高20厘米以上的仙人掌上可同时嫁接3~4片接穗。嫁接后放阴凉处,若接后10天接穗仍保持新鲜挺拔,即说明愈合成活。

(五) 栽培技术要点

1. 上盆定植 盆栽蟹爪兰宜选用疏松、肥沃、排水良好的微酸性沙质壤土,盆底应放些腐熟肥、鸡粪等作基肥,盆土可采用腐叶土4份、沙壤土3份、堆肥土2份、沙土1份混合调制。

2. 肥水管理 蟹爪兰忌浇水过多,否则极易烂根,要待盆土较干后再浇水。开花后及夏季高温季节进入休眠时,尽量不要浇水,但要每天为其喷水。每月施颗粒复合肥1~2次,每次5~10粒。温度太高或太低的季节可停止施肥。

3. 温光管理 蟹爪兰最适宜的温度为15~25℃,夏季超过28℃,植株便处于休眠或半休眠状态。入秋后要移置室内养护,冬季室温以15~18℃为宜,温度低于15℃即有落蕾的可能。

蟹爪兰属短日照植物,喜光,对光照要求不强,室内光照可保持其正常生长。

4. 株形整理 在化芽长出后为保证植株有充足的养分供应花朵,要及时摘除新发的嫩芽。花蕾期适时喷施花朵壮蒂灵,可促使花蕾强壮、花瓣肥大、花色艳丽、花期延长。

5. 病虫害管理 蟹爪兰容易遭受红蜘蛛的危害,可用40%乐果乳剂1 500倍液喷杀。

十四、翡翠珠

学名：*Senecio rowleyanus*

别名：一串珠、绿铃、一串铃、绿串珠

（一）形态特征

菊科千里光属多年生常绿匍匐生肉质草本植物。茎纤细、线形；单叶互生，球状，肥厚多汁；头状花序，花白色，花期 9～12 月。

（二）对环境的要求

喜凉爽的环境，忌高温。喜光，忌阳光直射。抗旱能力强，忌水湿。喜疏松透气、排水良好的土壤。

（三）育苗技术

翡翠珠的繁殖主要靠扦插，一般在春、秋两季进行，扦插和上盆可以结合一起。选择带叶插穗，一般以 8～10 厘米为宜，沿盆边一周排列斜插在土壤中，最后留 4～5 厘米的插穗插在盆中心用盆土压，将盆放置通风透光的窗口，并浇水保持潮湿，半个月左右即可发根生长。

（四）栽培技术要点

1. 上盆定植　栽培翡翠珠的培养土，可用腐熟的牛粪与椰糠按 4∶6 配制而成，或疏松的腐叶土亦可。盆栽土壤还可用腐叶土 1 份、粗沙 2 份、园土 1 份配制而成的混合基质。

2. 肥水管理　对肥料需求不多，在生长旺季每半月追施 1 次液体肥料即可。夏季为休眠期，应停止施肥，并控制浇水。浇水宁干勿湿，只需保持盆土湿润即可，浇水过多或盆土排水不良时容易烂根。

3. 温光管理　在强散射光的环境下生长好。在 15～22℃ 的温度范围内生长较好，越冬温度不宜低于 2℃。

4. 病虫害防治　在植株休眠期如浇水过多，则翡翠珠易患茎腐病，有时会受到白粉虱、蚜虫等侵袭。

十五、条纹十二卷

学名：*Haworthia fasciata*

别名：雉鸡尾、蛇尾兰、海螺芦荟

(一) 形态特征

百合科十二卷属多年生肉质草本。无茎，叶密生呈莲座状，叶背具白色突起横纹。花葶长，总状花序，小花钟状，橙色，花期 5～6 月。

(二) 种类与品种

园艺变型有大叶条纹十二卷、凤凰大型种、点纹十二卷、无纹十二卷和斑马条纹十二卷等品种。

(三) 对环境的要求

原产非洲南部。喜温暖干燥和阳光充足环境，怕低温和潮湿，生长适温 16～18℃，冬季最低温度不低于 5℃。对土壤要求不严，以肥沃、疏松的沙壤土为宜。

(四) 育苗技术

1. 分株繁殖 全年均可进行，常在 4～6 月换盆时，把母株周围的幼株剥下，直接盆栽。

2. 扦插繁殖 5～6 月将肉质叶片轻轻切下，基部带上半木质化部分，插于沙床，20～25 天可生根。根长 2～3 厘米时可盆栽。

(五) 栽培技术要点

1. 上盆定植 可用腐叶土 2 份、粗沙 4 份、园土 3 份，加入一些过磷酸钙配制成盆土。

盆栽时，由于根系浅，以浅栽为好。选用小型花盆作为容器，定植操作最好在傍晚进行，这样经过一夜的缓苗，翌日即可使植株接受正常的光照。

2. 肥水管理 生长期保持盆土湿润，每月施肥 1 次。冬季和盛夏半休眠期，宜干燥，严格控制浇水。

3. 温光管理　夏季适应遮阴，但若光线过弱，叶片退化缩小。冬季需充足阳光，但若光线过强，休眠的叶片会变红。

4. 病虫害管理　有时发生根腐病和褐斑病危害，可用65％代森锌可湿性粉剂1 500倍液喷洒。虫害有粉虱和介壳虫危害，用40％氧化乐果乳油1 000倍液喷杀。

第十二章

兰科盆花生产技术

一、春兰

学名：*Cymbidium goeringii*

别名：草兰、草素、山花

（一）形态特征

兰科兰属地生兰。肉质根，假鳞茎稍呈球形，叶 4～6 枚集生，狭带形，缘有细锯齿；花单生，花葶直立，花浅黄绿色、绿白色、黄白色，有香气，花期 2～3 月。

（二）种类与品种

根据春兰花瓣和叶片的形状和颜色，园艺上常分为梅瓣、荷瓣、水仙瓣、奇种、素心、色花和艺兰等类型，还有线叶春兰和雪兰。常见盆栽有宋梅、逸品、万字、方字等几十个传统品种。

（三）对环境的要求

性喜凉爽、湿润和通风透风，忌酷热、干燥和阳光直晒，要求土壤排水良好、腐殖质丰富、呈微酸性。

（四）育苗技术

1. 分株繁殖 常在春季 3 月中旬至 4 月底和秋季 10 月至 11 月上旬进行。分株一般结合换盆进行。分株前 10 天最好不浇水，使盆土略干，从盆中取出兰株后，清除栽培基质，并冲洗干净，放通风处晾干，待根皮呈灰白色，肉质根稍软时即可分株。从密集的假鳞茎之间加以切开，分株苗一般以 2～3 筒为宜，切口要平，并在伤口处涂上硫黄粉防腐，分株盆栽后放在半阴处养护恢复。

2. 播种繁殖　春兰种子极细，盆播很难发芽，可在无菌条件下，将种子播种于预先配置好的兰花专用培养基，待幼苗在培养瓶内长有 2～3 片小叶时，从瓶内移植于经消毒的泥炭苔藓中培养，待兰苗生长健壮后再移植于小盆。

3. 组织培养繁殖　春兰以初生茎的顶芽为外植体，接种在已准备好的培养基上，4～6 周后形成原球体，待原球体长大时转入分化培养基，使其分化出芽和根，形成完整的幼苗。

（五）栽培技术要点

1. 上盆定植　栽植春兰宜在秋末进行。栽植前宜选用清水浸泡过数小时的新瓦盆，如用紫砂盆或塑料盆时需注意排水。盆的大小以根能在盆内舒展为宜，按兰苗大小选择用盆，使盆苗相称。

以兰花泥为理想，或用腐叶土（或腐殖土）和沙壤土各半混匀使用，切忌用碱性土。还可因地制宜，就地取材自行配制，常用的材料有腐叶土、泥炭土、沙土、塘泥、苔藓、锯木屑、蛭石等，通常按比例混合而成。

2. 换盆　春兰 2～3 年换盆 1 次为宜。兰株从盆中脱出后，取出宿土，剪去枯叶，若花芽过多，应除去弱芽，保留壮芽，如兰花生长势差可摘除花芽。冲洗根系，稍晾干后将兰株轻轻开成 2～3 丛，分开后的株丛即可盆栽。一般以 3～5 筒苗为宜。先在盆底排水孔（最好能有 3 排水孔）上垫好瓦片，再垫上碎石子、炉渣等物，约占盆的 1/5，其上铺一层粗沙，将兰苗放入盆中，将根理直，让其自然舒展，填土至一半时，轻提兰苗，同时摇动花盆，使兰根与盆土紧密结合，继续填土至离盆沿 3 厘米处，压紧，最后用水苔覆盖土面，可避免浇水时泥土溅落到叶筒中或叶面上，引起烂心或叶部病害。

3. 肥水管理

（1）浇水　经常保持兰土"七分干，三分湿"为好。春兰的浇水，应视不同的生长季节、不同的生长发育阶段、不同的养护

环境而区别对待。冬季植株处于休眠状态，应节制浇水，一般
5～7 天浇水 1 次，以保持盆土有些潮气即可，如盆土确已发干，
可于晴好天气的中午前后，用与室温相近的温水喷淋，切勿用大
水浇灌；夏季温度高、光照强，要保证有充足的水分供应，可于
上午 10 时前或下午 4 时后浇 1 次水，还要向叶面及周边环境喷
水，可起到增湿降温的作用；梅雨季节正是春兰的旺盛生长阶
段，要避免盆土内积水；春兰孕蕾期，宜保持湿润，但也不能
过湿。

　　浇灌用水以微酸性至中性为宜，其 pH 最好在 5.6～6.8，
雨水、雪水、凉开水最好，泉水、河水、塘水次之，忌用碱性
水、冷井水、污水及未经日晒的自来水。浇水要从盆沿浇入，使
其逐渐湿润兰根，直至盆土上下均湿润。干旱和炎热季节，傍晚
应向花盆周围地面喷雾，增加空气湿度。

　　（2）施肥　新植兰花第一年不宜施肥，经过 1～2 年的培养
待新根生长旺盛时才可以施肥。一般从 4 月起至立秋止，每隔
15～20 天施 1 次腐熟的稀薄饼肥水。施肥时间以傍晚为宜，并
避免液肥沾污叶片。一般情况下，在秋末冬初当气温下降至
15℃以下后，停止施肥；夏季当气温超过 30℃以上，应停止施
肥，否则易造成高温条件下的肥害伤根。

　　盆栽兰花特别忌用生肥、浓肥、大肥，尤其是高浓度的化
肥，极易造成肉质根脱水坏死，应尽量使用沤制过的稀薄有机
肥，或使用兰花专用肥，做到薄肥勤施。

　　4. 温光管理　一般春兰的生长适温为 15～25℃，其中 3～
10 月为 18～25℃，10 月至翌年 3 月为 10～18℃。在冬季甚至短
时间的 0℃也可正常开花，能耐−5～−8℃的低温，但最好将室
温保持在 3～8℃为最佳，或保持盆土不结冰为度，并将其搁放
于靠近南窗的阳光充足处。

　　早春与冬季放室内养护，其余时间放在荫棚下。春兰在夏季
遮光宜达 90% 左右，春、秋季为 70%～80% 即可。

5. 株形整理 现蕾后宜选留 1 个发育最好、观赏价值最佳的花蕾，其余的一律摘除，这样才能使其花大而色美。春兰开花 10～14 天可将花朵连同花葶一起剪去，不要等到花自然脱落后再剪，以减少养分消耗，有利来年开花。

6. 病虫害防治 常见的病害有霉菌病，多发生在梅雨季节，可用 70％甲基托布津可湿性粉剂 800 倍液，或五氯硝基苯粉剂 500 倍液喷洒；常见的虫害有介壳虫，可用 5％马拉硫磷 1 000 倍液进行喷杀。

二、蕙兰

学名： *Cymbidium faberi*

别名： 九节兰、九子兰、夏兰、九华兰

(一) 形态特征

兰科兰属地生兰类草本植物。蕙兰株形高大，假鳞茎不明显，叶 7～9 片，直立性强；花葶从叶丛基部最外面的叶腋抽出，总状花序 6～12 朵，花绿或黄绿色，浓香，花期 3～5 月。

(二) 种类与品种

蕙兰在传统上通常按花茎和鞘的颜色分成赤壳、绿壳、赤绿壳、白绿壳等；在花形上也和春兰一样，分成荷瓣、梅瓣和水仙瓣等。主要盆栽品种有极品、金岙素、温州素、解佩梅、翠萼、大一品、江南新极品等。

(三) 对环境的要求

耐寒、耐干、喜阳，适应性较广。古人有"兰生阴，蕙生阳"的说法。

(四) 育苗技术

1. 分株繁殖 分株常结合换盆进行，分株后的每丛兰苗应带有 2～3 丛小苗才易成活，单苗不易成活。分株时间在休眠期，新芽未长出前进行，也可在 9 月进行。分株前 10 天尽量不浇水，使盆土略干，至根皮灰白色、肉质根稍软，在密集的假鳞茎之间

加以切开，切口涂上硫黄粉防腐。分株盆栽后放在半阴处养护恢复。

2. 组织培养繁殖　蕙兰以顶芽为外植体，在无菌条件下切割2～3毫米，接种在已备好的培养基上。待长成完整幼苗时，当苗高10～12厘米，有2～3条根时即可移出盆栽。

（五）栽培技术要点

1. 上盆定植　选用瓦盆、陶盆，种植环境干燥的可用透气性一般的兰盆，阴湿环境应选透气性较好的兰盆。常用的有仙土、腐叶土、塘泥、泥炭土、碎砖粒、浮石等，因地制宜地使用当地生产的廉价材料。

2. 换盆　蕙兰一般2～3年换盆1次。先将植株从旧盆中脱出，将盆沿轻轻敲击并旋转一圈后，根团即可脱离盆壁。若兰根紧贴盆壁不易倒出，可将盆击破后小心将兰株取出。然后用剪刀剪除老根、烂根、枯黄的叶片，接着找出分株的空隙，将兰株慢慢拉开，3～5苗一丛，分开的兰株适当修剪后，将根系用50％多菌灵可湿性粉剂800倍液浸泡10分钟，取出后阴凉通风处晾干半天，待兰根发软，容易弯曲时再重新上盆栽种。上盆方法与春兰相同。

3. 肥水管理

（1）浇水　对蕙兰来说，浇水过多会造成烂根死亡。一般在生长期和开花期可多浇水；花芽分化期保持偏干，有利形成花芽；休眠期应少浇水或不浇水；高温干燥时应多浇水，天冷潮湿时少浇水。浇水时间为春季早晨浇水最好，夏秋季节在傍晚浇水为宜，冬季在中午浇水为好。浇水次数视苗大小和天气状况随时调整。

（2）施肥　蕙兰在一年的生长期中，除冬季休眠期和盛夏高温期外，春、夏、秋三季都需要施肥。以稀薄液肥为主，薄肥勤施，用喷壶施入根际，防止污染叶面。施肥时间最好是在生长盛期，一般在5月上旬开始，每间隔2～3周施淡肥1次，直至9月底为止，效果良好。常用0.1％尿素和0.1％磷酸二氢钾溶液叶面喷洒或根施，也可用"喷施宝"1 000 倍液或"益多"1 000倍液喷施。生长期氮、磷、钾比例为 1∶1∶1，催花期比例为1∶2∶（2～3），肥液 pH 为 5.8～6.2。

4. 温光管理　蕙兰生长适温为 15～25℃，白天 18～25℃，晚间 12～15℃，冬季能耐 0～5℃低温，短期在 5℃气温下也能正常生长。夏季能耐 35～40℃高温，但超过 35℃时生长会受阻。说明蕙兰对温度的适应性比较强。夏季高温时必须注意遮阴和通风，以顺利越夏。

蕙兰一年四季都要受阳光照射。阳光充足，叶亮健挺、根系发达、花香亮丽。

5. 病虫害防治　危害蕙兰的病虫并不太多，多雨季节应注意防治黑斑病、炭疽病、病毒病等，可在梅雨季节前或下雨后用百菌清、多菌灵、托布津、代森铵等杀菌剂交替使用，7～10 天喷洒叶面 1 次。常见的害虫有介壳虫、红蜘蛛、蚜虫，可用40％氧化乐果 800 倍液喷杀。

三、建兰

学名：*Cymbidium ensifolium*

别名：雄兰、骏河兰、剑蕙

（一）形态特征

兰科兰属多年生草本植物。叶片宽厚，花瓣较宽，形似竹叶般；花多葶长，香浓。夏秋间叶间抽出总状花序。

（二）种类与品种

建兰有 2 个变种，即彩心建兰和素心建兰。常见的彩心建兰栽培品种有银边兰、青梗四季兰、温州建兰、白梗四季兰、仙女等；素心建兰栽培品种常见有十三太保、龙岩素、凤尾素、金丝马尾、小桃红等。

（三）对环境的要求

喜温暖湿润和半阴环境，耐寒性差，越冬温度不低于 3℃，怕强光直射，不耐水涝和干旱，宜疏松肥沃和排水良好的腐叶土。

（四）育苗技术

1. 分株繁殖　在春、秋季均可进行，将密集的假鳞茎丛株，用刀切开分栽，每丛至少 4 个以上连体的丛株，将根部适当修整后盆栽。一般 2～3 年分株 1 次。

2. 播种繁殖

（1）常规播种　建兰种子在高温高湿的条件下寿命极短，必须随采随播。播种采用细沙和腐叶土各 50％的混合基质，高温消毒后放进盆内，占 2/3 盆高，在混合基质上铺盖一层消毒过的水苔，将种子均匀撒入，喷水后盆面盖上玻璃，室温保持在20～25℃，4～6 个月后即可发芽。待苗长高 5 厘米，有根 3～4 条时进行移栽。

（2）无菌播种　将建兰的种子用 10％次氯酸钠溶液浸泡 5～10 分钟，种子取出后用无菌水冲洗 3～5 次。灭菌后的种子在无菌条件下接种在培养基上。接种后 3～4 个月长出根状茎。然后将根状茎转移到新的分化培养基上，促进芽的生长和根的分化。待苗长到 5～8 厘米，2～3 条根时即可移出培养瓶盆栽。

（五）栽培技术要点

1. 上盆定植　多采用混合基质，可选用下列混合植料：塘泥 80％＋粗沙粒 20％；或腐殖土 40％＋粗沙粒 40％＋谷糠 20％。

2. 换盆　2～3 年后盆内根系新老交替，需要分株换盆。首先脱盆起苗，将兰株全部脱出兰盆，清理根叶，用自来水冲洗干净，并剪除病根、老根、枯叶、病叶，还有剔除枯干叶鞘，最后放在阳光下，兰叶用遮阳网盖上，待晾晒至兰根稍软时即可分株上盆。对 1～2 株 1 丛的兰株，可保留 1～2 个健壮的无叶假鳞茎，若 3 株则应将无叶假鳞茎全部去掉。上盆方法与春兰相同。

3. 肥水管理

（1）浇水 当栽培基质表面出现干白现象时浇水，可沿着盆边慢慢浇入或将兰盆放入水中浸湿后取出，每次必须浇透，浇水时切忌浇入兰心部。建兰喜微酸性水，自来水需存放 1～2 天后使用。浇水时间为冬春季气温低，以上午为宜。夏秋高温时，以早晨或傍晚为宜。总之栽培基质宁干勿湿。

（2）施肥 根据兰种、苗势、生理特点，掌握时机，薄肥勤施。干肥采用牛骨粉、草木灰、饼肥及火烧土混合肥配制与复合肥交替使用每年盆内不少于 4 次。液肥以腐熟的有机肥过滤后稀释施用，尿素、磷酸二氢钾或专用花肥交替作追肥或根外施肥，一般每隔 15 天一次。在根外施喷时前后 2 天用清水喷洒叶面一次，冲洗尘土、药液残渣，以提高肥料利用率。

4. 温光管理 建兰生长适于在年平均气温 15～23℃。因光照过强而引起的高温，可采取增加遮阴的层次和密度、地面喷水降温增湿。

5. 病虫害防治 常有炭疽病、黑斑病和介壳虫危害。病害用 10％多菌灵可湿性粉剂 500 倍液喷洒；虫害用 40％氧化乐果乳油 1 500 倍液喷杀。

四、墨兰

学名：*Cymbidium sinensis*

别名：报岁兰

（一）形态特征

兰科兰属多年生草本。墨兰根粗而长，假鳞茎椭圆形，株叶 3～5 枚丛生，剑形，叶薄革质，花香浓烈，花期 9 月至翌年 3 月。

（二）种类与品种

墨兰常分为 3 大类：墨兰原变种、白墨、彩边默兰。生产中常见品种有秋榜、秋香、小墨、徽州墨、金边墨兰、银边墨兰等。

（三）对环境的要求

墨兰属半阴性植物，要求暖和、湿润、散光、通风的环境条件。

（四）育苗方式

1. 分株繁殖　通常在兰株已经长满盆时即可进行分株。一般品种兰株生长快，形成新芽多，3年分株1次；名贵品种生长势弱，新芽形成慢，需5年分株1次。分株时老株和新株必须分开栽培。一般兰株具有3叶以上时才有可能开花。

墨兰的分株时间为开花后的15～20天，兰株正处于没有花芽和叶芽时进行，效果非常好。分割丛生兰花的假鳞茎，将其分为单个或2～3个为一组，用70%的甲基托布津800～1 000倍的溶液，浸泡兰株根部10～15分钟，浸后稍晾干，即可重新栽植。

2. 组织培养繁殖　墨兰常以顶芽为外植体组培，方法与其他兰科植物组织培养相似。

（五）栽培技术要点

1. 上盆定植　我国南方常见用塘泥，晒干后打成土块，3～5年土粒不融化，能保证排水良好又有一定养分。台湾地区常用蛇木、树皮、泥炭土、珍珠岩、蛭石等基质混合使用。北方栽培，一般都用腐叶土或泥炭土5份、沙泥1份混合配制。

2. 肥水管理

（1）浇水　墨兰对水分的要求主要是根据气温高低、光线强弱和植株生长而定。"春不出，夏不日，秋不干，冬不湿。"用水以雨水或雪水最好，如必须用白来水浇兰花，须暴晒1天之后才能使用。浇水用喷壶，入夜前叶面干燥为宜，不要将水喷入花蕾内，以免引起腐烂。夏季切忌阵雨冲淋，必须用薄膜挡雨。

（2）施肥　墨兰施肥"宜淡忌浓"，一般春末开始，秋末停止，有机肥或无机肥均可。生长季节每周施肥一次；秋冬季墨兰生长缓慢，应少施肥，每 20 天施 1 次。施肥后喷少量清水，防止肥液沾污叶片。施肥必须在晴天傍晚进行，阴天施肥有烂根的危险。

3. 温光管理　墨兰在国兰中属于是耐寒性稍差的种类，生长温度夏季为 25～30℃，冬季为 10～20℃，夏季白天温度超过 34℃，必须遮阴和喷雾，降低气温，否则叶片发生内卷下垂，俗称烧风。冬季正是墨兰抽茎开花季节，需 10℃ 以上温度，如室温低于 5℃ 则花茎易受冻害，影响兰株的正常开花。北方栽培墨兰，冬季必须放入室温，否则难于开花。

生长期以散射光为主，尤其是墨兰的观叶品种。6～9 月墨兰处于生长旺盛期，需用遮阳网来调节光照。春、夏、秋季中午遮光 60％，冬季中午遮光 30％。如光照不足，叶窄而长，叶色深绿，开花减少；光照过强，叶面枯黄无光泽，严重时会干枯死亡。

4. 病虫害防治　常见的病害有叶枯病，可用 50％ 多菌灵可湿性粉剂 600 倍液或 70％ 代森锰锌可湿性粉剂 800 倍液喷洒；介壳虫在 3～5 月发生严重。

五、兜兰

学名：*Paphiopedilum* spp.

别名：拖鞋兰

（一）形态特征

兰科兰属多年生草本。茎极短，叶片革质，近基生；花葶从叶丛中抽出，花形奇特，唇瓣呈口袋形，背萼极发达，有各种艳丽的花纹。一般而言，温暖型的斑叶品种等大多在夏秋季开花，冷凉型的绿叶品种在冬春季开花。

（二）种类与品种

兜兰多数为地生种，少数为附生种，常见的栽培品种有杏黄兜兰、大斑点兜兰、美丽兜兰、劳氏兜兰、麻栗坡兜兰、硬叶兜兰等。

（三）对环境的要求

喜温暖、湿润和半阴的环境，怕强光暴晒。

（四）育苗技术

1. 播种繁殖 在无菌条件下，取出种子播种在培养基上。一般播种播种 10 个月后，长成 2～3 片叶小苗即可出瓶盆栽。

2. 分株繁殖 有 5～6 个以上叶丛的兜兰都可以分株，分株在花后短暂的休眠期进行。长江流域以 4～5 月最好，可结合换盆进行。具体方法是：将母株从盆内倒出，轻轻去除根部附着的培养土，注意不要损伤嫩根和新芽；再用手或刀将植株分开，每株丛不少于 3 株，分别上盆栽种。盆土用肥沃的腐叶土，pH6～6.5。盆栽后放阴湿的场所，以利根部恢复。

（五）栽培技术要点

1. 上盆定植 盆栽兜兰，应选透气的瓦盆，栽培基质可用蛇木屑、腐叶土、泥炭土、苔藓等材料，目前兜兰盆栽多用混合基质，可用腐叶土 2 份、泥炭或腐熟的粗锯末 1 份配制培养土。

2. 肥水管理

（1）浇水 生长期要经常保持盆土湿润，在盆土有七成干时就应浇透水。在干旱和盛夏季节，空气干燥，叶片易变黄皱缩，枯萎脱落，直接影响开花，要经常向植株及周围喷水，以降温增湿。梅雨、秋雨季节要适当控水，叶片不能积水时间太长，否则会造成烂叶。开花前 2～3 个月，应控制浇水，有利花芽分化。

（2）施肥 在生长期 3～6 月和 9～11 月，每半个月施 1 次磷、钾肥及适量的氮肥，以腐熟的豆饼、酱渣液为佳，浓度控制在 10% 左右，若氮肥太多，长势茂盛，叶片苍绿，但不开花；若缺少磷钾肥，同样很少开花。施肥后，叶片呈现嫩绿色，可继续施肥；如叶片变黄，表明根部生长不佳，应停止施肥，否则会发生烂根现象。施肥后要及时用清水喷淋叶面。

3. 温光管理 兜兰原生于低纬度高海拔地区，过低或过高的温度下均不能正常生长。一般兜兰的生长温度，3～9月为16～18℃，9月至翌年3月为12～16℃；冬季温度不超过18℃，否则兰株徒长，形成的花芽也不能开花。

10月中旬傍晚气温低于15℃时，可搬进室内养护，当春季早晨的温度上升到10℃左右时，可将兜兰搬到室外，但应放置在避雨的场所。4月盆株出室后，要将其置于荫棚下，春、秋季遮光率为50%，夏季遮光率要达到60%～70%，冬季须充足阳光。

4. 株形整理 一些花茎较高、倾斜生长的种类需用洋兰专用的支柱来支撑、绑扎和造型，以提高兜兰盆花的质量。

5. 病虫害防治 兜兰易发生叶斑病、软腐病危害，可用70%甲基托布津可湿性粉剂800倍液喷洒。如通风条件差，介壳虫危害兜兰叶片，影响观赏效果，发现后应及时洗刷，并用40%氧化乐果1 000倍液喷杀。

六、卡特兰

学名：*Cattleya* spp.

别名：嘉德丽亚兰

（一）形态特征

兰科卡特兰属常绿多年生草本附生植物。假鳞茎呈棍棒状或圆柱状，具1～3片革质厚叶。花单朵或数朵，着生于假鳞茎顶端，花大，花色丰富。

（二）种类与品种

目前盆栽大多为卡特兰的杂交种，如红蜡、粉极、美丽、小木、金比利、世袭、雪莉等品种。

（三）对环境的要求

喜温暖湿润。越冬温度夜间15℃左右，白天20～25℃。保持较大的昼夜温差至关重要，不可昼夜恒温，更不能夜温高于昼温。要求半阴环境，春、夏、秋三季应遮去50%～60%的光照。

（四）育苗技术

1. 分株繁殖　由于卡特兰每年只生长 1 片新叶，一般 3 年分株 1 次，结合换盆于 3 月进行。去除栽培所用材料，剪去腐朽的根系和鳞茎，将株丛分开。分后的每个株丛至少要保留 3 个以上的假鳞茎，并带有新芽。新栽的植株应放于较荫蔽的环境中 10～15 天，并每天向叶面喷水。栽培基质以苔藓、蕨根、树皮块或石砾为好，而且盆底需要放一些碎砖块、木炭块等物。

2. 播种繁殖　即采即播。种子在无菌的条件下接种到已备好的培养基上，待长出 2～3 片叶，即可出瓶移栽到盆中。

3. 组织培养繁殖　采用茎尖培养。取生长健壮的植株 1～2 毫米的茎尖，直接接种到已备好的培养基上。待长出新叶和根时即可出瓶移栽盆中。

（五）栽培技术要点

1. 上盆定植　盆栽植料常用泥炭、苔藓、蕨根、树皮块或碎砖等。

2. 肥水管理

（1）浇水　一般在春、夏、秋三季每 2～3 天浇水 1 次，冬季每周浇水 1 次，当盆底基质呈微润时，为最适浇水时间，浇水要一次性浇透，水质以微酸性为好，不宜夜间浇水喷水，以防湿气滞留叶面导致染病。维持 60%～65% 的空气湿度，创造一个湿润的适生环境。

（2）施肥　卡特兰需肥相对较少，忌施入粪尿，也不能用未经充分腐熟的有机肥以免导致植株烂根坏死。可用沤制过的干饼肥末或多元缓释复合肥颗粒埋施于植料中。生长季节，每半月用 0.1% 的尿素加 0.1% 的磷酸二氢钾混合液喷施叶面 1 次。当气温超过 32℃或低于 15℃时，以及花期和花谢后休眠期，应暂停施肥，以免出现肥害伤根。

3. 温光管理　它的生长适温 3～10 月为 20～30℃，10 月至翌年 3 月为 12～24℃，日较差在 5～10℃较合适。冬季棚室温度应不低于10℃，否则植株停止生长进入半休眠状态。

一般情况下，春、夏、秋三季可用黑网遮光50％～60％，冬季在棚室内不遮光，稍见一些直射阳光。若光照过强，其叶片和假鳞茎易发黄或被灼伤，并诱发病害；若光照过弱，又会导致叶片徒长、叶质单薄。

4. 病虫害防治　常见的病害有叶斑病、软腐病、花腐病、锈病等，可用杀菌剂防治；主要虫害是介壳虫。

七、万带兰

学名：*Vanda* spp.

别名：万代兰

（一）形态特征

兰科万带兰属多年生草本植物。植株直立向上，无假球茎，气生根又粗又长从茎上的叶间抽出，叶片互生于单茎的两边，叶片呈现带状，总状花序，花期秋季至冬季。

（二）种类与品种

常见杂交品种有金拉斯里、费迪南德、约翰·尤哈斯、吧基、多尘、白花罗斯·戴维斯、戈登·狄龙等。在杂种新属种中尤以鸟舌万带兰最为常见。

（三）对环境的要求

本属多为附生性，也有部分岩生性或地生性万带兰。喜高温多湿和散射光环境，土壤要求透气性好。

（四）育苗技术

1. 分株繁殖　万带兰分株一般在5～7月，即开花后进行。将兰株的上部带2～3条根一起剪下，可直接盆栽。

2. 扦插繁殖　以春秋或花谢后进行最好。将兰株的茎条剪成小段，每段应带有2～3个节，然后插于盛水苔的塑料筐中或沙床中，室温保持25～30℃，空气湿度在70％～80％，30～40天后从插条间长出生有气生根的小苗，即可盆栽。

3. 播种繁殖 无菌播种，与其他兰科植物相同。

（五）栽培技术要点

1. 上盆定植 蛇木屑、碎砖块、木炭、粗沙砾等排水良好的基质，无论是单独或混合使用，都是很好的盆土。

2. 换盆 万带兰不宜经常换盆，除非受病虫害侵扰，否则至少3年才能换盆1次。春末气温在15℃以上时换盆。剪除腐烂根、断根、瘪根，然后换上新基质盆栽。

3. 肥水管理

（1）浇水 万带兰是典型的热带气生植物，比较喜欢潮湿的环境。日常管理必须保证充足的水分和空气湿度。春夏季节在晴天的下午浇水，每次浇水要浇透，秋季改为早晨浇水，冬季选择晴天上午浇水。注意浇水后切不可让水留在花腋或植物的中心部位，否则容易引起兰株腐烂和叶片脱落，最后导致兰株死亡。

（2）施肥 万带兰喜肥，5～9月生长期每周施肥1次，氮、磷、钾的比例为10∶10∶5。可用"花宝"或"卉友"兰花专用肥稀释2 000倍液根施或喷洒叶面，盛夏高温和冬季温度偏低时，则停止施肥。

4. 温光管理 万带兰喜欢高温环境，最适宜温度为20～30℃。只要温度适宜，万带兰在任何季节都能正常开花。一般品种的万带兰需要较强的光线，高温季节只需使用40％～60％的遮光网遮光，冬季不需要遮光。

5. 病虫害防治 黑斑病、软腐病是万带兰最常见的病害，发病初期可用50％退菌特可湿性粉剂1 000倍液或75％百菌清可湿性粉剂800倍液喷洒。虫害有粉虱。

八、石斛兰

学名：*Dendrobium* spp.

别名：杜兰、石斛

（一）形态特征

兰科石斛兰属多年生落叶草本。茎丛生，直立。叶近革质，短圆形。花葶从叶腋抽出，总状花序，花大、白色，顶端淡紫色，落叶期开花。

（二）种类与品种

由于所处生态环境的差异，常分为两大类：落叶类石斛、常绿类石斛。常见原生种有翅萼石斛、金花石斛、鼓槌石斛、垂花石斛、流苏石斛、美丽石斛等。石斛兰的杂交种在园艺上常根据其不同花期分为春石斛和秋石斛两类。

（三）对环境的要求

喜温暖、湿润和半阴环境，不耐寒。生长期以 16～21℃ 更为合适，休眠期 16～18℃，晚间温度为 10～13℃，温差保持在 10～15℃ 为好。幼苗在 10℃ 以下容易受冻。

（四）育苗技术

1. 分株繁殖 石斛兰分株应在兰株新芽开始生长时进行。将生长密集的母株，少伤根叶，把兰苗轻轻掰开，选用 3～4 株为 1 丛，栽于 15 厘米塑料盆，这样有利于成型和开花。

石斛兰还可用高位芽移植方法。石斛兰有时不开花而长出高位芽，当长出 4～5 片叶，下面生出 3～4 条 1～2 厘米长的白色根时，可用消毒过的剪刀将小植株剪下来，2～3 株 1 丛，用水苔将小植株根部包起来，栽植于 10 厘米塑料盆中，培养 2～3 年后将成为商品。

2. 扦插繁殖 选择未开花而生长充实的假鳞茎、从根际剪下作插条，再切成每 2～3 节 1 段，直接插入泥炭苔藓中或用水苔包扎插条基部，一半露在外面，保持湿润，室温在 18～22℃ 条件下，插后 30～40 天可生根。待根长 3～5 厘米时盆栽。栽培 2 年后就能开花。扦插过程中，若用已开花的假鳞茎和细弱的假鳞茎作插条，出芽率和成活率低。

3. 组织培养繁殖 主要用茎尖培养。选取健壮充实的新芽，在无菌条件下剥取顶芽为外植体，进行液体振荡培养，当外植体产生的原球茎有一定数量后即可转移到固体培养基上培养。

4. 播种繁殖　即采即播。采用无菌播种，方法与其他兰科植物相同。

（五）栽培技术要点

1. 上盆定植　石斛兰为附生性兰，盆栽用泥炭苔藓、蕨根、树皮块和木炭等轻型、排水好、透气的基质。

2. 肥水管理

（1）浇水　石斛兰忌干燥、怕积水，特别在新芽开始萌发至新根形成时需充足水分。梅雨季节或秋季多雨时，适当地加以遮盖避雨，防止盆内长期过湿，引起植株腐烂。春、夏季生长期应充分浇水，使假球茎生长加快。除浇水外，要往地面多喷水，保持较高的空气湿度。9月以后逐渐减少浇水，使假球茎逐趋成熟，能促进开花。常绿石斛类在冬季可保持充足水分，落叶类石斛适当干燥，保持较高的空气湿度。

（2）施肥　生长期每15天施肥1次，秋季施肥减少，到假球茎成熟期和冬季休眠期则完全停止施肥。

3. 温光管理　短期的低温对石斛兰的花芽形成和发育有利，在11月初冬时必须经过1～2次5～6℃的低温后再入室。

栽培场所必须光照充足，对石斛兰生长、开花更加有利。夏秋以遮光50%、冬春以遮光30%为宜。光照过强，茎部会膨大、呈黄色，叶片黄绿色。

4. 病虫害防治　常有黑斑病、病毒病危害，可用10%抗菌剂401醋酸溶液1 000倍液喷洒。虫害有介壳虫危害。

九、文心兰

学名：*Oncidium* spp.

别名：舞女兰、金蝶兰、瘤瓣兰

（一）形态特征

兰科兰属多年生植物。假鳞茎为扁卵圆形，较肥大；叶片有厚有薄；花的唇瓣通常 3 裂，或大或小，花色主要是黄、橙色，花型奇特。

（二）种类与品种

根据叶片的薄厚及形状可分为薄叶种、厚叶种和剑叶种。常见栽培品种有甜香、沃尔卡诺女王、特色、永久 1 号、永久 2 号等。

（三）对环境的要求

厚叶种喜温热环境，薄叶种和剑叶种喜冷凉气候。厚叶种的生长适温为 18～25℃，冬季温度不低于 12℃；薄叶种的生长适温为 10～22℃，冬季温度不低于 8℃。文心兰喜湿润和半阴环境，保持较高的空气湿度对叶片和花茎的生长有利。

（四）育苗技术

1. 分株繁殖 一般在开花后或春秋季进行。也可 4 月下旬至 5 月中旬结合换盆进行分株。脱出兰株根团，清理老假鳞茎下部的栽培基质，剪除枯萎的衰老的老假鳞茎，并将带 2 个芽的假鳞茎剪下，最后用新的栽培基质将兰株盆栽，放在半阴处 2～3 周，不浇水，对兰株地上部分进行喷雾，保持较高的空气湿度，待恢复萌发嫩芽和长出新根后转入正常管理。

2. 组织培养繁殖 一般利用种子或嫩芽作外植体接种到备好的培养基中，待扩繁与分化，直至长出完整的小苗后移栽到盆中。

（五）栽培技术要点

1. 上盆定植 常用蕨根、苔藓、火山灰、树皮块等作为盆栽基质，可用树蕨块 3 份、水苔和沙各 1 份，或碎蕨根 40%、泥炭土 10%、碎木炭 20%、蛭石 20%、水苔 10%混合。

2. 肥水管理

（1）浇水 生长期间要充足水分，只要盆内一干就要浇水，并要浇透，以盆底流出水为准；若用的是水苔基质，可浸泡在水槽中，待苔藓吸足水后取出。浇水时间以晴天上午进行为好。浇水避免时干时湿，防止雨淋，可在假鳞茎、叶和花枝上适量喷雾。在休眠期间，要控制浇水，宁干勿湿，若浇水偏多，盆内过湿，或遇到低温，容易引起烂根。

（2）施肥　3～10月为文心兰的主要生长发育期，施肥以施复合化肥为好，每半月施肥1次，可用"花宝"原肥的3 000倍稀释液，叶面喷施"叶面宝"4 000倍稀释液加以补充。在文心兰开花时和冬季休眠期可停止施肥。

3. 温光管理　日常管理文心兰对环境的要求一般不太严格，但冬季温度不宜低于15℃，夏季要注意遮阴，温度过高时要及时降温，空气湿度四季在80％左右。春、夏、秋三季需半阴环境，冬季可给予充足阳光，但切勿使其暴晒在炎夏的烈日中。

4. 病虫害防治　常见病害有软腐病可喷洒1％石硫合剂或50％多菌灵可湿性粉剂500倍液防治；锈病一般发生在梅雨季节，发病初期用40％灭菌威300倍液喷洒。介壳虫是主要虫害。

第十三章

年宵盆花生产技术

一、大花蕙兰

学名：*Cymbidium hookerianum*

别名：喜姆比兰、虎头兰、黄蝉兰

（一）形态特征

兰科兰属常绿多年生附生草本植物。假鳞茎粗壮，上面生有6~8枚带状叶片；花茎直立或稍有弯曲，着花6~12朵或更多，花色丰富，花期11月至翌年5月。

（二）种类与品种

大花蕙兰的植株和花朵分为大型和中小型，目前主要的流行品种见表13-1。

表13-1　目前流行的大花蕙兰品种

花色系列	常见盆栽品种
红色系列	红霞、亚历山大、福神、酒红、新世纪等
粉色系列	贵妃、粉梦露、楠茜、梦幻等
绿色系列	碧玉、幻影、华尔兹、玉禅、往日回忆、世界和平、钢琴家等
黄色系列	夕阳、明月、UFO、黄金岁月、龙袍等
白色系列	冰川、黎明等
橙色系列	釉彩、梦境、百万吻等
咖啡色系列	忘忧果等
复色系列	火烧等

（三）对环境的要求

原产热带、亚热带及温带森林。喜冬季温暖和夏季凉爽气候，高湿强光。生长发育适温为 15～25℃，低于 10℃生长缓慢，低于 0℃或高于 30℃抑制生长。

（四）育苗技术

1. 组织培养繁殖　生产上使用的大花蕙兰种苗是从专门生产种苗公司采购的组培苗。种苗的规格一般高 6 厘米以上，不少于 4～5 片叶，已经过 1 个月左右的驯化栽培。购苗期的选择应根据当地的气候条件决定，一般气温在 15～20℃时比较适宜，即春天的 3～5 月或秋天的 9～10 月，栽培 3 年左右开花。

2. 分株繁殖　多在大花蕙兰开花后、新芽尚未长大前进行，将母株分割成 2～3 苗 1 丛，操作时抓住假鳞茎，不要碰伤新芽，剪除黄叶和腐烂老根。

（五）栽培技术要点

1. 栽培条件　我国大部分地区的气候无法适应大花蕙兰的生长要求。南方一般需要薄膜温室或 PC 板温室或塑料大棚，北方需要日光温室或加温温室。

2. 盆土准备　栽培容器以塑料盆为主，其中软塑料盆主要应用在大量生产的前期，硬质塑料盆主要用在商品出售前。一般刚购入的种苗定植在直径为 9 厘米的软塑料盆中，每盆 1 株，翌年春天更换直径为 12 厘米的花盆，第三年春天可栽入作为商品出售的花盆中。

大花蕙兰是附生兰，可采用蕨根、泥炭、苔藓、树皮、木炭块、碎砖块等作栽培基质。

3. 上盆定植　换盆时把植株连同植料从盆中取出，除去旧植料，剪去坏根，把根系泡在 0.1% 高锰酸钾溶液中消毒 20 分钟，阴干后用清洁苔藓包裹根系，放入新盆中，填加新植料，直至仅露出假鳞茎。

4. 肥水管理

（1）浇水　大花蕙兰怕干不怕湿。大花蕙兰对水质要求比较高，喜微酸性水，pH 5.4～6.0 为佳，对水中的钙、镁离子比较敏感。雨水浇灌最为理想，自来水中含有较高的氯，应在贮水池中贮藏一段时间再用。生长期应保持基质湿润，可常给植株及根喷水，如湿度过低，植株生长发育不良，根系生长慢而细小，叶片变厚而窄，叶色偏黄。开花后有一段休眠期，要少浇水。

（2）施肥　大花蕙兰植株肥大，生长迅速，需肥量较多。从幼苗、中苗到开花株，均需要充足的肥料。在生长旺盛期，每两周追施 1 次稀薄有机液肥，或将固体颗粒肥于春夏季节放入盆边基质中，缓释养分，供根系长期吸收。也可用浓度 0.1% 以下氮磷钾比例为 1∶1∶1 的复合肥，每周叶面喷洒 1 次。在幼苗期和低温季节，应少施或不施有机肥。夏末秋初，植株逐渐成熟，应增加钾肥施用量（有机肥中添加骨粉），适当降低氮肥比例。花芽形成期，增加磷肥施用量，促进花芽分化和生长。

5. 温光管理

（1）温度　大花蕙兰的大多数品种喜冷凉气候，一般在 15～25℃时生长旺盛，夏季能忍受的最高温度为 35℃，秋季在 25℃以上时花芽会停止生长并变黄枯萎，1 年生小苗应在 5℃以上的条件下越冬。在北方冬季要考虑加温，南方夏季考虑降温，以日间 10～25℃，夜间 10℃最适宜生长。

大花蕙兰品种繁多，品种之间对开花环境要求不同，多数品种的花芽分化形成大约在 6 月，花芽形成后需要一段时期的相对低温，花芽才能伸长，开出正常的花朵。

（2）光照　光照是影响大花蕙兰生长和开花的重要因素。大花蕙兰喜光，光照充足有利于叶片生长，形成较多的花茎和开花；过多遮阴，叶片细长而薄，不能直立，假鳞茎变小，容易生病，影响开花。

大花蕙兰不同苗期对光的要求不同，详见表 13 - 2。

表 13 - 2　大花蕙兰不同苗期对光的要求

生育期	光　　照
幼苗期	出瓶后 1 万～1.5 万勒克斯
	6 厘米×6 厘米的盆　2 万勒克斯左右
中苗期	11 厘米×10 厘米的盆　3 万勒克斯左右
大苗期	19 厘米×21 厘米的盆　4 万勒克斯左右
开花株	5 万勒克斯左右
花芽生出前	8 万勒克斯以下
花梗抽出后	5 万勒克斯左右

6. 空气湿度　大花蕙兰生长要求较高的空气湿度，相对湿度 80%～90%，空气湿度过低不利于生长发育，栽培场地可用喷雾、洒水、设置水池、放置水盆等办法增加空气湿度。但是，大花蕙兰具有半气生性，栽培植料不能积水，积水会引起根系缺氧，窒息死亡。

7. 株形整理　每盆大花蕙兰保留 2～3 枚能开花的健壮苗，注意随时抹去其基部产生的侧芽，否则这些侧芽生长分散了营养，健壮苗停止生长，新芽也不能开花，失去商品栽培的意义。

为使大花蕙兰花序直立，使花箭更明显和优美，防止花茎侧弯，通常在花序伸长 20 厘米左右时，树立绿色的特制支柱支撑花序。绑花箭的最低部位为 10 厘米，间隔 6～8 厘米，支柱一般选择 80 厘米和 100 厘米长。

8. 花期控制　大花蕙兰花芽分化期在 6～10 月，在高温地区花芽发育不良。为克服这一问题，可将其移至海拔 800～1 000 米以上的山上栽培，保持昼温 20～25℃，夜温 10～15℃，以利花芽形成。一般上山时间越早，开花越早，具体时间应根据不同品种开花习性而定。开花期间，温度的高低直接影响花期长短。温度低，花期延长；温度高，花期缩短。

大花蕙兰属长日照花卉，适当延长光照时间；花芽分化期，适当控水、保持土壤干燥，可促进花芽分化和花序形成使其提早开花。在生产上还可通过合理施肥、抹芽整形的方法，抑制其营养生长，加速生殖生长。

9. 病虫害防治　大花蕙兰在栽培过程中易出现兰头萎缩、叶片焦尾或灼伤、叶片黄化、根皱缩、花蕾变黄早枯、花朵提早凋谢等生理性病害，都是栽培养护管理不当造成，可通过加强水、肥、气、土等方面的调控预防。

常见的病害有疫病、炭疽病、软腐病等，一旦发现染病植株，用消毒的工具去除有病的组织，可用 70% 甲基托布津可湿性粉剂 800 倍液或 1 ∶ 2 000 的 8-羟基喹啉硫酸盐喷洒预防。

虫害有介壳虫、红蜘蛛和蜗牛，为害新芽、花茎。

二、蝴蝶兰

学名：*Phalaenopsis amabilis*

别名：蝶兰

(一) 形态特征

兰科蝴蝶兰属单茎性附生兰。叶基生，叶片稍肉质；花序侧生于茎的基部，具数朵由基部向顶端逐朵开放的花，花形似蝶，花期 4～6 月。

(二) 种类与品种

盆栽栽培的蝴蝶兰品系主要包括红色花系、白色花系、黄色花系、条纹花系和斑点花系，其中红色系的大花品种为主。常见品种有曙光、米瓦·查梅、奇塔、快乐少女、兄弟、白雪公主、快乐礼物、优美等，还有微型的蝴蝶兰。

(三) 对环境的要求

原产亚洲热带地区。生长适温白天 25～28℃，夜间 18～20℃。当夏季 32℃ 以上高温或冬季 15℃ 以下低温，蝴蝶兰则停止生长；若持续低温，根部停止吸水，形成生理性缺水，植株就会死亡。蝴蝶兰喜高湿的环境，如空气湿度小，则叶面容易发生失水状态。喜充足阳光,忌强光直射。

(四)育苗技术

1. 播种繁殖 采用在试管中无菌播种。

2. 组织培养繁殖 用蝴蝶兰的花梗腋芽、花梗节间、茎尖或试管小植株的叶片作为外植体,经过诱导、增殖、生根培育的种苗。

3. 分株繁殖 在春季新芽萌发前或开花后,结合换盆将母株基部的小植株分离,直接盆栽即可。

(五)栽培技术要点

1. 盆土准备 蝴蝶兰为典型的热带附生兰,具气生根,多采用苔藓、蕨根、树皮块、椰子壳、蛭石等基质栽培,其中用苔藓栽培最为理想,切忌用土栽培。

2. 上盆与换盆 上盆前,先将苗分级晾干,按苗大小栽入相应的花盆。具体可参考表13-3。

表 13-3 花盆选择标准

等级	双叶距	花盆选择
特级苗	大于5厘米	6厘米口径花盆
一级苗	3~5厘米	4~5厘米口径花盆
二级苗	2~3厘米	128孔穴盘

小苗用消过毒的湿苔藓包裹根系栽于盆中,露出叶片和茎基。在实际生产中,常在盆底垫1/4~1/3的粗粒树皮或碎泡沫,这样做有利于根系的保温、通气和排水,并防止盆孔被水苔堵塞。

以后随着小苗长大,换入相应盆中培养。一般小苗培养3.5~4.5个月后,双叶距达12厘米左右,进行第一次换盆。将苗从小盆中取出,少许苔藓置于根中间,使根呈放射状向外展开,外围再均匀地包一层苔藓(不可裹得太紧,要给根留一些空间,以利根的生长),轻轻压入较大的盆中,盆底同样需垫3~5

块碎泡沫。3天内不可浇水，但需保持环境湿润。以后每隔7～10天浇透水1次，并将肥料溶于水中一起浇施。

3. 肥水管理　蝴蝶兰根部喜通风、干燥，忌积水，如水分过多，易引起根系腐烂。选用pH低于7的酸性水，每天浇水量以当天能自然风干为好，保持材质湿润，"见干见湿"。蝴蝶兰为气生根，可直接从空气中吸收水分，温室中空气相对湿度保持在65%～85%为宜。定时喷雾或经常在地面、叶面喷水，提高空气湿度。

在生长期主要施氮钾肥，氮、磷、钾比例为20∶10∶20，每周或半月施用一次即可；花芽形成至开花期多施磷钾肥，氮、磷、钾比例为10∶30∶20；开花期、休眠期及生长不良或换盆后新根未长出时不可施肥，但在花前期和花后期应注意适当补充肥料。

4. 温光管理　蝴蝶兰对温度要求比较严格，最适栽培温度为白天25～28℃、夜间18～20℃。在这样的温度环境中，蝴蝶兰几乎全年都可处于生长状态。32℃以上高温对蝴蝶兰生长不利，会促使其进入半休眠状态，影响花芽分化，不开花。冬季要防寒保暖，保持温度在15℃以上。

蝴蝶兰的光照量以其叶片不受灼伤的程度为界限，光照越强，生长越好。生长阶段不同，所需的光照强度亦不同（表13-4）。幼苗所需的光照应弱些。

表13-4　不同苗龄所需的光照强度

生长阶段	光照强度 （勒克斯）	生长阶段	光照强度 （勒克斯）
小苗种植后2周内	<7 000	大苗和成苗	15 000～20 000（夏季、秋季）
小苗种植后2周后	10 000		20 000～25 000（冬季）
中苗	15 000	花梗伸长期至开花前	20 000～25 000

光照强度与温度之间也相互作用，低温条件下可忍受较高光照强度，而高温则需采用较低光照强度。

5. 株形整理 为使支撑蝴蝶兰花序，使花序更优美，通常在花序伸长 20 厘米左右时，用绿色铁丝支撑花序做造型。由于各种原因未卖出的蝴蝶兰开花苗，开花后应及时剪去花梗，在根系正常时换盆。

6. 花期控制 蝴蝶兰大多数品种正常的开花期在 3～5 月，需对其花期进行调控，才能达到春节开花。

在北方地区，蝴蝶兰 6 月中旬以前和 9 月中旬以后是抽花梗的高峰期，7～8 月高温处于休眠状态。当中苗经过 5～6 个月的营养生长后，叶距达到 30 厘米时，可进行催花。人工施催花肥，补充高磷肥，氮、磷、钾比例为 9∶45∶15 与 10∶30∶20 交替使用，促使其花芽分化，约 45 天后可形成花芽。从抽花梗到开花约 90 天。

在南方地区，上山催花是蝴蝶兰应春节商品化生产的比较经济可行的方法。海拔 700～1 000 米的高山条件可提供较大的昼夜温差，能保证蝴蝶兰花芽分化所需要的温度及昼夜温差，上山处理 20～40 天便可分化出花芽。当花芽长至一定程度时，再移至山下，经温室栽培可于春节开花。对于蝴蝶兰上山处理时期的选择，应根据植株的年龄、营养生长的状况来确定，叶面积越大，花梗萌发越早，花梗发育快，开花早。

7. 病虫害防治 蝴蝶兰常见病害有灰霉病、褐斑病、疫病和软腐病等，可用 50% 多菌灵可湿性粉剂 1 000 倍液或 50% 苯菌灵可湿性粉 1 000 倍液喷洒。虫害有介壳虫、粉虱、蛞蝓、蜗牛等。

三、丽格海棠

学名：*Begonia* × *aelatior*

别名：玫瑰海棠

（一）形态特征

秋海棠科秋海棠属的多年生草本植物，为球根秋海棠与野生秋海棠的杂交品系，无明显球茎。株高约 30 厘米，单叶互生，不对称心形，无毛；腋生聚伞花序，花型多样，花色丰富，花朵硕大，花期长，一年多次开花。

（二）种类与品种

丽格海棠花色丰富，有紫红、大红、粉红、黄、橙黄、白、复色等。花瓣有单瓣、重瓣和半重瓣，及花瓣具皱边等多种之分。常见栽培品种有柏林、巴克斯、贝蒂、世纪红、布莱特兹、金帝等。

（三）对环境的要求

喜温暖、湿润、半阴、通风良好的生长环境，喜排水良好、疏松透气、微酸性的土壤，怕高温和盆土积水，对光照、温度、水分及肥料要求比较严格。最适宜的生长温度为 $15\sim22℃$。当超过 $26℃$ 时，长势不好，逐渐进入半休眠或休眠状态。环境相对湿度在生长期间要大于 70％，在冬季可以不遮光。

（四）育苗技术

1. 播种繁殖　种子细小，室内播种，温度 $18\sim21℃$，约 2 周后出苗，长出 2 片真叶时，即可移栽。

2. 扦插繁殖　秋末冬初，结合植株修剪定型，将剪下的新生枝条作插穗。丽格海棠可以枝插，也可以叶插。通常用蛭石或素沙为基质，约 3 周插条就可发根。

3. 组织培养繁殖　以叶片、茎尖、茎段作为外植体，接种在 MS 培养基中。

（五）栽培技术要点

1. 上盆定植　盆栽基质可选用如椰糠、泥炭土、蛭石、珍珠岩、炭化树皮等基质调配，原则上有机质：无机质＝3：4，如泥炭：蛭石：珍珠岩＝3：3：1，或 80％ 泥炭＋20％ 珍珠岩，pH5.2～5.5。也可选用盆栽丽格海棠专用基质。丽格海棠大多用 12～13 厘米的塑料花盆栽培，每盆 1 株。

2. 肥水管理　丽格海棠具有肉质根茎，根系纤细，地上部分枝叶脆嫩富含水分，水分供应不足，会影响植株生长，过湿时容易引起茎根腐烂。浇水应遵循"见干见湿"的原则，浇水时特别注意不要直接浇到叶上或花上，以免引起叶霉病。

丽格海棠前期的生长需要较高的空气相对湿度，相对湿度应控制在 80%～85%，可经常向地面洒水以提高空气湿度；当形成花蕾后，要注意降低相对湿度，维持在 55%～65% 为宜。

一般在定植时施以缓效肥为基肥，追肥用速效肥，灌溉时混入水中，亦可将液肥喷在叶面，但在花蕾出现后尽量不使用叶面追肥方式，以保证叶面鲜绿。定植初期（2～3 周）少施肥或不施肥，以后至花芽分化前的营养生长阶段可用 15 - 5 - 15 或 20 - 10 - 20 的复合肥，每周施 1 次肥，溶液的 pH 5.5～6.0；花芽分化至花期，应注意磷钾肥的施用，使用完全肥料（20 - 20 - 20），每周施 1～2 次。同时也可选用丽格海棠专用肥。

3. 温光管理

（1）**温度管理** 丽格海棠生长的适宜温度为白天 21℃，夜间 13℃，在 15～22℃时生长速度最快。当低于 5℃时，会受冻害；低于 10℃生长停滞；超过 28℃，生长缓慢；超过 32℃，生长停滞。夏季当温度超过 24℃后，就要注意减少光照度，以免发生徒长，导致节间及花序伸长、叶片较大、花径及花被数减少，花色也不如在低温下鲜艳。秋冬季夜间温度若维持在 18～20℃，可达到最大的营养生长量。采用日温低于夜温的逆温差处理，有助于控制植株徒长，提高成品的质量。

（2）**光照管理** 丽格海棠生长的适宜光照度为 5 000～15 000勒克斯，尽量不要超过 25 000 勒克斯，光照强时应适当降低温度。在上盆定植后的最初 2～3 周内应注意遮阳，待恢复正常生长后，逐步使植株得到充分的光照。苗期要求光照较低，需要适当遮阳，5 000～10 000 勒克斯即可。夏季需要 70% 以上的遮光。10 月下旬温度下降后可以适当增加光照，到 11 月下旬开始短日照条件下（或短日照处理后），应尽量让其有充足的光照，光照度可到 25 000 勒克斯。

4. 花期控制 大部分丽格海棠品种是短日照植物，人工控制光照是调节控制花期的主要方法之一。当日照时间超过 14 小时进行营养生长，当日照时间少于 14 小时，约 3 周以上可完成花芽分化，6 周左右即可开花。可按照目标花期进行倒推，制定从育苗、定植、营养生长、光照调节延迟或提前花芽分化等进程，达到人工控制花期的目的。

促花具体做法：一般在目标花期前 14 周开始进行短日照处理，开始 2 周光照 9 小时，黑暗 15 小时；再 2 周光照 10 小时，黑暗 14 小时，此时花芽已开始分化；2 周光照 11 小时，黑暗 13 小时，花芽分化完成，经 6～8 周培养即可开花上市。

对某些光照不敏感品种，可采用调节温度、肥料类型、摘心等方法调节花期。

5. 病虫害防治 主要病害有白粉病和灰霉病，应控制空气相对湿度在 70％～80％并保持叶片干燥，发病后，可喷 65％敌克松 600～800 倍液防治。主要虫害是甜菜叶螟和斑衣蜡蝉等，喷杀螟松乳油 1 000 倍液防治。

四、西洋杜鹃

学名：*Rhododendron hybrida*

别名：西鹃、比利时杜鹃

（一）形态特征

杜鹃花科杜鹃花属常绿小灌木，系映山红、毛白杜鹃等在欧洲经人工杂交育成的品种群。植株矮小，分枝细密，枝、叶表面疏生柔毛；叶片小；总状花序，花顶生，花冠阔漏斗状，花有半重瓣和重瓣，花色丰富，春季开花。是栽培杜鹃中最美丽的一类。

（二）种类与品种

西洋杜鹃大致上可分为红花、白花、蓝花、黄花和复色花 5

大系列。主要栽培品种有天女舞、王冠、四海枝、春燕、残雪、晓山、白风等。

（三）对环境的要求

喜凉爽、湿润、温暖、通风的半阴环境。西洋杜鹃的生长发育的最佳适宜温度为 15～28℃。最高温度不超过 33℃，最低温度不低于 5℃。相对湿度应保持在 60％左右。要求疏松、肥沃和排水良好的酸性土壤。

（四）育苗技术

1. 扦插繁殖　在 5～6 月进行。选择半成熟嫩枝为好，插条长 4～5 厘米，带叶 3～4 片，插于腐叶土或河沙的插床中，扦插的深度为插条的一半。温度在 25～30℃，湿度要达到 95％以上，60～70 天逐渐生根。当小苗长出新根 1 周后，及时追施液肥（尿素），俗称复壮肥，浓度为 0.5％～1％。当植株长出 3～4 片新叶时，进行摘心处理，促使萌发新枝。

2. 嫁接繁殖　一般在春季或梅雨季节进行嫁接。接穗采用当年萌发嫩枝，选用 2～3 年生健壮的毛叶杜鹃作砧木，离根基部上端 6～10 厘米处截断，进行腹接或切接、靠接。接穗的粗细与砧木枝条相仿，双方形成层对准，再用塑料带包扎接口，外面套上塑料袋，以保持接穗部分的湿度，置放在半阴半阳处，进行日常的养护管理。1 个月后，透过塑料袋，就能看到接穗长出 3～4 片新叶，这说明已经成活，可以脱去塑料袋。平时必须注意浇水，或叶面喷水，修去砧木的部分枝叶。至第二年春天，有的接穗枝已长出分枝，有的已现花蕾，这时，应摘去花蕾，再修去毛叶杜鹃全部枝叶。这样，一棵新的西洋杜鹃植株就形成了。

3. 压条繁殖　4～5 月进行高空压条。选择 2～3 年生成熟枝，在离顶端 15～20 厘米处用利刀进行环状剥皮，环宽 1.5 厘米，用塑料薄膜包扎，用苔藓或腐叶土填塞，并保持湿润，4～5 个月愈合生根剪下可直接盆栽。

（五）栽培技术要点

1. 上盆定植　盆土可用腐叶土、松针土、草炭土、椰糠、锯木屑等基质和粗沙混合，可用硫酸亚铁、硫黄粉等改良土壤，pH 5～5.5 为宜。西洋杜鹃花后需换盆，因根系脆弱易断，操作时少碰伤新根，换盆后需要遮阳缓苗。

2. 肥水管理

（1）浇水分　西洋杜鹃根系浅，须根细，盆土宜保持稍湿润。浇水过多，易烂根导致落叶枯死；盆土缺水，叶色变黄，心叶卷曲，花瓣变软、打蔫，花朵枯萎凋谢，花期明显缩短。浇水掌握"不干不浇，浇必浇透"的原则，冬季休眠期生理活动减弱，浇水少；夏季高温应多浇水；开花期不宜多浇水，水分过多易落蕾或早谢。生长发育期要喷水，维持较高空气湿度，以70％～90％为宜。水质忌碱性，水质偏碱可加入 0.1％硫酸亚铁或少量食醋。

（2）施肥　西洋杜鹃要求酸性肥，对氮、磷、钾要求高，切忌施粪水。基肥以有机肥为主；叶面喷肥多采用无机肥料。根据西洋杜鹃在不同物候期的需肥规律进行施肥。孕蕾期和越冬前喷施 0.2％的磷酸二氢钾或过磷酸钙；为促进花蕾生长饱满，施稀薄磷肥 1～2 次，勿施氮肥，以免叶芽生长过快，使花蕾萎缩干瘪，开不出花来。花谢后，每半月施肥 1 次，要求薄肥勤施，以氮肥为主，常用为草汁水、鱼腥水、菜籽饼等，以补充开花时所耗养分。另外，施肥时要注意植株所表现的缺素症状，根据症状合理施肥。缺氮时，叶片小，叶层密，抽不出枝条，分枝少，枝短叶瘦；缺磷时，叶子深绿，灰暗而无光泽，易掉叶；缺钾时，老叶灰绿，叶片边缘又变黄绿。

3. 温光管理

（1）温度管理　西洋杜鹃在 0～5℃时进入休眠状态，2℃时易发生冻害，使叶片呈淡黄紫色，大量落叶。在北方，冬季需防寒，大棚或温室栽培以保证西洋杜鹃在冬季不受冻害。低温还造成花芽分化停滞。西洋杜鹃在冬季若能正常生长，11月下旬即可开花，花期可达翌年3月。出室前，适当降低室温，以增强其适应外界环境条件的能力。

（2）光照管理　西洋杜鹃属半阴性植物，长期烈日暴晒，易导致灼伤。夏季应设置遮阳网，透光率在30%～40%为宜。另外，根据不同时期对光照的要求，冬春季节全天有光照可使枝干充实，生长旺盛；开花期间，中午短时间遮阳；抽叶发枝期尽可能多见光。

4. 株形整理　西洋杜鹃萌芽力较强，成枝力较弱，对修剪反应不敏感。小盆（直径30厘米以下）修剪，以扩大树冠面为原则；大盆（直径31厘米以上）修剪，以培育树冠形状为原则，剪除病枝、细枝，留粗壮的枝条，形成一个分枝合理、形态丰满的树形。

西洋杜鹃的造型以自然美为好。目前常见的株形主要有以下3种：伞式，对上部的徒长枝及时摘心控制，促使多分枝，再经数年修剪，株形即成为伞状；绣球式，前4年先造出基层球状，然后再逐年造第二层，通常情况造二层球需8年时间；宝塔式，这种株形适用于主干直立挺拔的植株，造法为控制上层，发展基层，逐层培养，形成多层宝塔状。在整枝造型的同时进行常规修剪，主要是剪除病枝、弱枝及重叠紊乱的枝条。如枝条过密，影响通风透光，可将内膛枝、细弱枝剪去。春季花后修剪时，应同时摘除残花，以促使新芽萌发。

常规修剪还包括疏蕾和摘芽，西洋杜鹃在形成花蕾后和开花前必须进行2次疏蕾，减少养分的过度消耗，以保证如期开出大花。

5. 花期控制　一般的普通大棚和温室是杜鹃花期调控的主要设施。西洋杜鹃进行催花处理，一般选择2～3年生大苗。

（1）温度处理　根据西洋杜鹃开花所需温度，可采用人工调节气温的办法来控制花期，即变温式管理模式。开花期间，将温室中的昼夜温度控制在 15～25℃；休眠期间，温度控制在 0～5℃；观赏期间，将温度控制在 10～15℃为宜。根据不同需求灵活采取变温措施，就可以随心所欲地控制花期了。

西洋杜鹃形成花芽最适温度是 20～27℃。温度在 15～25℃花蕾发育最快，开花时间会加速，30～40 天就可开花。开花后温度在 15℃以下，开花时间可延长到 50 天以上；如果温度在 10℃以下，花期就会缩短。

（2）**植物生长调节物质处理**　西洋杜鹃有些品种，可以用植物生长调节物质促进花芽的形成。0.15％比久溶液，每周 1 次，共喷施 2 次；或用 0.25％比久溶液 1 次；或 0.3％矮壮素溶液处理 2 次，每周 1 次。大约喷施 2 个月后，花芽可充分发育，然后将植株冷藏，促使花芽成熟。西洋杜鹃在栽培以前至少需 4 周在 10℃或稍低的温度冷藏。冷藏期间，基质应保持湿润，但不能过分浇水，同时保持每天 12 小时的光照，即可减少落叶。用 100 毫克/千克或 500 毫克/千克的赤霉素加 10 毫克/千克的激动素混合液，每 4 天处理 1 次未经冷藏的西洋杜鹃，其开花亦可提前。

（3）**修剪**　一般说来，在轻度修剪 5 个月左右即可进入花期，通过修剪调整养分供给，使花芽分化充分，及时孕蕾，以达到如期开花的目的。

（4）**栽培措施**　在花苗成活后，及时追施 2 次以氮肥为主的肥料，如复合肥、尿素或专用花肥，并配合疏枝疏蕾；西洋杜鹃新抽枝条半木质化时，结合叶面喷施，以磷、钾肥为主，促进花芽的形成。一般西洋杜鹃成熟枝都会长有花蕾，且易形成一枝多蕾。在开花前 1 个月左右，根据实际情况进行 1 次疏枝疏蕾的工作，除去过早或过迟发育的或畸形的花蕾，使营养集中充分地供给每个枝条发育健壮的花蕾，以利于将来形成花大、色艳、整齐、美观的株形。

6. 病虫害防治　西洋杜鹃属抗性较强的花卉，但养护不当也有病虫害发生。常见病害有黄化病、黑斑病、根腐病等。黄化病是生理性病害，可结合灌水，浇灌硫酸亚铁溶液或 0.1％～0.2％磷酸二氢钾溶液改善土壤酸碱性，或叶面喷洒 0.5％的硫酸亚铁溶液，均有明显效果。常见的虫害有冠网蝽、红蜘蛛等。

五、大花君子兰

学名：*Clivia miniata*

别名：君子兰、达木兰、剑叶石蒜

(一) 形态特征

石蒜科君子兰属多年生常绿草本花卉。根系肉质粗大，叶基部形成假鳞茎；叶二列状交互叠生；伞形花序顶生，花漏斗状，花色有橙黄、橙红、鲜红、深红、橘红等，盛花期 2～3 月；浆果球形。

(二) 种类与品种

生产上的大花君子兰主要品种有黄技师、油匠、圆头、花脸、缟艺君子兰。同属君子兰的栽培种还有黄花君子兰、斑叶君子兰、垂笑君子兰等。

(三) 对环境的要求

原产非洲南部高海拔地区。喜温暖湿润的环境，生长适温 15～25℃，越冬温度为 5～8℃。0℃以下易遭受冻害，5℃以下生长受到抑制。温度过高，如在 30℃以上，则植株会发生徒长。耐阴，不宜强光照射。要求疏松肥沃、富含腐殖质的沙质壤土。耐旱，耐湿。

(四) 育苗技术

1. 播种繁殖 一般于 11 月至翌年 2 月进行。以河沙、锯末或落叶松的松针为基质，将种子均匀点播在盆土内，覆盖 1～1.5 厘米基质，浇透水后置于室内，保持 20～25℃的温度及盆土湿润，45 天左右发芽。

2. 分株繁殖 可于春季进行。将母株根茎周围产生的 15 厘米以上的分蘖分离，栽到小盆中，浇足水放在庇荫处，1周后移到半阴处。如果分蘖还没有发生幼根，可将其插入沙中，待新根长出后再进行盆栽培养。

（五）栽培技术要点

1. 盆土准备　通常用腐熟马粪、腐叶土、泥炭土、河沙、炉渣等，根据需要依不同比例配制而成（表 13-5）。盆土使用前，要进行消毒，将 pH 调至 6.5～7.0。

表 13-5　大花君子兰盆土的配制

苗龄	腐叶土	马粪	河沙	
幼苗（1～2片真叶）、1年生苗（6叶左右）	5	3	1	
2年生苗（10～12叶左右）	4	5	1	
3年生苗	7	3	1	适量磷肥
成龄植株	5	4	1	适量磷钾肥

2. 上盆定植　一般在 3～4 月或 8 月进行上盆或换盆。2 片叶时上盆，用 10 厘米的盆，盆底放一层碎瓦片等排水物。将小苗从分苗箱中磕出，带土栽入盆内，注意要使盆土填满根系之间，然后浇透水，放阴处缓苗，7～8 天后恢复生长，即可正常栽培。以后随着叶片增加，换入较大的盆中培养。

3. 肥水管理　大花君子兰具有较发达的肉质根，较耐旱，浇水过多又会烂根。保持盆土润而不潮是大花君子兰的浇水原则。生长期间应保持环境湿润，空气相对湿度为 70%～80%，土壤含水量（绝对含水量）20%～40%。

大花君子兰喜肥，小苗分盆后即可以施肥。生长期间一般每半月施 1 次稀薄液肥。浇施时，应让肥液沿盆边浇入，避免施在植株及叶片上，浇施肥液 1～2 天后要浇 1 次清水（水量不宜多），使肥料渗入盆土充分发挥肥效。成龄植株要定期施钾肥，并增加磷、钾肥施用量，以保证植株按期开花，花大色艳，坐果率高。

4. 花期管理 如果栽培管理不当，花期会产生花莛抽不出来，在叶基或叶中开花的现象，称为"夹箭"，影响观赏和开花结实。产生的原因：①温度不适宜。君子兰开花的适宜温度是 15～25℃，昼夜温差以在 10℃左右为宜，温度超过 25℃影响抽箭，低于 15℃也不利于抽箭。②营养不足。君子兰开花期对磷、钾肥需要较多，如施氮肥过多而缺少磷、钾肥和微量元素，就会影响抽箭开花。③君子兰抽箭阶段，需水量较多，如这时供水不足，也会出现夹箭现象。另外，空气干燥、光照太强、昼夜温差小等因素都会影响君子兰抽箭。为了防止君子兰夹箭，每年应换 1 次盆土，勤浇水，保持盆土润而不潮；多施些磷、钾肥；用 25℃左右温水并加少量啤酒浇洒，也有利于催箭。

5. 花期控制 要使君子兰在春节开花，10 月底至 12 月中旬君子兰的生理休眠期要采取低温处理，保持 5℃左右低温 10 多天，控水、控肥。此后开始升温，白天温度 25℃，夜间 10℃以上，形成温差，促进花芽分化。在光照方面，做到"夏季避强光，春秋季透光，冬季要长光"。炎夏花盆放在阴凉通风处，适当遮光，防止灼伤；秋季 10 月初开始逐渐增加透光度；冬季放在温室内阳光充足的地方，每天保持 8 小时以上的光照。冬季浇水适宜在上午进行，若是下午或晚上温度较低时浇水，易造成冻害。

6. 病虫害防治 大花君子兰对病虫害抗性较强。常见虫害仅吹绵蚧，可用肥皂水擦洗；病害有根腐病、褐斑病等，是由于通风不良和肥水过大引起的，可用托布津 1 500～2 000 倍液喷治。

六、新几内亚凤仙

学名：*Impatiens wallerana*

别名：玻璃翠、五彩凤仙花

（一）形态特征

凤仙花科凤仙花属多年生草本花卉。茎直立光滑，肉质，分枝多；叶互生，花单生或数朵成伞房花序，花柄长，花色丰富。全年开花，以春、秋、冬季较盛。

（二）种类与品种

在迎春花市上销售的流行品种以花大色艳，花多而密的矮生大花者为主，花色以红、粉红和橘红者为主，主要有佳娃系列、探戈系列、非凡系列、大和谐系列、贵族系列、庆典系列等。

（三）对环境的要求

喜阳光充足、温暖湿润，不耐寒，怕霜冻，遇霜全株枯萎。冬季室温要求不低于 12℃；夏季要求凉爽，忌烈日暴晒。对土壤要求不严，在疏松肥沃、排水良好的土壤生长良好，pH5.5～6.5，不耐旱，怕水渍。

（四）育苗技术

1. 播种繁殖　在温室中可全年播种，最适时间一般在 3～4 月。选用泥炭与珍珠岩按 5∶1（体积比）配制的混合基质或专用基质，育苗穴盘点播，覆盖 2 毫米厚的蛭石，浇透水后用塑料薄膜覆盖保湿。保持室温为 21～24℃，土壤温度为 21℃，7～10 天萌芽。齐苗后撤去薄膜，并适当降低湿度，保持 70％～80％ 的相对湿度，保持基质湿润。为防止病害发生，苗期每隔 10 天左右可喷洒 50％ 的多菌灵或百菌清 600～800 倍液，3～4 片真叶时可上盆移栽。

2. 扦插　扦插季节以春、夏、初秋为宜，温室内可周年进行繁殖。采用泥炭土与蛭石按 1∶1（体积比）的混合基质或用腐叶土∶珍珠岩∶椰糠以 3∶1∶1（体积比）混合基质或素沙作扦插基质，pH6.0～6.5，用 0.2％ 高锰酸钾液对扦插基质消毒灭菌。

选择品种纯正、生长良好、无病虫害的植株作为母株。插穗可直接采用叶腋间的幼芽，也可以将当年生枝条截成 4～6 厘米段，每段 2～3 节，顶端留 5～6 片小叶，最下部叶片去除。用 50 毫克/升 ABT 2 号生根粉溶液速蘸后扦插，扦插深度约为插穗长度的 1/3～1/2。扦插完后马上浇透水，然后用 1 000 倍的百菌清进行一次喷雾。10 天后进行第二次喷雾，防止灰霉病和茎腐病的发生。插穗有花蕾，应将所有花蕾摘除。插穗随剪随插，若不能及时扦插，应放入塑料袋，置于 7℃以下的低温环境中贮存，喷雾保湿，防止插穗脱水萎蔫。白天气温控制在 23～24℃，夜温控制在 21～22℃。2 周后，当根长 2～3 厘米时即可上盆定植。

（五）栽培技术要点

1. 上盆定植 可用 10～15 厘米盆种植。10 厘米盆种单株苗。15 厘米盆可种植 2 株种苗，以增加丰满度。如作吊盆栽培，通常以 25 厘米盆种植，每盆种上种苗 3～4 株。基质采用泥炭土和珍珠岩按 3∶1（体积比）混合，或泥炭 3 份、沙 1 份、园土 1 份混合，pH6.0～6.3。

2. 肥水管理 保持盆土适度湿润为宜，盆土过分干燥会使植株掉花，花蕾枯萎。新几内亚凤仙不耐肥，容易产生肥害。在定植后 1 周，不需施用任何肥料，以后每 2 周施 1 次液肥。开花时和花期增施磷、钾肥，氮、磷、钾的比例为 1∶2∶2，施肥浓度以 0.1%～0.2%为佳。养分过多，叶片深绿色，扭曲有褐色斑点。温度低时应减少施肥。

3. 温光管理 新几内亚凤仙在营养生长期适宜温度为白天 22～25℃，夜间 20～21℃；低于 15℃植株生长停顿，12℃以下则有可能发生冻害。5 周后逐渐进入花期，株形较高大的品种，白天 24～26℃，夜间 18℃；株形较紧凑矮小的品种，白天 20～21℃，夜间 18℃；18℃的夜温是花芽分化和发育的理想温度。温度超过 30℃，应当遮阳，否则会提早开花，株形不够丰满且花小。

新几内亚凤仙的生长发育需要充足光照，光照不足，影响开花及品质。每天的光照时间保持 14～18 小时有利于植物株的生长。冬天可通过增加光照来增加花朵数目。

4. 株形整理　为了使植株能形成一个比较好的株形，定植以后及时摘除侧枝和花芽，促进株高生长。苗高 8～10 厘米时，进行第一次摘心，具体做法是留 2～3 个节将顶部掐掉，促使侧枝萌发。侧枝萌发后，保留 3～5 个侧枝，将多余的侧芽去除。当侧枝长到 5～8 厘米时进行第二次摘心。一般盆栽经过摘心 1～2 次即可形成丰满株形。若作吊盆栽培，一般经过 2～3 次摘心，即可使整个吊盆丰满。摘心的次数还要根据花盆的尺寸适当增减，直到形成丰满株形为止。最后 1 次摘心时根据所需花朵数及花朵分布的位置摘除多余的侧芽，使株形完美，花朵分布均匀。

栽培过程中，及时剪除细弱枝条，为了防止植株偏冠，应经常转盆，以使植株均匀受光，株形端正。

5. 花期控制　新几内亚凤仙的花期很长，温度和光照强度适宜可全年开花。从播种到开花一般需要 12～13 周；扦插苗从扦插至开花需 9～10 周，生长周期较短。五一节用花，可在 1 月底进行播种或 2 月中旬扦插育苗，温室温度控制在 18～25℃，则可在预定花期开放。国庆节用花，可在 7 月初播种，或在 7 月中下旬扦插，注意夏季高温季节适当遮阳降温，可在国庆节进入盛花期。

6. 病虫害防治　新几内亚凤仙主要病害有灰霉病和茎腐病，除加强栽培管理、注意通风外，浇水时沿盆沿浇入，不宜从叶片淋浇，最好采用滴灌方式给水。主要虫害有青虫、红蜘蛛、白粉虱等。

七、长寿花

学名：*Kalanchoe blossfeldiana*

别名：红落地生根、圣诞伽蓝菜、矮生伽蓝菜

（一）形态特征

景天科伽蓝菜属常绿多年生草本多浆植物。茎直立，株高10～30厘米；单叶交互对生，卵圆形；圆锥聚伞花序，花小，花瓣4片，花色粉红、绯红或橙红色。花期1～4月。

（二）种类与品种

长寿花分为丰花系列、迷你系列和垂吊系列。常见品种有卡罗琳、西莫内、内撒利、阿朱诺、米兰达系列等。另外，还有新加坡、肯尼亚山、萨姆巴、知觉和科罗拉多等流行品种。

（三）对环境的要求

长寿花原产非洲，喜温暖稍湿润和阳光充足环境，不耐寒，生长适温为15～25℃，夏季高温超过30℃，则生长受阻；冬季开花室内温度要求12～15℃。光照不足，枝条细长、叶片薄小，甚至会大批落叶，失去观赏价值。

（四）育苗技术

一般多用扦插法来繁殖。温室生产长寿花，从扦插开始到植株开花，最长需要17周时间，一般为14周。

除了夏季和冬季外，其他时间均可扦插，其中在5～6月或9～10月进行效果最好。将细沙、蛭石、珍珠岩等量混合，均匀铺在育苗床中，约10厘米厚，浇水。扦插方法有叶片扦插和顶芽扦插。将全叶摘下（叶片越大越好），放在阴凉处晾干伤口，数小时后，将叶柄完全插入湿润的基质中，如叶柄过短，也可将叶片的一部分插入基质。扦插完后将其放在日光稍弱处，温度保持在20～25℃，3～4周后叶片基部生根，这时可将其放在全日照条件下并可施用低浓度的肥料。待叶片基部长出的幼苗长到15～20厘米时将其与叶片分开，单独培养，而叶片可继续产生幼苗。分开的幼苗可作为生产无根插穗的母本苗使用。或选择稍成熟的肉质茎，剪取5～6厘米长，直接插入装好基质的苗床中，插穗插入基质中约2厘米深，保持基质湿润，光照强度不宜过强，温度在20～25℃，2周后生根。通常插穗生根后就可以装盆。

叶片扦插主要作为培育母本用，顶芽扦插多用于盆花生产。

（五）栽培技术要点

1. 上盆定植 扦插成活后根据品种的植株大小不同来选用不同尺寸的盆，可以使用 8～15 厘米的塑料盆，一般多使用 10 厘米的盆。每盆 1 株或 2～3 株。盆栽基质以 50％以上的泥炭加上珍珠岩、蛭石或矿渣等排水良好的基质混合而成，基质的 pH5.8～6.5。

2. 肥水管理 长寿花耐干旱。一般土壤变干时颜色变浅，且摸起来较硬；或观察叶片，当叶片稍有萎蔫时，就可以作为浇水了。如浇水过多而使土壤一直保持相当高的湿度，则长寿花易徒长。

生长期每月施 1～2 次富含磷的稀薄液肥，也可以在春、秋生长旺季和开花后施用"卉友"15 - 15 - 30 盆花专用肥。

3. 株形整理 为了控制植株高度，进行 1～2 次摘心，促使多分枝、多开花。此外，长寿花定植后 2 周用 0.2％比久喷洒 1 次，株高 12 厘米再喷 1 次，这样能有效地控制植株高度，达到株美、叶绿、花多的效果。

4. 花期控制 长寿花属于典型的短日照花卉，每天光照 8～9 小时处理 3～4 周即可出现花蕾开花。在我国北方栽培，只要温度不太低，无论植株大小，均能在元旦至春节开花。冬春开花期超过 24℃，会抑制开花，如温度 15℃左右，则开花不断。

5. 病虫害防治 最普遍发生的病害有白粉病、灰霉病、叶枯病和茎腐病等，虫害有蚜虫、粉虱以及其他食叶类幼虫等。

八、一品红

学名：*Euphorbia pulcherrima*

别名：老来娇、圣诞花、圣诞红、象牙红、猩猩木

（一）形态特征

大戟科大戟属常绿灌木。茎直立，含乳汁。下部叶为绿色，上部叶苞片状，红色，为主要观赏部位。花序顶生，花小，乳黄色。花期冬季至春季。

（二）种类与品种

国内栽培较多的品种有天鹅绒、持久、威望、自由、彼得之星等。苞叶除红色外，还有白色（一品白）、粉色（一品粉）、黄色（一品黄）等品种。

（三）对环境的要求

一品红是短日照植物，喜温暖、湿润和阳光充足的环境，土壤以疏松肥沃，排水良好的沙质壤土为好。

（四）育苗技术

生产上采用扦插繁殖的方法进行种苗的繁殖。

可用穴盆、平盘或扦插床的方式进行扦插。扦插床面上设间歇喷雾装置，扦插基质可以按泥炭、珍珠岩的体积比为7：3或珍珠岩和蛭石各半混匀铺于穴盆、平盘或扦插床中，厚度为5厘米。插条选用嫩枝或休眠枝都可，但以嫩枝扦插生根快，成活率高。4～5月选2年生枝条，剪成长10厘米的插穗，不带叶。为了避免乳汁流出，剪后立即浸水或将剪口处沾上烟灰，待插穗稍晾干后即可扦插。深度为插穗长度的1/3，株距5厘米左右，插后浇透水，保持湿润并稍遮阴，温度18～25℃，20天左右生根。待生根后，早、晚去除遮阳网，中午进行遮阳，防止种苗徒长。新枝长到10～12厘米即可分栽上盆。在7～8月扦插，插穗应带叶。用0.1％～0.3％吲哚丁酸溶液处理插穗，生根快且根系发达。

（五）栽培技术要点

1. 栽培条件 一品红的生产不能露天淋雨及全光照，否则品质无法得到保证。根据实际情况可选择玻璃温室、薄膜温室或其他设施，但必须具备夏季可调节室内温度至32℃以下，冬季可调节室内温度至 20℃以上的条件。

2. 上盆定植　常根据冠幅选择花盆，30～40 厘米冠幅选用 15 厘米口径的花盆，45～60 厘米冠幅用 18 厘米口径花盆。上盆时间主要根据产品上市的时间、规格和品种的特性而定。一般情况是在每年的 6 月初至 8 月 30 日之间进行。

常见的盆土配方组合有：①泥炭土∶蛭石＝1∶1；②泥炭土∶珍珠岩＝1∶1；③泥炭土∶蛭石∶珍珠岩＝1∶1∶1；④泥炭土∶蛭石∶珍珠岩∶沙＝2∶2∶1∶1。一品红最适宜的 pH 为 5.5～6.5。

3. 肥水管理　一品红对水分的反应比较敏感，掌握"见干见湿，适度控水，忌积水"的原则。生长期水分供应过多，茎叶生长迅速，有时出现节间伸长、叶片狭窄的徒长现象。相反，盆土水分缺乏或者时干时湿，会引起叶黄脱落。浇水量应视植株长势、天气情况灵活调整。一品红刚从扦插环境转入盆栽环境，湿度变化较大，应不断喷雾以保持 80％～90％的相对湿度使小苗适应新环境，从而能正常生长。其他生长阶段以相对湿度70％～75％为宜。

一品红对肥料的需求很大，施肥稍有不当或肥料供应不足，都会影响花的品质。生产优质一品红必须施用完全配方肥。在一般情况下，常用肥料配方为：氮∶磷∶钾∶钼＝260∶80∶200∶10（毫克/千克）。目前一品红完全配方肥有两大类：一为包裹缓释粒肥，如奥妙肥；另一类为液肥，如花多多。而用普通肥料生产一品红，经常容易出现缺素现象。每次浇水都配施液肥这是近年采用较多的施肥方法，它在浇水时能自动限制施肥量，防止过量的盐分积累。出售前 1 个月尽量不使用肥料。

4. 温光管理

（1）温度管理　冬季温度不低于 10℃，否则会引起苞片泛蓝，基部叶片易变黄脱落，形成"脱脚"现象。一品红的生长适温一般在 16～28℃。温度低于 16℃，一品红生长发育很慢；若低于13℃会使生长停滞，超过29℃对植物的生长不利，当一品红植株长期处于35℃以上的高温时，会因高温逆增的压力逐渐死亡。温度平均维持在20℃时，对苞片的分化和发育都很理想。在生长后期，将温度降低到15～17℃，对苞片的转色有帮助，并且也可以减缓花序成熟的速度，减少提早落花，对成品运输期间品质的维持有帮助。具体的温度控制方法见表13-6。

表13-6 一品红不同时期对温度要求

不同生长时期	白天		夜间	
	温度范围	最适温度	温度范围	最适温度
营养生长期	25～32℃	28℃	20～30℃	25℃
生殖生长期	20～28℃	22℃	15～25℃	18℃
开花后	15～25℃	18℃	13～18℃	15℃
出售前3天	12～18℃	15℃	10～15℃	12℃

（2）光照管理 一品红原产墨西哥，喜温暖气候和充足的光照。营养生长季节需要光照充足，夏天气候炎热时要适度遮阳，建议用70%的遮光网，以减少光强。

5. 株形整理 为使一品红达到造型丰满、矮化美观效果。常采用摘心处理，18厘米花盆，植株9～10片叶时，留7片叶摘心；15厘米花盆，植株7～8片叶时，留5片叶摘心。化学药剂用矮壮素和比久。浓度为1 000～1 500毫克/升矮壮素或1 000～1 500毫克/升比久或1 000毫克/升矮壮素＋1 000毫克/升比久。处理时间为摘心前10天喷1次，摘心后15天再喷1次，进入花芽分化后严禁喷洒。处理时注意减小日夜温差，在满足正常生长的前提下，尽量使用高强度光照，同时适度控制水分，使植株处于轻微的缺水状态。

6. 花期控制 一品红是典型的短日照植物，当昼长降到临界点以下时，花芽开始形成。这一临界昼长大约是12小时20分钟。种植者可根据自己的生产计划进行花期控制。

（1）促成栽培　要使一品红在国庆节开花，方法是通过盖黑色幕帘遮光，延长黑暗时间。开始时间是从9月25日减去该品种的光反应期所得的日期。每天处理时间为下午6时至次日8时，保证14小时暗期，夜间降温至23℃以下。遮光天数为该品种的光反应期。具体操作时应注意处理期间不能间断操作，否则无效。黑幕处理会增高夜温，要注意夜温不能超过23℃，否则所有的努力都会白费。最好能在夜晚完全黑暗来临后，将黑幕打开，帮助散热，然后在日出之前又将黑幕盖上。西北、华北、东北地区很适合生产国庆开花的一品红，需要注意的是，当夜间温度急剧下降到13℃以下时，最好能进行加温。

（2）抑制栽培　要使一品红延迟到春节开花，方法是通过加光延迟花芽分化。开始时间是9月25日左右。加光天数：春节前10天与9月25日相隔的天数，减去该品种的光反应期的天数。一般品种需加光50～60天。每天处理时间一般在22～24时，共2小时。加光强度10～100勒克斯。但需要注意的是加光之后，一些品种的感应时间会与在自然光的条件下有所不同。另外低温会使苞片发育和转色变慢，而且不同品种之间苞片发育、转色变慢速度会存在差异，这一点在计算出售日期时也要考虑到。冬季太阳的总辐射较小，在阴天时最好白天能进行补光。

通过黑幕处理或加光处理，只要注意夜温不超过23℃，就可以做到周年生产一品红成花。

7. 病虫害防治　一品红常见病害有灰霉病、疫腐病、软腐病和菌核病等，虫害主要是介壳虫和粉虱等。

九、仙客来

学名：*Cyciamen persicum*

别名：兔子花、一品冠

（一）形态特征

报春花科仙客来属多年生球根花卉。扁圆形球茎；叶基生，具长柄，近心形；花单朵腋生，花瓣向外反卷如兔子耳朵，花色丰富，花瓣多样，花期从 12 月至翌年 5 月。蒴果球形。

（二）种类与品种

仙客来园艺品种极为丰富，按花形可分为大花形、平瓣形、钟形、皱边形。常见栽培较多的品系有荷兰超级系列、日本泉农园的 NP 及 SC 系列、美国 Goldsmith 公司的山脊系列、法国莫莱尔系列等。

（三）对环境的要求

喜温暖、凉爽，怕炎热。要求腐殖质丰富的沙质土壤，忌黏重和碱性土壤，pH6.5～7.5。喜湿润怕积水。喜光，但忌强光直射。

（四）育苗技术

1. 播种繁殖 播种时间的确定是根据所选品种的生育期、成品花的上市时间和生产者的栽培环境条件决定的。

播种基质可用园土 4 份、泥炭 4 份、珍珠岩或蛭石 2 份混合而成，也可用进口专业育苗基质。播种前要对基质进行充分消毒。苗一般用塑料平盘、自制木盘和 288 穴盘等容器来进行播种，点播，覆土厚度为 5～7 毫米。播后浇透，保湿，18～20℃，20 天左右便可发芽出苗。

当仙客来在种子播种后 8～9 周便可进行分苗，所用的基质与播种用基质基本相同，pH 要求也一样。分苗时，要将根和根部的土坨同从穴中取出，以保证根系完整无损，然后将小苗栽到打好孔的穴盘中，基质不要压得过实，尽可能让子叶的排列方向保持一致，以保证充分受光。小苗不宜栽得过深，否则会延迟花期，但也不能埋得过浅，过浅会使主根不能正常下扎生长，同时植株也缺乏稳定性。夜间温度保持在 17～19℃，避免直射光照，充分浇水。当小苗长出了真叶以后，适当降低基质的湿度，经常喷施农药预防病虫害侵染。

2. 块茎分割繁殖 休眠的球茎萌发新芽一般在 9～10 月，

按芽丛数将块茎切开，使每份切块都有芽，切口处涂上草木灰或硫黄粉，放在阴凉处晾干，然后分别作新株栽培。

3. 组织培养繁殖 在无菌条件下，切割更小些，在球茎的表面喷 1～3 毫克/升的 6-苄基腺嘌呤和 1～5 毫克/升的赤霉素，可以诱发球茎分化出大量叶芽，大大提高球茎的繁殖系数。适用于工厂化规模生产。

（五）栽培技术要点

1. 上盆定植 分苗后 7～8 周上盆，用透水性、避光性好的瓦盆或塑料盆都可以。盆栽用土由腐叶土（或泥炭土）、园土各 4 份，堆肥、沙土各 1 份混合配制而成。上盆时在盆底放入适量骨粉或饼肥渣作基肥，注意移栽不要伤根，露出 1/3～1/2 球茎，不要埋住种球。每盆 1 株即可。

2. 肥水管理 仙客来喜湿润，怕水涝。上盆初期采用喷雾方式进行灌溉，以后正常浇水。生育期间浇水要"见干见湿"，保持土壤湿润为宜，平时以 1～2 天浇水 1 次为好。浇水过多，会烂球；过少，导致叶片萎蔫。

生长期间每 10 天施一次稀薄腐熟饼肥水或氮磷钾为 15-15-30 的配方肥，夏季停止施肥。10 月份后应增施磷肥，以促进花芽分化。施肥时，液肥不要溅到花芽和叶片上，液肥施用在块茎顶内，易引起块茎腐烂。开花期间暂停施肥。

3. 温光管理

（1）温度管理 定植后，保持白天凉爽，夜间保持在 18℃；当根系达盆四壁时，晚间降至 17℃；根系到达盆底部时，降至 14～16℃，保持植株强健；直至收获季节，收获季节晚间温度为 13～15℃。

仙客来生长适温为 15～20℃。超过 30℃时，叶片变黄、凋萎，进入休眠或半休眠状态，35℃以上易受热腐烂。温度过高时，最好通过遮阴通风降温，喷雾法降温湿度过高，容易导致种球腐烂。

（2）光照管理 光照充足可使仙客来生长健壮，但强光易伤植株。植株的生长发育和开花主要受植株中央部分接受的光照量影响（光照强度和白天光照时数的多少）。仙客来对光照需求最高为 40 000 勒克斯，光照强度超过 50 000 勒克斯，才需遮阳。

4. 花期控制 可通过改变播种时间控制花期。为了使仙客来在圣诞节、元旦开花，建议选用生长期较短，开花较早的小花品种；为了使仙客来在春节开花，建议选用生长期适中，开花较早的大花品种；而想要生产应五一节开花的仙客来，则建议选用晚花品种。生产者在购买种子的同时必须了解所购品种的特性。

采用温水浸种，促使种子提早发芽，生长期和开花可提前10 天左右；夏季采取措施降温，防雨，适当给予稀薄氮肥及水分，使仙客来块茎不休眠或轻度休眠，及早进入生长期，提前进行花芽分化，一般可提前花期 1 个月左右。还可在花蕾形成后，花梗尚未伸展而卷缩于块茎顶端时，喷洒 100～500 毫克/千克赤霉素于花梗，促使花梗加速伸长，从而提早开花。

在花期管理时，适当施用磷钾肥，降低室内温度到 15～18℃，保持空气流通与空气湿度，适当遮阳，防止阳光直射，则可延长开花时间。

5. 病虫害防治 仙客来主要病害有仙客来根结线虫病，可选用 0.1％棉隆（必速灭）进行土壤处理或将染病种球在 50℃水中浸泡 10 分钟杀死线虫；灰霉病、炭疽病、软腐病等真菌性病害，可喷施杀菌剂如 70％甲基托布津 800～1 000 倍液防治。仙客来虫害主要有蚜虫和叶螨等，可利用黄板诱杀蚜虫；使用不同的杀虫剂交替使用防治蚜虫、螨虫。

十、天竺葵

学名：*Pelargonium hortorum*

别名：石蜡红、洋绣球

(一) 形态特征

牻牛儿苗科牻牛儿苗属亚灌木植物。茎基部稍木质化，茎多汁；叶常具马蹄形环纹；伞形花序顶生，花色有红、白、淡红、橙黄等色，花期由初冬开始直至翌年夏初。

(二) 种类与品种

天竺葵品种可分为直立型与蔓生型，有单瓣、半重瓣、重瓣和四倍体品种。作为春节盆花，应用较多的是直立型的品种。

(三) 对环境的要求

原产非洲南部。喜温暖、湿润和阳光充足环境，耐寒性差，怕水湿和高温，宜肥沃、疏松和排水良好的沙质壤土。

(四) 育苗技术

1. 播种繁殖　春、秋季均可进行，以春季室内盆播为好。发芽适温为 20～25℃。天竺葵种子不大，播后覆土不宜深，7～10 天发芽。秋播，翌年夏季能开花。经播种繁殖的实生苗，可选育出优良的中间型品种。

2. 扦插繁殖　除 6～7 月植株处于半休眠状态外，均可扦插，以春、秋季为好。选用长 10 厘米茎段作为插条，以顶端部最好。等切口干燥形成薄膜后，再插于沙床或珍珠岩和泥炭的混合基质中，注意勿伤插条茎皮，否则易腐烂。插后放半阴处，保持室温 13～18℃，插后 14～21 天生根，根长 3～4 厘米时可盆栽。扦插过程中用 0.01% 吲哚丁酸液浸插条基部 2 秒，可提高扦插成活率和生根率。一般扦插苗培育 6 个月开花。即 1 月扦插，6 月开花；9～10 月扦插，翌年 1～3 月开花。

(五) 栽培技术要点

1. 上盆定植　天竺葵盆栽用土可用腐殖土、砻糠灰、园土各 1/3，再加入少量过磷酸钙、豆饼等基肥，混合拌匀即可。

2. 肥水管理

(1) 浇水　天竺葵耐干旱、怕积水。在生长过程中，掌握

"不干不浇，浇则浇透，宁干勿湿"的原则。浇水过多，盆土含水量过大，会引起徒长或烂根。春秋生长旺盛时，以保持土壤湿润为宜。7～8月盛夏高温时呈半休眠状态，应严格控制浇水，否则半休眠状态的天竺葵因盆土过湿，容易引起叶片发黄脱落。冬季气温低，植株生长缓慢，应尽量少浇水。

（2）施肥　在栽培时，除施足基肥外，在生长季节，每半月施肥1次，但氮肥不宜施用太多。茎叶过于繁茂，需停止施肥，并适当摘去部分叶片，有利于开花。花芽形成期，每2周加施1次磷肥，或每隔7～10天施1次15-15-30盆花专用液肥。施肥前3～5天，少浇或不浇水，盆土偏干时浇施，更有利于根系吸收。

3. 温光管理　天竺葵生长适温为13～19℃，冬季温度保持在10℃以上可以安全越冬。

春季和初夏光照不太强烈时，可将花盆置于光照充足的地方，使其接受充足光照，但在盛夏初秋炎热季节宜放在庇荫处，忌强光直射，否则枝叶会受到灼伤。

4. 株形整理　为使株形美观、多开花，天竺葵苗高12～15厘米时应进行摘心，促使产生侧枝。开花后及时剪去残花及过密枝，对过长枝进行短截，以备休眠期过后，抽生新枝，继续孕蕾开花。为了获得一个分枝好的株形，可用生长调节剂来控制生长，如750毫克/升的矮壮素、750毫克/升的比久。

5. 病虫害防治　天竺葵生长强健，有异味，虫害较少。常见的病害有花叶病，该病由病毒引起，应及时防治蚜虫；菌核病、黑茎病、灰霉病、叶斑病等，可用50％的甲基托布津500倍液等喷洒均有较好的效果。

十一、发财树

学名：*Pachira aquatica*

别名：马拉巴栗、瓜栗、中美木棉

(一) 形态特征

木棉科瓜栗属常绿小乔木。茎干肥大；掌状复叶互生，小叶5～7枚，基部楔形；花白、红或黄色，花瓣披针形或线形，6月开花。盆栽高度一般在1～2米，主要作为观叶植物栽培。由于植物名吉利，深受消费者欢迎。

(二) 对环境的要求

喜温暖湿润、通风良好环境，喜阳，也稍耐阴。耐寒力差，华南地区可露地越冬，北方地区冬季须移入温室内防寒。在疏松肥沃、排水性好的土壤中生长最好，忌碱性土或黏重土壤。较耐水湿，也稍耐旱。

(三) 育苗技术

1. 扦插繁殖 于6月下旬至8月上旬进行扦插，选生长健壮的当年生半木质化枝条，长度6～7厘米，每个插条带2个掌叶，基部用 ABT 生根液浸泡20～24小时，插入河沙与炉渣按2：1混合的基质中3～5厘米。插后浇透水，温度保持在23～25℃，湿度为田间持水量的80%左右，30天左右开始生根，2～3个月后出现新枝叶时即可移栽。

2. 播种繁殖 采种后即可播种，7～10天发芽，真叶展开3～5片时进行移栽。全年可播，以春季为宜。因实生苗茎基肥大，易培养出优美树型。但繁殖速度较慢。

(四) 栽培技术要点

1. 上盆定植 盆土可用腐叶土（或泥炭土）、园土各4份，河沙1份，腐熟有机肥1份混合配制的微酸性培养土。盆栽以浅植为好，让膨大的茎基部外露。

2. 肥水管理 发财树喜高湿环境。夏季2天浇1次水，春、秋季3～4天浇1次水，以保持盆土均匀湿润。经常向叶上洒水，保持较高的空气湿度。冬天视室温而定，盆土略潮为宜。浇水不可过多过勤，以免植株烂根，导致叶片下垂，失去光泽，甚至脱落。

发财树喜肥，在生长期间，应每月施 1 次稀薄饼肥水或复合肥液。在肥料中应增加磷钾肥，以利于茎基部的肥大，增强美感。

3. 温光管理　发财树生长适温为 25～32℃，低于 15℃时容易黄叶落叶，10℃时易死亡。对光照要求不严格，既耐阴又喜阳光，忌强光直射，温室内的散光即可满足要求，叶片油绿发光。但不能长时间荫蔽，否则枝条细，叶柄下垂，叶淡绿。

4. 株形整理　发财树生命力极强，即使剪取全部枝叶和根系，只剩光杆，放置数天不会干枯，重新栽植时仍能长成青枝绿叶。一般 1～2 年修剪 1 次并更换较大的花盆以利于根系生长，促进茎围膨大和柱形美观。平时栽培造型有独株种植、辫子型、群聚型等。

5. 病虫害防治　发财树常见的病害有根（茎）腐病与叶枯病。加强养护管理，适时浇水施肥，每隔 10～15 天喷施 50％多菌灵 800 倍液，或 70％百菌清 800 倍液即可。

十二、富贵竹

学名：*Dracaena sanderiana*

别名：仙达龙血树、竹蕉、开运竹、万年竹

（一）形态特征

龙舌兰科龙血树属常绿观叶植物。叶互生或近对生，纸质，叶长披针形，浓绿色。

（二）种类与品种

用于盆栽的富贵竹品种，除了叶片全绿者之外，还有各种花叶线艺的品种，如金边、银边、金心、银心等。

（三）对环境的要求

喜高温多湿、半阴的环境，适宜生长于酸性的沙质土或半泥沙及冲积层黏土中。较耐寒，可耐短时间的 2～3℃低温，但冬季要防霜冻。对光照要求不严，适宜在明亮散射光下生长。

（四）育苗技术

富贵竹长势、发根长芽力强，常采用扦插繁殖，只要气温适宜全年都可进行。一般剪取不带叶的茎段作插穗，长 5～10 厘米，最好有 3 个节间，插于沙床中或半泥沙土中，25～30 天可萌生根、芽上盆栽植。水插也可生根。

（五）栽培技术要点

1. 上盆定植　可用泥炭土加园土混合而成培养土。

2. 肥水管理　富贵竹在我国南方全年都可生长，而北方地区 4～10 月为生长季节。保持盆土湿润，每半月施 1 次腐熟液肥或在盆土表面施些固态复合肥即可。气候干燥时每天向地面及叶片淋水 1～2 次，维持较高的空气湿度。

3. 温光管理　全年的生长适温在 15～30℃，越冬温度在 5℃左右，北方地区需要在有暖气的室内放置才可以安全越冬。

富贵竹是耐阴的室内植物，花叶品种最好是在半阴环境中栽培，过于荫蔽则花纹变淡。夏季要适当遮阴，光照过强会使叶片变黄。

4. 株形整理　栽培 2 年左右要截干重栽，植株可留下基部 5～6 节，截下的部分可扦插或水养。为提高它的观赏价值和商品价值，通常保持它的茎直立紧凑塔状排列成"开运竹"，或将茎秆弯曲成各种形式、编织成笼状等造型。富贵竹象征着"大吉大利"，颇受年宵花卉市场欢迎。

5. 病虫害防治　富贵竹管理粗放，病虫害少，容易栽培。炭疽病、叶斑病是常见病害，发病初期可交替喷施 75％百菌清、70％甲基托布津可湿粉 600～800 倍液。

十三、红掌

学名：*Anthurium andraeanum*

别名：花烛、安祖花、火鹤花

（一）形态特征

天南星科花烛属多年生常绿草本植物。叶从根茎抽出，具长柄，心形，鲜绿色；佛焰苞蜡质，正圆形至卵圆形，鲜红色；肉穗花序，花期 9～12 月，温室栽培四季开花。

（二）种类与品种

常见盆栽品种分观叶和观花两类。观花盆栽品种主要有亚利桑那、亚特兰大、粉冠军、甜心佳人、紫衣等。

（三）对环境的要求

喜温暖、湿润和半阴的环境，不耐寒，不耐阴；喜阳光，忌阳光直射；喜肥而忌盐碱。最适生长温度为 20～30℃，最高温度不宜超过 35℃，最低温度为 13℃，低于 13℃随时有发生冻害的可能。空气相对湿度不宜低于 50%。全年宜在有保护性设施的环境下栽培。

（四）育苗技术

目前红掌苗主要靠从国外进口组培苗，也有国产组培苗。种苗一般有 5 厘米左右的小苗和 15 厘米左右的大苗。小苗整个生长周期需要 53 周左右的时间，大苗则需要 4 周左右的时间。

（五）栽培技术要点

1. 盆土准备 盆栽红掌宜选用泥炭、珍珠岩、沙的复合基质，其比例为 10：5：1，混合、消毒处理备用。不同规格小苗对盆的大小要求不同。5 厘米左右的小苗，宜选用 7 厘米的小盆；15 厘米左右的中苗，选用 8～10 厘米的塑料盆，以后转入 17 厘米的盆定植。

2. 上盆定植 上盆时先在盆下部填充颗粒状的碎石物 4～5 厘米，然后加培养土 2～3 厘米，同时将植株正放于盆中央，使根系充分展开，最后填充培养土至盆面以下 2～3 厘米处即可。上盆种植时很重要的一点是露出植株中心的生长点及基部的小叶，尽量避免植株沾染基质。种植后必须及时喷施杀菌剂，以防止疫霉病和腐霉病的发生。

3. 肥水管理

（1）浇水　盆栽红掌在不同生长发育阶段对水分要求不同。幼苗期由于植株根系弱小，在基质中分布较浅，不耐干旱，栽后应每天喷 2～3 次水，要经常保持基质湿润，促使其早发多抽新根，并注意盆面基质的干湿度；中、大苗期植株生长快，需水量较多，水分供应必须充足；开花期应适当减少浇水，增施磷、钾肥，以促开花。

高温季节，要利用喷淋系统向叶面喷水，以增加室内的相对湿度。寒冷季节浇水应在上午 9 时至下午 4 时前进行，以免冻伤根系。自来水适宜栽植红掌，但成本较高；天然雨水是红掌栽培中最好的水源。

（2）施肥　红掌属于对盐分较敏感的花卉品种。基质的 pH 和 EC 必须定期测定，并依测定数据来调整各营养元素的比例。pH 控制在 5.5～6.5，EC 为 1.2 毫西门子/厘米左右。红掌的叶片表面有一层蜡质，不能对肥料进行很好的吸收，因此对红掌进行根部施肥比叶面追肥效果好。肥料往往结合浇水一起施用，一般选用氮、磷、钾比例为 1：1：1 的复合肥，把复合肥溶于水后，用浓度为 0.1% 的液肥浇施。春、秋两季一般每 3 天浇肥水 1 次，如气温高视盆内基质干湿可 2～3 天浇肥水 1 次；夏季可 2 天浇肥水 1 次，气温高时可加浇水 1 次；冬季一般每 5～7 天浇肥水 1 次。也可直接使用红掌专用肥。

4. 温光管理　红掌生长对温度的要求主要取决于其他的气候条件。一般而言，阴天温度需 18～20℃，晴天温度需 20～28℃。冬季，当室内昼夜气温低于 13℃时，需要加温进行保暖，防止冻害发生，使植株安全越冬。

红掌在不同生长阶段对光照要求各异。营养生长阶段（平时摘去花蕾）对光照要求较高，可适当增加光照，促使其生长；开花期间对光照要求低，光照 10 000～15 000 勒克斯，以免花苞变色，影响观赏。温室内红掌光照的获得可通过活动遮光网来调控，早晨、傍晚或阴雨天则不用遮光。

5. 空气湿度 高温高湿有利于红掌生长。当气温在 20℃ 以下时，保持室内的自然环境即可；当气温达到 28℃ 以上时，必须使用喷淋系统或雾化系统来增加室内空气相对湿度，以营造红掌高温高湿的生长环境。但在冬季室温较高时也不宜湿度过大，不利于安全越冬。

6. 株形整理 红掌是按照"叶→花→叶→花"的循环生长，花序是在每片叶的叶腋中形成，花与叶的产量相同。此外，大多红掌会在根部自然地萌发许多小吸芽，争夺母株营养，影响株形。适当地疏除叶片，摘去吸芽，可减少营养消耗，提高盆花观赏价值。

7. 病虫害防治 盆栽红掌有时会出现花早衰、畸形、粘连、裂隙及玻璃化和蓝斑等现象，这多为施肥、盆土和空气湿度管理不当或品种原因引起的生理性病害，可通过改善栽培管理，合理施肥，适当通风来预防。常见的病害有细菌性叶斑病，可选用72％的硫酸链霉素 4 000 倍液或 20％的噻枯唑可湿性粉剂 1 000～1 200 倍液防治；炭疽病、根腐病等真菌性病害可喷洒杀菌剂防治。蚜虫、白粉虱、红蜘蛛、蛞蝓等虫害，可用 40％氧化乐果 1 000 倍液喷雾防治。栽种前栽培基质要消毒可有效防治根结线虫病。

十四、观赏凤梨

观赏凤梨是以叶或花供观赏用的凤梨科植物的泛称。观赏凤梨原产于中、南美洲的热带、亚热带地区，以附生种类为主，一般附生于树干或石壁上，性喜温暖、潮湿的半遮阴环境。因其株形独特、叶形优美、花型花色丰富漂亮、花期长、既可观叶又可观花、绝大多数耐阴、适合室内长期摆放观赏，在全世界深受人们的喜爱，成为年宵花市和租摆行业的宠儿。

（一）种类与品种

观赏凤梨品种繁多，形态各异。目前国内常见作为年宵花卉栽培的观赏凤梨有5个属。

1. 擎天属（果子蔓属，*Guzmania*） 如星类凤梨（丹尼斯、吉利红星、橙星、黄星、紫星等）和火炬类凤梨（大火炬、小火炬）。此属是凤梨科中最漂亮的属。叶数多，株高一般40～100厘米，花茎粗，从叶筒中直挺而出，高立于叶面之上，圆锥、穗状或群聚似头状花序，故有"擎天"之称。花茎上或茎顶着生许多明显、大型、色泽鲜艳的苞片，为主要的观赏部位，观赏期长达半年之久。

2. 莺歌属（丽穗凤梨属，*Vriesea*） 生产和销售的主要有红剑和莺歌凤梨。红剑又称虎皮红剑，莺歌凤梨包括红莺歌、红黄莺歌和斑叶莺歌等，多在冬季至春季开花，多为中型观赏品种，观赏价值高。

3. 蜻蜓属（光萼荷属，*Aechmea*） 主要包括粉菠萝、红菠萝、红珍珠和珊瑚凤梨等品种。此属是观赏凤梨中的大型种，多夏天开花，花序可观赏2～5个月。

4. 铁兰属（*Tillandsia*） 常见有紫花凤梨，又称粉玉扇。植株不高，一般20～30厘米，叶狭长，叶数多，苞片2列，玫瑰红色，像小球拍。

5. 五彩凤梨属（赪凤梨属，*Neoregelia*） 包括五彩凤梨、亮叶唇凤梨等。植株多不高，但宽幅较大。在开花前，叶从中央的叶片大部分会逐渐变成红色，鲜艳靓丽，观赏期可维持数月。1年内任何时候都可开花。

其他还有凤梨属（*Ananas*）、水塔花属（*Billbergia*）、姬凤梨属（*Cryptanthus*）、巢凤梨属（*Nidularium*）4个属，也是盆栽常见的观赏凤梨品种。

（二）育苗技术

1. 组织培养繁殖 目前国内外普遍采用组织培养的方法来

大量生产种苗，有专门的花卉种苗公司在进行此项工作，生产上主要使用进口种苗。我国国产化生产的种苗有擎天属星类凤梨和小火炬类凤梨。

2. 分株繁殖 当吸芽长至 12～15 厘米高时切下，除去基部 3～4 片小叶，置于阴凉处晾干，约需 2 天，然后扦插于沙床。沙床应设在光强为 8 000～10 000 勒克斯、气温 18～28℃ 的环境中，1 个月后长根，再过 1～2 个月后根系长好，此时可将凤梨移植到 9 厘米的花盆中。

（三）对环境的要求

喜温暖湿润、阳光充足的环境，怕强光直射。适宜的生长温度为夏季 20～30℃、冬季 15～18℃，最高不能高于 35℃，最低不能低于 15℃。生产栽培的观赏凤梨多为附生种，要求基质疏松、透气、排水良好，呈酸性或微酸性。

（四）栽培技术要点

1. 盆土准备 生产上通常小苗用直径 7～9 厘米的塑料盆，成长株一直到开花株用 9～12 厘米的塑料盆。一般小苗上盆种植 4 个月后进行换盆。

常用 75％ 的泥炭土＋25％ 粗粒珍珠岩（或蛭石），或树皮、松针、陶粒、谷壳、珍珠岩等与腐叶土或牛粪混合使用，pH 5.5～6.0。基质使用前需消毒，避免基质带菌造成根腐性病害。

2. 上盆定植 观赏凤梨的根系不发达，无主根，有些根是气生根，上盆种植时基质不要压得太紧，以利根系的生长；种植也不能太深，否则植株可能会停止生长，且易造成今后叶筒基部腐烂。一般栽植深度为 1～2 厘米。

3. 肥水管理

（1）浇水 植株生长发育所需要的营养和水分，主要靠叶筒的基部吸收，平时保持叶筒中有水。一般夏秋季节是观赏凤梨的旺盛生长期，需要较多的水分，每 4～5 天要向叶筒里浇水 1 次，每天叶面喷雾 1～2 次，培养土每周浇水 1 次，保持土壤温润，

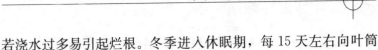

若浇水过多易引起烂根。冬季进入休眠期，每 15 天左右向叶筒中浇水 1 次，培养土不干不浇。

浇灌用水应为软水，以天然雨水为佳，要求清洁无污染，pH5.5～6.5，钙和钠较低，否则导致叶色不亮，养分吸收不良。在北方，可用盐酸或冰醋酸调节 pH，并适当加以软化处理（如静置沉淀等）。

最适宜观赏凤梨生长的空气相对湿度为 70%～85%，可通过向床架下方和走道洒水的方式来提高环境的空气湿度。

（2）施肥　肥料主要以液体肥的形式浇灌于叶筒中和喷施叶面为主。不同属的观赏凤梨要求的氮磷钾比例有一定差异，详见表 13 - 7。

表 13 - 7　不同属观赏凤梨对氮磷钾、光照要求

属	氮磷钾比例	光照强度	属	氮磷钾比例	光照强度
擎天属	1：(0.25～0.5)：(2～3)	20 000 勒克斯	铁兰属	1：1：2	15 000 勒克斯
莺歌属	1：1：2	15 000 勒克斯	五彩凤梨属	1：1：1	20 000 勒克斯
蜻蜓属	1：1：2	25 000 勒克斯			

所有的凤梨科植物需要较多的镁肥，施用量为化肥总量的 3%。施肥时注意增施钾肥和镁肥，减少磷肥施用量，严格控制铜和硼的施用量，磷量稍大易产生叶尖发黄，对铜和硼敏感，易造成中毒。

配制液肥的水质 EC 必须在 0.4（单位：毫西门子/厘米，下同）以下。液肥的 EC 因生长阶段不同而有差异：种苗种植后，新根长出 1～2 厘米时 EC 控制在 0.5～0.8；大概 4 个月后，EC 增加到 1.0 左右；当凤梨由营养阶段进入生殖生长阶段，EC 增加到 1.2～1.5。每次施肥后，可保持 12～15 天，然后倒掉叶筒内的水，用清水冲洗叶筒，再灌入新配制的液肥。催花前半个月停止施肥，催花后 1 个月可继续施肥，花苞现花后停止施肥。

4. 温光管理　苗期植株较幼嫩，温度宜控制在 20～25℃，

早晚温差不能过大。栽植 3 个月后，温度可调至 18～28℃，昼夜温差适当加大，利于生长。夏季通过开启水帘或风机、喷雾、遮光降温，使环境温度保持在 30℃ 以下，又能增加空气湿度。冬季用双层膜覆盖，内部设暖气、热风炉等加温设备维持室内温度在 10℃ 以上，观赏凤梨即能安全越冬。

不同种类凤梨对光照要求稍有不同，详见表 13 - 7。一般苗期光照强度弱，利于缓苗。等植株稍大后，逐渐增大光照，最高不超过 30 000 勒克斯。光照太强，会灼伤叶片；光照不足，又会造成植株徒长，色泽暗淡。

5. 花期控制　五一、国庆、元旦、春节为观赏凤梨的四大观赏旺季，对不同的节日可选择相应的时间进行催花。五一花市催花时间为 1 月上旬，国庆花市催花时间可选在 6 月中下旬，元旦花市催花时间为 9 月中旬，春节花市催花时间应在 9 月中旬至 10 月上旬。

目前生产上观赏凤梨的花期控制主要通过乙烯利催花。具体方法如下：乙烯利加水稀释后或加碱中和到 pH4.1 以上，开始分解，释放出乙烯气体。稀释后不宜久存，宜现配现用。不同品种、不同季节以及不同的施用方法对乙烯利的使用浓度要求是不同的。不管如何施用，浓度都不能太高，否则叶片、叶尖或叶缘易产生药害，花序可能变小。

施用方法有叶面喷施和施于叶筒两种。叶面喷施一般上午喷施 1 次，不能晚上喷，因为处理后需要光照，1 周后再喷施 1 次。喷后植株 2 天内不能浇水，稍干的环境有利于开花。浓度为 400 毫克/升，全年可适用于果子蔓属和五彩凤梨属；1 000 毫克/升，在冬季适用于粉菠萝、红剑和铁兰。对于叶筒使用，浓度要稍低，处理方法为：把叶筒内的水倒去，加入配制好的乙烯利溶液，装满即可，1 次就行。不同种类以及不同大小的植株从催花到开花的时间是不一样的，小红星花凤梨、红苞垂穗铁兰要 60 天，莺歌凤梨、斑马红剑要 90 天，粉叶珊瑚凤梨、火炬星花

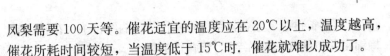

凤梨需要 100 天等。催花适宜的温度应在 20℃以上，温度越高，催花所耗时间较短，当温度低于 15℃时．催花就难以成功了。

还可用乙炔饱和溶液进行处理。将乙炔饱和水溶液灌入凤梨已排干水的"叶杯"内，用量以刚好填满"叶杯"为好。重复进行 3 次，每次间隔 2～3 天。一般处理后 3～4 个月即可开花。

经过催花处理后仍未开花，原因可能如下：第一，植株不够成熟，尚未达到催花年龄；第二，处理方法不当，对叶筒施用法，叶筒内的水分没排除干净；第三，处理前后未停止施肥，特别是氮肥；第四，光照不足等。

6. 病虫害防治　由于生产观赏凤梨处于高温高湿的环境中，容易出现各种病虫害，如心腐病、根腐病、叶尖黄化枯萎（干尖、干尾）等生理性病害，注意基质、浇水、水质的问题，合理的调节环境条件和按栽培规程操作来进行，即可改善和预防。另一类称为传染性病害，是由于微生物如真菌、细菌、病毒等侵染所引起的，如灰霉病。常见的害虫就是介壳虫、红蜘蛛、蜗牛等。

十五、竹芋

学名：*Maranta arundinacea*

（一）形态特征

竹芋科多年生单子叶草本植物。大多数品种具有地下根茎或块茎，叶的大小、形态、叶色、叶柄因种类不同各异。在叶片与叶柄连接处，有一显著膨大的关节，称为"叶枕"，有调节叶片方向的作用，这是竹芋科植物的一个特征。花小，白色。

（二）种类与品种

在竹芋科植物中，品种最多、栽培较广泛的是肖竹芋属、竹芋属、锦竹芋属、卧花竹芋属等。竹芋是近年来年宵花市场上的一枝新秀。

常见栽培品种有天鹅绒竹芋、美丽竹芋、青苹果竹芋（圆叶竹芋）、孔雀竹芋、金花竹芋、彩虹竹芋、豹纹竹芋、花叶竹芋、艳锦密花竹芋（三色竹芋）、紫背竹芋等。

（三）对环境的要求

喜温暖、湿润和半阴环境，不耐寒，怕干燥，忌强光暴晒。对空气湿度要求较高，一般保持在70%～80%为宜。越冬温度不低于15℃。喜疏松肥沃、排水透气良好的微酸性土壤。

（四）育苗技术

竹芋可用分株繁殖。分株宜于春季气温回暖后进行，沿地下根茎生长方向将丛生植株分切为数丛，然后分别上盆种植，置于较荫蔽处养护，待发根后按常规方法管理。大量繁殖，还可用组培法。

（五）栽培技术要点

1. 上盆定植　盆栽用培养土一般用泥炭土和粗沙的混合土，pH5.0～6.0。

2. 肥水管理　生长期每周施一次稀薄液肥或复合肥，一般氮、磷、钾比例为2：1：1。施肥时注意氮肥含量不能过多，否则会使叶片无光泽，斑纹减退。竹芋对水分的反应比较敏感。生长季节，需充分浇水，保持盆土湿润。但土壤过湿，会引起根部腐烂，甚至死亡。

对空气湿度要求较高，若空气湿度不够，叶片会立刻卷曲，尤其是新叶生长期。可通过在叶面和地面喷水，保持较高的空气湿度，对竹芋的叶片生长十分有利。冬季保持稍干燥，过湿叶片易变黄枯萎。

3. 温光管理　竹芋生长的适宜温度为夜间18～22℃，白天22～28℃，最高不能超过30℃。冬季温度要求不低于15℃，13℃以下则植株地上部分逐步死亡。

光照过强会引起叶缘焦枯，叶色变黄；但如果光照过低，也会造成植株长势弱，某些斑叶品种叶面上的花纹减退，甚至消失。竹芋适宜明亮的散射光。

4. 病虫害防治　竹芋科植物的病虫害不多。常见的病害有叶斑病，可用 200 倍波尔多液或 50％多菌灵 1 000 倍液喷洒 2～3 次防治。虫害主要有介壳虫、粉虱等，可用 25％亚胺硫磷乳剂 1 000 倍液或 40％氧化乐果 1 500 倍液喷杀。

参 考 文 献

北京林业大学园林系花卉教研组.1998.花卉学.北京：中国林业出版社.

陈璋.2003.大花蕙兰.北京：中国林业出版社.

陈俊愉，程绪珂.1993.中国花经.上海：上海文化出版社.

陈嵘遗.1984.竹的种类及栽培利用.北京：中国林业出版社.

陈有民.1990.园林树木学.北京：中国林业出版社.

陈宇勒.2005.兰花图解简易栽培法.广州：广东科技出版社.

陈远星.1991.中国兰花素问.成都：四川人民出版社.

董丽.2003.园林花卉应用设计.北京：中国林业出版社.

杜莹秋.2001.球根花卉的栽培与应用.北京：中国林业出版社.

费砚良，张金政.1999.宿根花卉.北京：中国林业出版社.

贺振，唐慧莹，王英.2000.宿根球根花卉.北京：中国林业出版社.

胡松华.2003.年宵花栽培与选购实用指南.北京：中国林业出版社.

纪殿荣，冯耕田.2003.观果观花植物图鉴.北京：农村读物出版社.

蒋青海.1999.养花要领400答.南京：江苏科学技术出版社.

金波.1999.室内观叶植物.北京：中国农业出版社.

李真，魏芸.2006.盆花栽培实用技法.合肥：安徽科学技术出版社.

李宪章，李文.2004.流行花卉及其养护.北京：金盾出版社.

连兆煌.1994.无土栽培原理与技术.北京：中国农业出版社.

刘海涛，吴焕忠.2004.观赏凤梨.广州：广东科技出版社.

刘师汉.1994.实用养花技术手册.北京：中国林业出版社.

卢思聪.1990.兰花栽培入门.北京：金盾出版社.

牛若峰.2000.农业产业化经营的组织方式和运行机制.北京：北京大学出版社.

农业部农民科技教育培训中心，中央农业广播电视学校.2007.年宵盆花生产技术.北京：中国农业科学技术出版社.

邵忠，邵键．2000．花卉盆栽技艺．上海：上海科学技术出版社．

沈渊如，沈荫椿．1984．兰花．北京：中国建筑工业出版社．

童丽丽，许晓岗．2008．莳养年宵花卉．上海：上海科学技术出版社．

王意成．2007．最新图解兰花栽培指南．南京：江苏科学技术出版社．

韦三立．2004．多肉花卉．北京：中国农业出版社．

吴国兴．2002．盆花保护地栽培．北京：金盾出版社．

肖建忠．2003．观果植物盆栽．北京：中国农业出版社．

谢维荪．2003．多肉植物栽培与鉴赏．上海：上海科学技术出版社．

薛聪贤．2000．球根花卉 多肉植物150种．郑州：河南科学技术出版社．

杨先芬．2001．工厂花卉生产．北京：中国农业出版社．

赵兰勇．2000．商品花卉生产与经营．北京：中国林业出版社．

朱根发．2004．蝴蝶兰．广州：广东科技出版社．

主妇之友社．2001．四季宿根草花．王力超，译．北京：中国林业出版社．

图书在版编目（CIP）数据

盆花生产配套技术手册/陈志萍，刘慧兰主编．—北京：中国农业出版社，2012.12
（新编农技员丛书）
ISBN 978-7-109-17337-8

Ⅰ.①盆…　Ⅱ.①陈…②刘…　Ⅲ.①花卉—盆栽—技术手册　Ⅳ.①S68-62

中国版本图书馆 CIP 数据核字（2012）第 262831 号

中国农业出版社出版
（北京市朝阳区农展馆北路 2 号）
（邮政编码 100125）
责任编辑　石飞华

北京中兴印刷有限公司印刷　　新华书店北京发行所发行
2013 年 1 月第 1 版　　2013 年 1 月北京第 1 次印刷

开本：850mm×1168mm 1/32　印张：13.25　插页：4
字数：350 千字　印数：1～5 000 册
定价：32.00 元
（凡本版图书出现印刷、装订错误，请向出版社发行部调换）